第167场中国工程科技论坛暨2013水安全与水利水电可持续发展高层论坛

2013年8月 辽宁·大连

中国工程科技论坛——水安全与水利水电可持续发展参会人员合影（2013. 8. 24）

U0322490

中国工程科技论坛

水安全与水利水电可持续发展

Shui'anquan Yu Shuili Shuidian Kechixu Fazhan

高等教育出版社·北京

内容提要

本书系中国工程院中国工程科技论坛系列丛书之一——《水安全与水利水电可持续发展》。 近几十年来，"水多、水少、水脏（水浑）"等问题，一直严重困扰着我国民生、制约着国家的可持续发展。 水安全问题已成为我国未来相当长时期内所面临的巨大挑战。 如何解决我国的水安全问题，从工程和非工程措施两个层面直面重大水科学问题；如何将水问题的解决与我国低碳经济发展要求紧密结合、与我国经济社会可持续发展战略目标紧密结合，是当前迫切需要在战略高度上认真思考和深入探讨的重大课题。 本书旨在通过高层论坛平台，从战略高度交流和探讨保障我国水安全和水利水电可持续发展的重大科学与技术问题，为国家水安全战略决策提供高端的科技智力支持，同时也为我国经济社会的可持续发展提供战略保障。

本书适合相关领域的研究者、战略制定学者、技术人员及研究生阅读。

图书在版编目（C I P）数据

水安全与水利水电可持续发展 ／ 中国工程院编著.
-- 北京 :高等教育出版社，2014.3
（工程科技论坛）
ISBN 978 – 7 – 04 – 039355 – 2

Ⅰ．①水… Ⅱ．①中… Ⅲ．①水资源管理 – 安全工程 – 学术会议 – 文集②水利水电工程 – 可持续性发展 – 学术会议 – 文集 Ⅳ．①TV – 53

中国版本图书馆 CIP 数据核字（2014）第 012989 号

总 策 划　樊代明

策划编辑	王国祥　黄慧靖	责任编辑	黄慧靖　张　冉
封面设计	顾　斌	责任印制	韩　刚

出版发行	高等教育出版社	咨询电话	400 – 810 – 0598
社　　址	北京市西城区德外大街 4 号	网　　址	http：//www. hep. edu. cn
邮政编码	100120		http：//www. hep. com. cn
印　　刷	北京汇林印务有限公司	网上订购	http：//www. landraco. com
开　　本	850mm × 1168mm		http：//www. landraco. com. cn
印　　张	18		
字　　数	320千字	版　　次	2014 年 3 月第 1 版
插　　页	1	印　　次	2014 年 3 月第 1 次印刷
购书热线	010 – 58581118	定　　价	60. 00 元

编辑委员会

目 录

第五部分　青年论坛纪要

第一部分

综　述

综　　述

　　随着经济社会的快速发展,中国的水安全与水利水电可持续发展问题愈显突出。2011 年的中央水利工作会议和中央一号文件,强调"加快水利改革与发展,是事关我国社会主义现代化建设全局和中华民族长远发展重大而紧迫的战略任务",对事关经济发展全局的一系列重大水问题做出安排部署,出台了一系列重大举措推动水利实现跨越式发展。同时,大力发展水电,符合国家能源安全和低碳经济的可持续发展战略。

　　在此背景下,2013 年 8 月 24～25 日,由中国工程院主办,大连理工大学承办的第 167 场中国工程科技论坛——"水安全与水利水电可持续发展"在大连举办。水利部副部长胡四一,中国工程院党组副书记王玉普院士,中国工程院院士张勇传院士、郑守仁院士、马洪琪院士、张超然院士、王浩院士、张建云院士、钟登华院士、王超院士、郭东明院士,中国科学院邱大洪院士、程耿东院士、林皋院士、陈祖煜院士等,以及中国工程院、大连市等有关领导和国内有关高校和科研院所专家代表出席了本次论坛。中国工程院党组副书记王玉普院士、水利部副部长胡四一以及大连市副市长卢林、大连理工大学副校长郭东明院士分别在论坛开幕式上致辞。

　　论坛以"水安全与水利水电可持续发展"为主题,围绕着水资源高效可持续利用与水安全保障、流域综合治理和洪旱灾防治、水环境保护和水生态安全以及水利水电工程绿色建设、安全管理与水电可持续发展四个议题进行了深入探讨。

　　在 8 月 24 日的论坛报告中,共有 10 位院士对相关议题做了精彩的学术报告。第一阶段主题报告由张超然院士主持,马洪琪院士、郑守仁院士、王浩院士以及三峡集团公司曹广晶董事长分别就我国坝工技术的发展与创新、三峡工程利用洪水资源与发挥综合效益问题、流域水循环演变机理与水资源高效利用以及三峡水库调度的创新与突破等内容做了报告;第二阶段主题报告由钟登华院士主持,张超然院士、陈祖煜院士、林皋院士分别就溪洛渡水电站的重大技术问题突破、我国水电工程中高边坡工程加固技术以及混凝土高坝抗震分析的新技术等方面的进展做了介绍;第三阶段主题报告由水利部黄河水利委员会薛松贵副主任主持,钟登华院士、张建云院士、王超院士分别就我国碾压混凝土坝建设仿真与质量监控理论及实践、我国防洪情势以及我国湖泊蓝藻水华爆发机理与工程治理实践等做了报告。

8月25日上午的大会讨论由武汉大学谈广鸣副校长和中国水利水电科学研究院贾金生副院长主持，来自各高校及科研院所的专家就我国水安全及水利水电可持续发展中的研究成果进行了交流，与会代表就相关问题进行了热烈讨论。

本次论坛专门组织了青年专家论坛。张勇传院士出席会议并讲话。中国水利水电科学研究院副院长贾金生、四川大学校长助理许唯临、雅砻江水电开发公司总经理吴世勇、国家自然科学基金委员会工程与材料学部水利学科主任李万红等作为特邀专家出席并讲话。与会青年专家针对水文和水资源领域，水利工程设计、施工和科研领域等方向，以自由发言、分组讨论的形式，将各自的科研成果和工程经验进行了充分交流，并探讨了下一步的热点问题和发展方向。

在两天的会议中，探讨了如何研究解决我国水科学和水工程领域的一系列重大问题。马洪琪院士代表论坛组委会对本次论坛的观点和结论做了以下总结。

第一个主题是水安全。针对我国"水多、水少、水浑"这样一个突出的严峻局面，相关领域的专家和科研人员在流域水安全保障技术、水污染防治技术和防洪减灾技术等方面提出了很多创新性的成果，特别是怎样利用高坝大库使我们的水资源得到更加充分利用的方面。这几年提出了一个新概念，叫做洪水资源化。洪水资源化的新思想在三峡水库的调度方面取得了很好的成绩。三峡水库开展了科学调度的研究，有效地解决了洪水问题，通过合理调度确保安全、泥沙充淤可控以及生态环境允许这三个看起来相互制约的条件可以得兼。我国洪水预报的准确度以及技术水平都提高了，洪水的资源化利用能够得到更加充分的发挥，节能减排的效果很大。库区多存的水，在旱季可以向下游排放，这一效益可以算成生态效益转化成社会效益。另外，库水下泄可以有效防止长江口咸水入侵。洪水资源化的效益还有很大的挖掘余地。由此给我们提出一个问题，就是流域梯级调度、联调，怎样使水资源得到更加充分的利用，使得统筹协调好防洪、发电、航运、生态、灌溉等。长江三峡水库的优化调度给我们很多很好的启示。

对于黄河，三年两次大灾，黄河水灾主要问题是泥沙问题。我国治黄专家在治理黄河的泥沙问题上取得了很多丰硕的成果。目前需要系统地梳理一下，然后向国家相关的部门提出进一步需要解决的研究方向。从目前来看，虽然黄河现在比较安然，但未来20年可能会面临很多问题，水少沙多、河床抬高、生态问题、饮水安全以及农业用水安全的问题都很突出。水利，是文化文明评价中最受重用、最受重视的前沿，应举国之力把钱用在刀刃上。

第二个主题是关于水电可持续发展。十多年来，尤其是2000年以来，我国在水电建设技术方面取得了重大进展，中国有能力在任何需要的地方修建大坝、水库、水电站,中国的水利水电技术取得了一系列创新成果,已经站在了世界的前列。这些最新的成果中,信息技术融入水利水电工程是我国水电建设技术在发展过程中的一个里程碑式的闪光点。本次报告中两个典型的工程:一个是糯扎渡心墙堆石坝施工质量的监控技术和间接反馈;一个是溪洛渡高拱坝智能温控技术。这两项技术的核心是最大限度地减少了人为因素的影响,可以有效避免偷工减料和弄虚作假。溪洛渡特高混凝土坝的智能温控技术保证了大仓面浇注下温度裂缝问题;糯扎渡心墙堆石坝的施工质量监控保证了施工进度和质量,项目提前一年建成,取得了巨大的经济效益。还有一个就是基础处理问题,也就是工程固结灌浆、帷幕灌浆的问题。可以确切地说,灌浆工程的造假已经成了行业内的潜规则,信息技术融入水利水电工程中可以解决这一问题。

将信息全部集中到一个平台上,现在要解决的问题是收集信息的真实性。今后要将信息技术融入水利水电工程的勘察、设计、施工、运输的全过程,包括后评价。数字大坝技术应该是今后的发展方向,这是这次会议的主要收获。

今后水利水电工程将向高海拔、高地震烈度区、高寒山区转移,挑战更大。在这些地区建设一批 300 m 级高坝大库和大型地下厂房,地质条件更加复杂,地震烈度更高,自然环境更加恶劣,生态环境极其脆弱,水电建设者将面临更大的挑战。尽管我国的水电技术已经处在世界领先水平,但是面临着新的问题、新的考验,客观上面临的挑战更多。这是一个方面。

另一个方面,当前在水利水电工程界,水文水资源是软科学,建坝是硬科学,可是在建的很多坝仍有很多基础科学问题并没有搞清楚。比如土石坝,制约它向更高发展的难度是什么?目前的基础科学研究还没有能够回答。其原因就在于当前的材料试验有局限性,参数选择取舍更有局限性,材料本构模型没有自主创新。实践上,工程师觉得有办法修 300 m 级面板坝,但是理论上众多问题没法解决。究竟 300 m 级面板坝变形多大,周边缝的止水才能适应它?200 m 级面板坝出现的问题都是工程师以工程的措施依照工程经验加以解决的。因此,什么制约了我们的发展,全生命周期的规律性问题是什么,这些都属于基础学科。既然我们回答不出来,那么百年大计到千年大计都是拍脑袋的。

今后应该总结和凝练一下当前制约坝工建设向前发展的主要科学问题是什么,科学家应该到工程第一线去了解、熟悉我们当前的工程建设上需要解决的问题,采用理论实践相结合的方法,以及产 – 学 – 研相结合的方式解决实践中的问题。结合了工程需求和工程实践中提出来的问题,成果才是一流的,才是创新的,这样我们的科学才能向前推进。现在的工程建设的实践迫切需要科学理论的支撑。

第二部分
致　　辞

中国工程院党组副书记王玉普院士致辞

尊敬的胡部长、曹董事长、卢市长、郭校长,各位院士、各位来宾:

大家上午好!

"第 167 场中国工程科技论坛暨 2013 水安全与水利水电可持续发展高层论坛"今天在大连召开。我谨代表中国工程院向论坛的召开表示热烈的祝贺! 向远道而来参加论坛的各位领导、专家致以诚挚的谢意和良好的祝愿。向为此次论坛召开付出辛勤劳动的大连理工大学等单位表示衷心的感谢!

去年党的十八大会议明确指出:必须更加自觉地把全面协调可持续作为深入贯彻落实科学发展观的基本要求。而随着经济社会的快速发展、人类活动影响及气候的演变,我国的水资源短缺、水生态恶化、水土流失、洪涝灾害、大江大河治理及流域管理等水安全与水利水电可持续发展问题愈加突出。如大家所见,最近我国东北、华南等多地发生洪涝灾害,特别是我们大连的近邻——辽宁抚顺在此次洪涝灾害中遭受了重大损失,这些都突显了水利工程的重要性和迫切性。加快水利改革与发展是事关我国社会主义现代化建设全局和中华民族长远发展的重大而紧迫的战略任务,大力发展水电也符合国家能源安全和低碳经济的可持续发展战略。但如何处理巨型工程和大型流域梯级水电站建设中存在的经济效益与生态环境、发电用水与防洪供水、工程建设与社会和谐、持续发展与安全保证等诸多矛盾,都需要深入研究和科学谋划。

中国工程院作为国家最高荣誉性、咨询性学术机构,致力于发挥国家工程科技思想库的作用,促进工程科技事业的创新和发展。为了提高我国工程科技创新能力和管理水平,推动多学科之间的交流,为工程科技人才,特别是青年学者,提供学术交流的舞台,中国工程院于 2000 年创办了"中国工程科技论坛"。自创办以来,已经成功举办了 160 余场,涵盖了工程科技界的各个重要领域,每场论坛主题都紧密围绕国家经济社会发展和工程科技前沿,对国家工程科学技术思想库的建设,推动我国工程技术水平的提高,以及培养和引导中青年拔尖创新人才的健康成长起到了积极的促进作用。

此次举办的"第 167 场中国工程科技论坛暨 2013 水安全与水利水电可持续发展高层论坛"是相关领域的院士和专家学者参加的一项重要学术活动,是自2005 年以来的第五次水安全高层论坛,有十余位院士、数十位知名专家及众多青年学者参与。今年与工程科技论坛相结合,相比以往,层次更高、领域更广,希望各位专家通过这一高端平台,积极建言献策,广泛深入研讨,交流最前沿的创新性研究成果,梳理最新的研究动态和发展趋势,从战略高度分析研究我国水安全和工程领域的一系列重大问题,推动我国水利水电事业发展,促进高端及后备人才队伍建设,为我国的水安全保障战略决策提供支撑,为减少我国的洪涝灾害损失做出努力。

大连理工大学常务副校长郭东明院士致辞

尊敬的王玉普书记、胡四一副部长、曹广晶董事长、卢林副市长,各位院士、各位专家:

八月将尽的大连,山明海清,暑退秋兴,我们满怀喜悦和激动,迎来了"第167场中国工程科技论坛暨2013水安全与水利水电可持续发展高层论坛"的成功举办。作为承办单位之一,我谨代表大连理工大学全体师生员工,也受在教育部出席重要会议的张德祥书记和申长雨校长的委托,真诚欢迎各位领导和专家的莅临!

党的十八大首次把生态文明建设提高到新的战略高度,纳入中国特色社会主义建设总体布局。生态文明,水利先行。节约保护水资源,保障水安全,是中央的战略决策,更是人民的强烈意愿,也是现实的必然需要。水利水电事业是生态文明与可持续发展的基础,更是建设"美丽中国"、实现蓝天碧水不可或缺的重要支撑,关乎人民福祉、关乎社会长远、关乎民族未来。在水资源日益短缺、能源需求日益紧张、生态环境问题日益凸显的今天,中国工程院召开水安全与水利水电可持续发展高层论坛,研讨水利水电发展战略,寻求水问题的科学解决之道,正逢其时,意义重大,影响深远。

下面,我对大连理工大学的建设发展情况作一简要汇报。大连理工大学与共和国同龄,是共产党为迎接新中国成立创办的第一所正规大学,发展至今已是"985"工程和"211"工程重点支持建设的教育部直属重点大学。建校60多年来,学校已发展成为以理工为主,经、管、文、法、哲、艺术等学科协调发展的多科型大学。学校设有研究生院,7个学部,7个独立建制的学院、教学部,3个专门学院和1所独立学院。有一级学科国家重点学科4个(力学、水利工程、化学工程与技术、管理科学与工程),二级学科国家重点学科6个(计算数学、等离子体物理、机械制造及自动化、结构工程、船舶与海洋结构物设计制造、环境工程)。现有69个本科专业,27个一级学科博士点和128个二级学科博士点,24个博士后科研流动站。学校现有教职工3595人,其中专任教师2062人,包括两院院士10人,国务院学位委员会学科评议组成员10人,长江学者奖励计划特聘教授18人。学校全日制在校学生约33 000人(其中博士生3600多人,硕士生9300多人,本科生19 400多人)。学校依山傍海,办学条件优良,占地面积433.2万 m^2,包含凌水主校区、市内校区、开发区校区和新建的盘锦校区。目前,学校正以国家实施科教兴国和人才强国战略、建设创新型国家、大力发展高等教育、建设高水平大学等为重大发展机遇,努力建设国内高水平大学第一方阵的领军大学、国际知名的高水平研究型大学。

水利学科是学校的传统学科和优势学科。建校之初,学校就成立了水利工程系,后不断发展壮大,形成了水利工程、土木工程、交通运输工程和建设工程管理互为依托的建设工程学部。建校初期,李士豪教授、钱令希院士等前辈先贤艰苦创业,奠基拓土;之后,邱大洪、林皋、赵国藩院士等学术大师承前启后,光大学术;现在,一大批中青年精英骨干,激流勇进,开拓创新。经过 60 余年的建设发展,已成为国家重要的高端水利人才培养基地和高水平科学研究基地,人才培养桃李满天下,学科建设优势突出。水利工程学科是国家一级学科重点学科,是"211"工程、"985"工程持续支持建设的重点学科,也是辽宁省领军型大学建设工程顶尖学科建设计划重点支持学科,在海岸和近海工程、大坝抗震、水工混凝土结构、防洪调度等方面独具特色与优势,科研成果不断涌现。一直以来,大连理工大学水利学科得到各有关部门和兄弟单位的热情指导和鼎力支持,得到各级领导和各位专家同仁的亲切关怀和无私帮助,借此机会谨表诚挚谢意!此次盛会,专家学者云集,真诚希望大家不吝赐教,对我校水利学科的发展及其他各项工作给予具体指导!

第三部分
主题报告及报告人简介

我国坝工技术的发展与创新

马洪琪

华能澜沧江水电开发有限公司

一、引言

我国水能资源丰富,理论蕴量 6.94 亿 kW,技术可开发量 5.42 亿 kW,经济可开发量 4.02 亿 kW,均居世界第一。改革开放以后,水利水电工程事业蓬勃发展,建设技术已从"引进—消化—吸收—再创新"向"自主创新"跨越,建设了一批标志性工程。水电装机已达到 2.3 亿 kW,稳居世界第一,成为仅次于火电的主力清洁能源,对节能减排,减少温室气体排放,起到了不可替代的作用。

二、混凝土重力坝

混凝土重力坝是一种古老坝型,体型简单、便于布置泄洪建筑物、较能适应地基条件,因而在坝工发展史上曾起到重要作用。目前,世界上最高的混凝土重力坝为 1961 年建成的瑞士大狄克逊坝,坝高 285 m。但因混凝土重力坝依靠自重维持稳定,断面偏大,材料强度未能充分利用,造价较贵,施工周期较长,随着坝高的不断增加,已逐渐被其他坝型替代。

长江三峡工程大坝全长 2309.5 m,最大坝高 181 m,混凝土总量 2800 万 m³,装机容量 2240 万 kW,是世界上最大的水利枢纽工程,标志着中国大坝建设技术的巨大进步。防洪、发电、航运是三峡工程的三大任务,相应的建筑物规模宏大。为了避免相互干扰,影响工程效益发挥,枢纽布置研究中,首先将通航建筑物中尺寸规模较大的船闸布置在左岸的半山坡中,避免船闸与其他建筑物争前缘;泄水和发电两大建筑物都置于河槽内;通航与泄水和发电三大建筑物分开排列布置。

三峡坝址河谷开阔,河岸弯曲。设计将通航建筑物布置于左岸坛子岭外侧,上游引航道具有良好的进出口条件,下游船队航行受泄洪的影响较小。泄水建筑物布设在左河槽中部,上游迎对主流,利于泄洪、排沙,下游顺应河势,便于消能、归槽。为了适应大流量泄洪,同时减小前缘宽度的需要,在泄洪坝段采用了 3 层大孔口布置方案,为坝后厂房进水口布置留出了前缘宽度。两侧布置坝后厂房,导流分期和施工安排灵活,运行干扰小。表孔和深孔联合泄洪,深孔利于低水位时泄洪、排沙。千年一遇以上洪水表孔参与泄洪。这种布置形式可以充分利用泄洪前缘,缩短泄洪坝段长度,减小工程量。表、深孔同时泄洪,坝体上设隔墩分流,两股水流互不干扰,扩散均匀入水。在泄放千年一遇洪水时,下游水垫厚,消能条件好。泄洪设施布置可以宣泄各级频率洪水,满足水库运用需要,并有一定余地。

大坝混凝土体积达 1600 万 m^3,从 1998 年开始混凝土浇筑,1999—2001 年连续 3 年浇筑量均在 400 万 m^3 以上。其中 2000 年创造了混凝土年浇筑强度 548 万 m^3、月浇筑强度 55.35 万 m^3、日浇筑强度 2.2 万 m^3 的世界最高纪录。其施工技术创新表现在以下几个方面。

1)以塔带机连续浇筑混凝土为主的综合施工技术。选定了以塔带机为主,辅以高架门机、塔机和缆机的综合施工方案。从传统常规的吊罐浇筑改变为混凝土一条龙连续生产工艺。该浇筑系统由各混凝土搅拌楼通过皮带机将混凝土输送到塔带机直接入仓浇筑,集水平和垂直运输于一体。

2)开发研制了混凝土生产运送浇筑计算机综合监控系统,实现了混凝土施工全过程的实时监控、动态调整和优化调度。针对混凝土浇筑的复杂状况,对施工方案和施工计划进行科学的选择和安排,突破了传统的经验判断模式,成功地开发了混凝土浇筑施工计算机模拟系统。

3)混凝土原材料及配合比优化。采用缩小水胶比增加粉煤灰掺量的技术路线,从而更有效地提高混凝土的耐久性;采用有补偿收缩性能的中热大坝水泥,以减少混凝土收缩变形,减少混凝土产生裂缝的风险。

4)二次风冷技术。三峡工程低温混凝土生产系统是世界上已建及在建工程中规模最大、温控要求最严的混凝土生产系统。要求夏季生产出机口温度为 7 ℃ 的低温混凝土,设计夏季高峰月混凝土浇筑强度为 44 万 m^3。针对三峡工程的特殊性及混凝土预冷工艺的要求,经反复试验后首次采用了二次风冷骨料技术。

5)混凝土综合温控防裂技术。采用了从选择优质原材料、优化混凝土配合比、控制混凝土出机口和浇筑温度、通水冷却、表面保温和流水养护等一整套温控措施。针对已浇筑坝段监测的温度情况,实行个性化通水冷却措施。尤其是高温季节,塔带机快速高强度浇筑坝体约束区混凝土,在国内外尚属首次。三峡三期大坝工程未发现温度裂缝。

三、高拱坝

在狭窄河谷(宽高比小于 3)上修建高坝,当地质条件允许时,拱坝往往是首选坝型。拱坝以其结构合理、体型优美、安全储备高、工程量少而著称。至 20 世纪末,我国已建成的坝高大于 100 m 的混凝土拱坝 11 座(含台湾省 2 座),拱坝数量已占世界拱坝总数的一半,属世界首位。1999 年建成的二滩双曲拱坝,坝高 240 m,位居世界第四,比前苏联的英古里拱坝(坝高 271.5 m)低 31.5 m,标志着我国高拱坝建设已达国际先进水平。我国目前正在建设一批 300 m 级的高拱坝,如小湾(295 m)、锦屏(305 m)、溪洛渡(285.5 m),这些工程不仅坝高、库大、坝身体积大,而且泄洪功率和装机规模都位列世界前茅,标志着我国高拱坝建设技术已处于世界领先水平。

小湾水电站混凝土双曲拱坝最大坝高 295 m,为世界已建的第一座 300 m 级混凝土双曲拱坝,其主要特点为:① 坝体承受的总水推力达 1800 万 t;② 岸坡陡峻,工程高边坡达 700 m;③ 地震地质环境复杂,地震基本烈度为Ⅷ度,抗震安全难度大;④ 根据坝基开挖揭露的情况看,小湾坝址区的地质条件较好,但宽高比达 3.1:1,故大坝起裂荷不高,安全余度不大,坝肩抗滑稳定和坝基变形稳定问题突出;⑤ 拱坝混凝土总量 870 万 m^3,混凝土施工浇筑仓面大(最大 2250 m^2)、浇筑强度高(月最高 23 万 m^3)。总体而言,小湾拱坝高边坡开挖与支护、高强度混凝土浇筑技术和抗震措施均具有世界水平。

(一) 高边坡处理技术

小湾水电站枢纽区河谷深切,山高陡峻,天然岸坡高出水面达 1000 余米,包括缆机平台在内的开挖边坡近 700 m,高边坡问题十分突出。小湾工程总结出了"高清坡、低开口、陡开挖、先锁口、强支护、排水超前"的开挖支护原则,并在强风化、强卸荷和崩坍堆积体中,采用组合螺旋钻跟管钻机造孔、土工布包裹锚索止浆等技术,解决了造孔难、穿索难、漏浆量大等技术难题。对饮水沟堆积体的变形治理,采用了削坡减载、锚索、网格梁、抗滑桩、内外排水等综合治理措施。

(二) 混凝土原材料及施工装备

为适应小湾拱坝承载力大、应力水平高的特点,对混凝土性能提出了"高强度、中等弹模、低热微膨胀、高极拉值、不收缩"的技术路线并进行了系统研究。在高标号混凝土的温控防裂技术方面,综合采用了低热微膨胀水泥,高掺优质粉煤灰,混凝土骨料二次风冷技术生产 7 ℃混凝土,平铺法浇筑混凝土,及时覆盖保温被,仓面喷雾技术,一期、中期、二期通水冷却控制温升曲线,控制沿高程方向的温度梯度,上下游粘贴苯板保温等温控措施,取得了良好的效果。为满足拱坝浇筑强度要求,选择了缆机作为大坝混凝土浇筑垂直运输的主要入仓设备,共设置 6 台 30 t 平移式缆机,采取"双层双平"的布置方式。2008 年创造了年浇筑混凝土 237 万 m³、月最高强度 23 万 m³、日浇筑混凝土 1 万 m³ 的世界纪录。

（三）抗震工程措施

小湾工程建筑物地区地震基本烈度为Ⅷ度，经地震危险性分析，小湾大坝地震设防标准按 500 年超越概率为 10% 的基岩峰值水平加速度为 0.308 g，设计烈度为Ⅸ度。小湾大坝经研究确定采取了抗震钢筋结合阻尼器的综合抗震措施。

（四）泄洪消能措施

小湾水电站坝址区山高谷窄，最大泄洪落差 226.26 m，最大泄洪流量 20 683 m³/s（校核洪水），相应下泄功率 6400 万 kW，其"大泄量、高水头、窄河谷"的泄洪消能问题突出。泄洪功率为世界同类坝型前列。小湾水电站泄洪消能建筑物由坝身 5 个表孔、6 个中孔、水垫塘、二道坝和左岸泄洪洞组成。坝身泄洪采用"横向单体扩散、纵向分层拉开、整体入水归槽"的泄洪碰撞消能方式，达到了较好的消能效果，提高了泄洪安全度。常年洪水采用左岸泄洪洞和过机流量泄洪，也可采用表孔或中孔泄洪，运行调度灵活。

为评价小湾拱坝蓄水和运行期工作性态，布置了大量的安全监测仪器。2012 年 10 月 31 日，小湾水库蓄水至正常高水位 1240 m 高程，监测成果如下。

1）坝基变形。22#坝段坝基径向水平位移 10.37 mm，切向位移分别向两岸变形，变形基本对称，15#坝段切向位移向右岸为 4.62 mm，29#坝段切向位移向左岸为 3.07 mm。

2）坝基应力。坝基压应力 22#坝段坝踵压应力测值为 -3.85 MPa，扣除渗压测值后为 -0.96 MPa，坝趾压应力测值为 -3.62 MPa。

3）渗控系统。大坝渗控系统运行良好，坝基、坝体渗流总量很小，总渗漏量约 6.5 m³/h，坝基渗透压力，帷幕后渗压折减系数总体小于 0.3，第一排水幕折减系数小于 0.2。

4）坝体变形。坝体水平变形，22#坝段坝顶最大径向变形为 116.60 mm，切向变形 15#坝段为 -15.05 mm，29#坝段为 14.59 mm。变形基本对称。

坝体内温度裂缝稳定，也未发现新增裂缝。左、右岸坝肩抗力体变形和绕坝渗流测值很小。上述监测成果与反馈分析成果规律一致且数值接近，在最高水位下拱坝处于弹性工作状态。小湾拱坝的高边坡处理技术、混凝土温控防裂技术为 300 m 级拱坝建设提供了有益经验。

四、碾压混凝土坝

20 世纪 80 年代，出现了采用超干硬性混凝土和振动碾压实方式的建坝技术,使混凝土重力坝有了新的飞跃。这种被称之为碾压混凝土重力坝的新坝型,在施工速度和工程造价上较常规混凝土重力坝有明显优势,在我国得到了迅速推广应用。我国自 1979 年开始碾压混凝土筑坝技术的探索、研究和试验,经过 30 多年的实践和发展,取得了令人瞩目的成就,形成了一整套具有我国特点的筑坝技术。目前我国 100 m 以上已建和在建大坝 182 座,200 m 级的高坝 2 座。我国在普定首次建成了世界第一高碾压混凝土拱坝(75 m)后,又成功地建成了 132 m 高的沙牌拱坝,目前正在设计和拟建 150~200 m 的高拱坝。总之,我国不仅在碾压混凝土坝的数量上,而且在建坝高度和科技发展上均已居于世界前列。

龙滩大坝为目前世界上在建的最高碾压混凝土重力坝,大坝高 216.5 m,坝体混凝土总量 660 万 m³。龙滩大坝工程主要有以下特点:日温差高达 20 ℃以上,雨季暴雨频繁,无论是冬天还是夏天,太阳辐射强烈;施工仓面大,一个坝段的最大仓面面积接近 3500 m²;施工强度高,夏季浇筑要求仓面浇筑强度达 500 m³/h。因此,温控防裂技术是龙滩工程建设的难点之一。

我国碾压混凝土筑坝技术,经过多年设计、科研、施工和管理等多方面不懈努力,不断提高完善,形成了变态混凝土代替常态混凝土防渗、低水泥用量、高掺合料、高效减水剂、低 VC 值、大仓面连续浇筑、斜坡铺筑碾压等成套技术。

碾压混凝土的设计与施工控制的重点是上游面防渗和坝体层间结合强度。为此,在上游面设变态混凝土防渗层,即在二级配碾压混凝土内用平铺法或打孔法加定量浆液,辅以人工振捣使浆液均匀扩散,提高混凝土抗渗性能。碾压混凝土采用高掺粉煤灰或掺矿渣,如大朝山碾压坝掺磷矿渣和凝灰岩,景洪工程采用掺 60% 的双掺料(水淬铁矿渣和石灰粉各 50%)。水泥用量均控制在 70 kg/m³ 以下,混凝土绝热温升小,降低了温控防裂难度。保证混凝土层间结合强度的关键是保鲜和均一,即采用可碾压性好、VC 值较小的混凝土配合比,快速碾压每个坯层,碾压完成后立即覆盖保温被。

龙滩大坝碾压混凝土低高程采用汽车入仓方式,大部分采用高速皮带运输机。用灰岩加工的骨料从 11 km 外的料场通过胶带机直接运到拌合楼,经一、二次骨料风冷和加冰拌制的混凝土出机口温度可控制在 12 ℃以下,皮带运输机上方设有遮阳防雨盖板和保温隔热设施。高速皮带运输机将混凝土转运到塔带机入仓,从拌合楼出机口取料到碾压完毕控制在 1.5 h 内。皮带机单线最高运输强度达 320 m³/h,平均强度达 260 m³/h,取得了年浇筑大坝混凝土 318 万 m³、月最高浇筑混凝土 34.3 万 m³、单仓日碾压混凝土 15 816 m³ 的世界纪录。由于严格执行了层间结合质量控制标准,通过钻孔取芯的试验资料统计,芯样获取率为 98.6%,层面完好率为 99.7%,缝面完好率为 96.7%。原位层间抗剪强度试验,无论是热升层还是冷升层,层间抗剪强度指标均高于设计值。

龙滩大坝碾压混凝土温控防裂技术主要有以下几点：① 综合运用常规温控措施，如预冷混凝土、快速平仓碾压、仓面喷雾、覆盖保温被、高温季节时埋冷却水管、加强养护和表面保温等；② 利用温控计算成果，采用分区冷却，合理控制混凝土内部温差和内外温差，降低混凝土温度应力；③ 在上游面布设防裂钢筋，并在上游坝面死水位以下回填黏土和石渣保温；④ 通过系统试验，选择适合于龙滩工程的碾压混凝土配合比，并根据不同气温条件，动态控制 VC 值，使碾压混凝土不陷碾、有弹性、有光泽、微泛浆，以保证层间结合良好。

向家坝水电站混凝土重力坝，坝高 181 m，混凝土量 1500 万 m^3，其中碾压混凝土 400 万 m^3，主要浇筑手段采用塔带机入仓，灰岩骨料通过 30 km 的皮带机运输洞运往工地，高速皮带机将混凝土运到塔带机入仓。月最高浇筑强度 54 万 m^3，月上升高度 5 m，年最高浇筑强度 427 万 m^3，三年零一个月大坝浇筑完成。

贵州光照碾压混凝土坝，坝高 200.5 m，混凝土量 290 万 m^3，70 m 以下采用汽车直接入仓，其余采用皮带机向满管溜槽供料的入仓方式，左、右岸布置 3 条满管溜槽，每条平均输送能力 400 m^3/h，最高达 500 m^3/h，月浇筑强度 23 万 m^3，年浇筑强度 160 万 m^3，23.9 个月全部完工。

五、面板堆石坝

混凝土面板堆石坝由于其良好的适应性、经济性和安全性，在我国得到了迅速发展。我国已建和在建的面板坝已达 150 余座，其中百米以上的有 37 座，超过 150 m 的有 14 座，有 15 座面板坝建在深厚覆盖层上。于 2006 年年底建成蓄水的紫坪铺面板堆石坝高 156 m，位于都江堰市境内，汶川发生里氏 8 级地震，距震中仅 17 km，大坝实际承受的地震烈度已远超过了设计标准。震后查明，大坝坝顶沉陷了 20～30 cm，坝顶与溢洪道连接处有裂缝，混凝土面板有局部损伤，坝顶防浪墙有断裂，但大坝渗漏量无明显变化，表明大坝整体稳定、安全、抗震性能好。

水布垭水电站已建成发电，其面板堆石坝高 233 m，为世界同类大坝之最。针对 20 世纪末建设的 200 m 级面板坝出现的面板结构性裂缝、垫层料与面板脱空、面板压缝混凝土压损等问题，我国坝工界总结国内外筑坝的经验教训，提出了以控制变形为重点的综合措施，以水布垭为代表，主要建设经验如下。

1) 合理的堆石分区。扩大主堆区的范围，主堆石区向坝轴线下游扩展，约占 2/3 底宽。并在下游洪水位以下设置水下堆石区，要求级配良好，抗冲蚀性好，渗透系数大。上部一定范围应设置增模区，两岸坝坡应设置变模过渡区，以协调坝体变形。

2) 改变坝体填筑程序。为了防止上下游堆石不均匀沉降产生结构性裂缝，要求采用从下游往上游依次填筑的施工程序,尽量平起填筑。

3）设置堆石预沉降时间并控制沉降速率。拉面板前应预留 6 个月左右的沉降周期,当沉降速率小于 5 mm/月后方可拉面板,面板的顶高程应低于堆石体 20 m 左右。

4）选用先进设备。选用先进、大型碾压设备,一般均采用 25T 振动碾,以获得更小的孔隙率和更高的干密度,减少压缩变形。应尽量减少上下游堆石的压缩模量比,以防止上下游堆石的不均匀沉降。

5）面板混凝土防裂技术。提高面板混凝土强度等级。水布垭面板在上部 1/3 坝高处设水平永久缝。混凝土中掺钢纤维或微纤维,采用双层布筋。

6）压缝面板预留 8 mm 左右的宽缝,缝内填弹性垫料,以适应面板挠曲变形,并规定改进压缝面板的底部铜止水结构,使板厚度不小于 40 cm。

7）延长蓄水时间,将大量有害变形化为"无害"变形,可避免面板水平拉伸裂缝及面板沿垂直缝的挤压破坏。

六、土石坝

土石坝由于其对基础条件良好的适应性、能就地取材、能充分利用建筑物开挖料、造价较低等优点,是世界各国广泛采用的坝型。据不完全统计,在坝高低于 100 m 的坝型中,土石坝占 80% 以上。我国已建成的高度超过 100 m 的心墙堆石坝共 10 座,其中以小浪底心墙堆石坝为最高,最大坝高 160 m。在建、拟建的 200 m 级心墙堆石坝 5 座,大都位于澜沧江、大渡河和雅砻江上。

糯扎渡电站心墙堆石坝最大坝高 261.5 m,位居国内同类坝型第一,世界第三。大坝所在峡谷地区地质条件复杂、地震烈度高,特别是天然土料性能复杂、力学指标偏低,工程建设难度大。

1）直心墙技术。目前国内外坝高大于 200 m 的心墙堆石坝绝大多数采用斜心墙形式,存在着施工难度大及造价高等缺点。糯扎渡心墙堆石坝采用直心墙,经济效益显著。

2）人工掺砾土料。心墙土料掺 35% 级配碎石,解决了由于天然土料颗粒偏细、粘粒含量偏大而导致力学性能不能满足高心墙堆石坝要求的问题。

3）坡度优化。目前国外已建 200 m 以上心墙堆石坝坝坡坡度一般上游为 1:2.2~1:2.6、下游为 1:2.0~1:2.2。糯扎渡心墙堆石坝上游坝坡坡度 1:1.9、下游坝坡坡度 1:1.8,将可靠度分析理论列入土石坝稳定分析中,首次采用确定性方法、可靠度分析方法及基于强度拆减有限元法综合评价坝坡稳定安全性。

4）软岩料的采用。目前国外已建 200 m 以上心墙堆石坝,上游坝壳内均不采用含软岩的堆石料。糯扎渡心墙堆石坝利用理论研究成果和创新,以大量试验研究和计算方法为依据，论证了在上游坝壳内适当范围采用了含有部分软岩的堆石料是可行的。

5）在基础理论研究方面，对静力本构模型进行了改进，使计算成果更为可靠；在构建动力本构模型方面，对模型中参数随应变和围压变化的规律、模型参数确定方法及构筑多维量化记忆模型都做了有益的探索；提出了心墙中可能存在的渗水弱面是产生水力劈力条件的重要论点；提出了针对高心墙堆石坝坝基混凝土垫层开裂缝隙的渗流模拟分析方法。这些研究成果大多已达国际领先或先进水平。

6）采用大型碾压设备。根据堆石料现场碾压试验，及心墙掺砾料掺砾工艺和碾压性能试验，堆石料采用25T振动碾，心墙料采用20T凸块振动碾，可获得孔隙率较小的堆石料和干密度较大的心墙料。

七、结语

展望未来，我国水电开发将向西部高海拔、高寒山区转移，地质环境更复杂，自然条件更恶劣，将建设众多300 m级大坝和大型底下厂房，水电建设者将面临更大的挑战。但我们有理由相信，经过几代人努力的经验积累，通过产、学、研、用相结合的科技攻关，我国的水电建设技术必将进入世界前列。

马洪琪 水利水电施工专家，中国工程院院士。1967 年毕业于清华大学。主持和参加建设鲁布革电站、漫湾电站、长江三峡水利枢纽等大型水电工程20 余座，探索并完善了各种地下工程和各类土石坝施工技术。创立多种项目管理模式，探索并完善了紧密型联营体的运行模式，丰富和发展了项目法施工科学管理的内涵。中国优秀施工企业经营者、全国"五一劳动奖章"获得者、国家有突出贡献专家。创造或主持创造的科技成果中，10 项获国家、省部级科技进步奖，11 项获国家专利、国家鲁班奖、优质工程奖及科学管理优秀成果奖。2001 年当选为中国工程院院士。

溪洛渡水电站建设中重大技术问题的突破

张超然　等

中国长江三峡集团公司

摘要:溪洛渡水电站装机容量达 1386 万 kW,是我国仅次于三峡工程的第二大水电站,位居世界第三。它的成功下闸蓄水和首批 77 万 kW 水轮发电机组投产发电是我国水电建设的又一个重要里程碑。溪洛渡水电站混凝土拱坝最大坝高 285.5 m,具有地震烈度高、泄洪流量大和工程地质条件复杂等特点,地下工程规模巨大,是世界上最大的地下洞室群。在溪洛渡工程建设中,开展了大量科学试验和科技攻关,在特高拱坝混凝土温控防裂、高坝抗震、大坝结构仿真分析、高速水流与消能、复杂坝基处理、特大洞室群监测与反馈分析、特大型水电工程精心施工、拱坝全生命周期安全评价等方面,攻克一系列重大的技术难题,取得一批创新性的成果,推动我国水电工程建设技术水平上了一个新台阶。

一、引言

金沙江干流全长 2308 km,规划装机容量约 6000 万 kW,位居我国十二大水电基地之首。攀枝花至宜宾下游河段是金沙江水能资源最富集的河段,规划有乌东德、白鹤滩、溪洛渡、向家坝 4 座巨型水电站,总装机容量达 4400 多万千瓦。其中,溪洛渡水电站和向家坝水电站为金沙江水电能源基地"西电东送"第一期工程,也是"国家'十五'计划纲要"确定的国家重点项目和西部大开发的标志性工程。

溪洛渡水电站以发电为主,兼有防洪、拦沙和改善下游航运条件等综合效益,可为下游电站进行梯级补偿,是"西电东送"的骨干工程,也是长江开发的控制性工程,并具有显著的节能减排效益,对实现我国 2020 年非化石能源消费比重达到 15% 的目标做出了重要贡献。

溪洛渡水电站位于四川省雷波县与云南省永善县接壤的溪洛渡峡谷段,由拦河大坝、泄洪建筑物、引水发电建筑物等组成。拦河大坝为混凝土双曲拱坝,最大坝高 285.50 m,坝顶高程 610.00 m,顶拱中心线弧长 681.51 m;泄洪采取坝身布设 7 个表孔、8 个深孔与两岸 4 条泄洪洞共同泄洪,坝后设有水垫塘消能;地下式发电厂房分设在左、右两岸山体内,各装机 9 台单机最大容量为 77 万 kW

的水轮发电机组,总装机最大容量 1386 万 kW。施工期左、右岸各布置有 3 条导流隧洞,其中左、右岸各 2 条与厂房尾水洞结合。

溪洛渡水电站是 300 m 级世界级高拱坝和超大型地下洞室群的典型代表,其多项工程技术指标均已超过了世界水平和现有经验,在设计和工程施工中遇到了一系列技术难题和挑战。混凝土双曲拱坝坝体布置 4 层共 25 个泄洪孔口,坝身泄洪流量高达 32 278 m^3/s,坝体结构复杂性世界坝工史罕见;大坝地震设计动参数为 355 Gal[①],位居 300 m 级高拱坝世界之首;世界规模最大的超大地下洞室群和规模最大的 6 条特大型导流洞工程快速安全施工以及实施大坝全生命周期管理等问题,都是当前世界水电开发的重要课题。经过开展大量的科学试验和科技攻关,在特高拱坝混凝土温控防裂、高坝抗震、大坝结构仿真分析、高速水流与消能、复杂坝基处理、特大洞室群监测与反馈分析、特大型水电工程精细施工、大坝全生命周期建设和运行管理等方面,攻克一系列重大的技术难题,取得一批创新性的成果,推动了我国水电工程建设技术水平的提升。

溪洛渡水电站于 2013 年 5 月初开始下闸蓄水;2013 年 7 月 15 日,首台77 万 kW 水轮发电机组投产发电,开始发挥发电等综合效益。

本文仅对溪洛渡水电站在建设中的若干重大技术问题突破做一介绍。

二、世界规模最大的导流隧洞群和难度最大的峡谷河流截流

溪洛渡水电站坝址处于陡峭峡谷河道,导流设计流量达 32 000 m^3/s,工程前期利用 6 条导流洞导流,后期利用坝身 10 个临时导流底孔过流。导流洞单洞断面尺寸为 18 m × 20 m(宽×高),单洞设计流量为 7030 m^3/s。采用断流围堰、基坑全年施工方案,截流设计流量为 5160 m^3/s。

溪洛渡导截流工程是目前狭窄河道采用“断流围堰、隧洞导流”方式中规模最大的工程,其导流洞群规模与单洞断面、河道截流设计流量、围堰规模,以及坝身导流底孔数量与孔口过流面积等均位居世界峡谷截流之最。由于受峡谷河道截流施工场地限制,围堰施工难度与工期矛盾突出,深水大流量、高流速、高落差、截流难度大,导流洞下闸、封堵、改建为电站尾水洞,以及后期导流与下游通航供水、生态供水和施工进度关系等问题十分复杂。为破解高山峡谷大流量、高流速、深水和深厚覆盖层等复杂条件下的施工导截流设计与施工技术难题,取得了多项关键技术攻关与技术创新,并经实践检验是非常成功的。

(一)新型导流隧洞布置与结构设计

溪洛渡地下工程进出口建筑物数量多,上、下爆破开挖干扰大,并占据过多

---

① 1 Gal = 0.01 m/s^2。

河道过流断面,且洞室进口段岩体卸荷严重,加之金沙江河床推移质严重,年均高达180万t,不能采用常规布置方式。首次提出并实施了导流洞进口位于深部地下竖井闸室群结构,采用双门槽布置,互为备用,并加设闸门槽保护框;截流前分别关闭导流洞进口闸门,将进出口河床堆渣冲向下游,减少截流难度;经导流期枯水期检查,发现洞内滞留大量推移质(图1),最大的直径约1.5 m,洞内推移距离约1500 m。采用左右岸各2条导流洞与厂房尾水洞结合布置与改建技术,以及导流洞高低进水口布置和导流洞封堵堵头采用楔形结构技术等,既解决了导流建筑物的布置适应地形地质条件和金沙江汛枯水位变幅大、推移质冲撞磨损破坏的问题,又兼顾了各水工建筑物的布置协调,改建利用及枢纽布置紧凑并减少施工干扰,同时可保证导流洞具备每年检修的条件,缩短了工程建设工期。

图1 溪洛渡导流洞内滞留的推移质情况

(二)高山峡谷复杂条件下的截流施工

5条低高程进口的导流洞进出口围堰深水爆破拆除后,残留有8～10 m爆破堆渣,严重影响导流洞的分流条件。通过对多种截流方案的数值模拟、物理模型试验研究和计算分析,提出了"单戗立堵、双向进占"的截流方案,大规模采用"钢筋石笼群连续串联推进"技术和"上游挑脚、下游压脚、交叉挑压、中间跟进"的进占方法;采用以龙口最大流速和最大落差为变量的风险率理论模型反馈跟踪;截流专家在现场利用多媒体监控系统和计算机信息化技术截流管理系统,根据监测数据实时指挥截流施工,并一次截流成功。溪洛渡工程于2007年12月实施河道截流,实测截流流量3560 m³/s,最大流速9.5 m/s,落差4.5 m,水深20 m,单宽功率达209.8 t·m/(s·m);三峡大江截流实测截流流量为11 600 m³/s,龙口最大流速4.22 m/s,落差0.66 m,水深60 m,单宽功率为93.37 t·m/(s·m),单宽功率是三峡的2.25倍,截流工程的综合技术指标实现新的突破。

（三）高土石围堰新型防渗结构形式及堰体控稳技术

为解决峡谷河道高土石围堰巨量堰体填筑施工与深基防渗墙施工的工期矛盾，采用混凝土防渗墙靠堰体上游侧布置＋碎石土斜心墙新型防渗结构形式，有利于下部基础防渗墙与上部堰体填筑体同步施工，确保了一个枯水期高效完成围堰。通过运行检验，渗控稳定、堰体安全。

（四）导流洞分期下闸解决后期导流、水库蓄水与通航、生态供水问题

为妥善解决坝体度汛、导流洞下闸封堵与改建、坝身导流底孔下闸封堵、水库蓄水以及下游供水之间的关系，采用5洞截流6洞导流的方式，其中1#和6#导流洞于2011年汛后下闸并实施封堵与改建，2#、3#、4#、5#导流洞分别于2012年9月底至11月中旬陆续下闸。为避免最后一道导流洞下闸过程中，坝下河段断流对水生动物和供水、通航的影响，坝身10个导流底孔采用高、低布置的方案，并采用精细水情测报、预报技术，控制下闸速度和协调从永善县云乔水库调水等综合措施。3#导流洞于2013年11月16日最后成功下闸，顺利转换到大坝导流底孔过流，妥善解决了大坝下游河段补水难题，确保了下游减水河段的生态、供水和向家坝库区的通航安全问题。

三、世界最大地下水电站厂房施工和实时监测与反馈分析系统

溪洛渡左右岸地下电站各安装9台单机容量77万kW的水轮发电机组，总装机容量1386万kW。地下电站的主厂房、主变室、尾水调压室三大洞室平行布置，中心间距为67.15 m和82.85 m，主厂房设计开挖尺寸（长×宽×高）为387.64 m×31.90 m×75.60 m，尾水调压室为阻抗式，尺寸为294.0 m×26.5 m×94.0 m，地下厂房和尾水调压室尺寸为世界最大。地下厂房岩锚梁岩台设计最大载荷2000 t，4个直径11.6 m、深达500 m的50万kV六氟化硫管道出线竖井，均位于目前世界同类建筑物中前列。

溪洛渡地下电站洞室群施工三大技术难题：一是洞室群的开挖、支护设计与施工控制，以及整体稳定问题；二是地下厂房岩锚梁的精细爆破技术；三是地下工程混凝土温控防裂技术。为此，在施工前期就深入开展了溪洛渡水电站超大型地下洞室群施工期快速监测与反馈分析系统的研究和建设，重点对主厂房和尾调室高边墙开挖引起的围岩变形和稳定风险进行超前分析和评估。

（一）特大地下洞室群开挖施工技术

细致做好开挖规划工作，合理布置施工支洞，合理安排洞室群间开挖顺序和

开挖分层,提出"开挖领先,适时支护;开挖一层、支护一层、下挖一层,立体多层次,平面多工序;先洞后墙,环向预裂;跳洞错距;实时监测反馈,动态设计"的开挖原则。经动态调整施工爆破参数和支护参数,采取精细化刻爆技术进行爆破开挖,根据测试成果,其中右岸三大洞室平均不平整度5.9 cm,平均超挖7.7 cm,半孔率为90.8%~96.8%。

(二)实时监测反馈,动态设计

为确保厂房顶拱、高边坡稳定和施工期安全,在厂房顶拱、边墙及厂房四周的灌浆排水廊道内超前布置了大量永久监测设备和临时监测设备(应力计、多点位移计等),实现了地下厂房洞室群施工期全过程、快速监测与反馈分析,及时指导和调整优化施工程序、爆破作业和支护设计。图2所示为快速监测与反馈分析流程图。

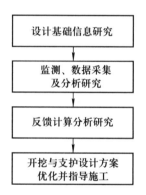

图2　快速监测与反馈分析流程图

监测成果表明,三大洞室围岩松弛影响深度光面爆破控制在0.4 m、预裂爆破控制在0.6~0.8 m以内;主厂房顶拱最大累计位移左岸10.05 mm、右岸11.15 mm,边墙松弛位移一般在30 mm以内,最大累计位移左岸47.56 mm、右岸33.50 mm;锚杆应力一般在100 MPa以内,最大拉应力为293 MPa;锚索荷载增长率一般在10%以内,最大24%。地下厂房洞室群开挖质量全面超过设计确定的控制标准,堪称精品工程。

(三)地下工程混凝土温控技术

由于溪洛渡地下工程规模巨大,不少部位属大体积混凝土施工,温控问题突出。为此专门开展了地下工程混凝土温控防裂研究,并提出了一整套温控防裂技术标准。采用优化配合比、浇筑预冷混凝土并通江水和严格控制施工过程中温度回升等综合技术措施,有效控制了混凝土内部温升,且取得平均最高温度较设计控制温度有一定裕度,突破了一般地下工程仅在尾水洞改建封堵段和蜗壳等大体积混凝土部位采取温控措施的惯例,使工程质量又上了一个新的台阶。

(四) 组合蜗壳结构型式开发和应用

系统地开展了组合蜗壳结构型式的研究。大量计算分析成果表明,组合蜗壳结构更适合大型、特大型水轮机蜗壳,可调整垫层包角满足外围混凝土结构受力和机组运行稳定性要求,其施工工艺较简单、施工工期较短,解决了大型蜗壳结构的关键技术问题。同时,系统地提出了垫层蜗壳、充水保压蜗壳、直埋蜗壳、组合蜗壳埋入四种蜗壳结构型式的选型原则、设计方法、主要技术要求和发展趋势,为我国大型蜗壳结构的选型和满足机组长期可靠运行提供了科学依据,并首次将该成果在全部 18 台 77 万 kW 水轮发电机组中采用。

四、世界规模最大的泄洪洞工程

溪洛渡工程左右岸各布置 2 条泄洪洞,洞长 1483.5～1824.5 m,工作闸室上游为圆形断面,直径为 15 m,采用“龙落尾”体形。溪洛渡水电站泄洪洞有三项指标均为世界前列:其一,过流面最高流速达 50 m/s;其二,总泄洪能力世界最大,为 21 400 m^3/s;其三,单洞最大泄洪流量为 4162 m^3/s,总泄洪流量达 16 728 m^3/s。

(一) 大泄量的“龙落尾”泄洪消能

泄洪隧洞长、水头高,反弧段流速高达 50 m/s。在总结国内外大型泄洪洞设计和运行经验与失事教训的基础上,经组织国家“八五”、“九五”科技攻关试验研究,提出了进口为有压段,后经地下工作闸门室接无压洞,无压洞洞内“龙落尾”的新型式,将总能量的 80% 左右集中在尾部占全洞洞长的 15% 的洞段之内。泄洪隧洞洞内流速大多控制在 25 m/s 左右,仅在龙落尾段流速才由 25 m/s 增加至反弧段末端的 50 m/s。采取了调整泄洪洞洞口位置、塔体长度、扩大洞口与胸墙高度等措施,改善了进口和洞内水力学条件。采取在左岸龙落尾段设置三道掺气坎(前两道同时加设侧掺气坎),右岸龙落尾段设置四道掺气坎(前三道同时加设侧掺气坎)等掺气减蚀措施,并经试验表明,采用掺气跌坎和侧掺气坎的组合形式、在反弧段前增设一道掺气坎、缩短渥奇曲线段的长度和减小反弧段的圆心角等措施,明显改善掺气效果,增大反弧段前掺气坎的掺气能力,有效减小和消除反弧段末端掺气盲区。

(二) 抗冲耐磨混凝土施工新技术

1) 采用预冷混凝土,设计龄期由 28 d 调整为 90 d,以利用混凝土的后期强度。泄洪洞有压段和无压段上平段混凝土由 C30 调整为 C9040F150W8，龙落尾段、明渠段及挑坎过流面混凝土由 C50 修改为 C9060F150W8 抗冲耐磨混凝土；尽量做到常态混凝土替代泵送混凝土、三级配混凝土替代二级配混凝土；高掺一级粉煤灰；使用低热硅酸盐水泥替代中热硅酸盐水泥等技术。其中仅采用低热硅酸盐水泥这一措施，就使 C9060 硅粉抗冲磨混凝土的最高温升降低了 5.8 ℃，并使最大温度出现的时间延缓了 54 h，减轻了温控压力和产生裂缝的风险，在高标号硅粉混凝土温控防裂施工技术上取得了突破。

2）研制了龙落尾最大爬坡能力达 31°、可输送浇筑常态混凝土的液压自行钢模台车、底板隐轨拖模技术，以及明渠双面模板台车和挑坎底板扭曲面翻模、边墙搭接型连续模板等一系列技术创新与改进的新工艺，使混凝土的体形、平整度、外观质量、温度裂缝得到良好控制，达到了"体形精确、平整光滑、高强防裂"的要求（图 3）。

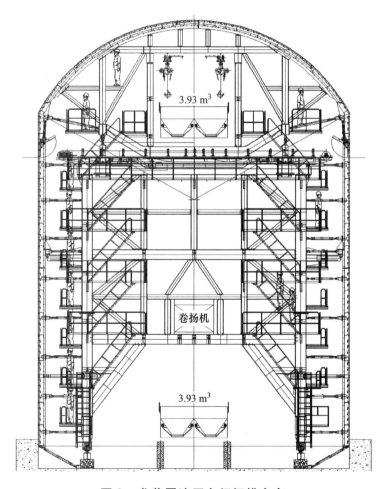

图 3　龙落尾液压自行钢模台车

龙落尾液压自行钢模台车,由液压行走系统,自动供料系统和智能操作系统构成,总重约 270 t,最大动力 28 MPa,可精确定位,自如满足龙落尾段体形变化的要求,见图 3。混凝土由轨道供料小车和台车两侧设置的电动垂直提升电梯入仓,实现了复杂体形混凝土立模和浇筑一体化、边墙浇筑常态混凝土的新突破。

泄洪洞出口挑坎结构底板采用表面翻模人工抹面工艺,保证了扭曲面外观体形和表面不平整度;两侧矮边墙采用定型拐角模板工艺、边墙采用连续搭接悬臂模板分层施工工艺,保证了底板与边墙拐折角曲线成型质量和拐角处的混凝土浇筑质量,解决了混凝土层间接合处漏浆挂帘和错台等质量常见问题。底板翻模和边墙连续搭接悬臂模板工艺,在挑坎段混凝土施工中成功应用,将对类似工程高速水流部位的外观体形和表面平整度控制技术,具有借鉴意义。

五、300 m 级特高拱坝技术

溪洛渡拱坝最大坝高 285.5 m,与我国锦屏一级拱坝、小湾拱坝同属于 300 m 级特高拱坝。溪洛渡拱坝难点是:坝身设有 7 个表孔、8 个深孔和 10 个导流底孔,坝身泄洪流量 32 278 m³/s,其坝身孔口数量和泄洪流量均居世界高拱坝首位;坝址处于高地震区,设计地震动峰值加速度达 355 Gal,也是 300 m 级高拱坝之首。

坝肩玄武岩层间、层内错动带发育,河床部位工程地质和水文地质复杂,部分建基面坐落在弱风化卸荷岩体上;坝肩开挖深度相对较浅,大部分建基面坐落在弱风化非卸荷岩体上。其规模和难度均超出了现行拱坝设计规范的范围和水平,是一个具有挑战性的工程。

在可行性设计研究成果基础上,在大坝施工前期就联合国内高等院校和科研院所启动数字化仿真分析与反馈技术的研究和开发,实施大坝工程全生命周期安全性评估和建设管理,以期达到建设阶段全过程的安全和运行阶段大坝的长期可靠性。在综合分析和全面评估的基础上,对可行性设计研究拱坝建基面和体形进行了进一步优化;并在坝肩开挖、河床基础开挖、建基面处理、玄武岩骨料选用、大坝混凝土浇筑、温控防裂、坝身泄洪和坝下消能防冲、高拱坝孔口设计和施工技术等方面进行了系列调整和优化,取得一批创新成果。

(一) 基础与坝肩施工和处理

1. 拱坝建基面外移和体形优化

选取高拱坝合理建基面,一直是设计研究的关键技术问题之一。我国混凝土拱坝设计规范规定:高坝(使用坝高等于、小于 200 m)应开挖至 Ⅱ 类岩体,局部可开挖Ⅲ类岩体。溪洛渡可行性研究阶段拱坝建基面就是按照该原则确定的。在招标设计阶段,通过开展联合科研攻关,将原拱坝建基面主要置于微风化－新鲜的Ⅱ类岩体,调整为:高程430.00 m以下至河床的拱座利用弱风化下段Ⅲ1类偏里的岩体;高程430.00～560.00 m陡壁区的拱端基础主要置于Ⅲ1类岩体;高程560.00 m以上局部利用弱风化上段Ⅲ2类岩体。调整后的拱坝坝体混凝土方量减少约113万 m³,基础开挖方量减少约161万 m³,最大开挖坡高左、右岸均减小约40 m,降低了坝肩开挖及大坝混凝土浇筑的施工强度。

优化方案合理利用了弱风化岩体作为拱坝基础、建基面外移、体形优化等措施,有效地减少了拱坝的挡水面积、减少了拱坝的总水推力;尽管岩体的力学和变形综合参数有所降低,但大坝的稳定、安全系数并没有降低;体形调整不但使拱坝的应力得到改善,同时还降低了施工开挖对岩体的扰动和损伤、减少了深层岩体开挖卸荷的影响,从而降低了施工难度,并提高了全生命周期拱坝的可靠度。所取得的成果对待建的高拱坝建基面的确定具有指导作用,为坝基地质条件相对较差高拱坝建设开辟了新途径。溪洛渡双曲拱坝体形优化参数特征值见表1。

表1　溪洛渡双曲拱坝体形优化参数特征值

项目	可研方案	优化方案
拱冠顶厚/m	14.0	14.0
坝高/m	278.0	278.0
拱冠底厚/m	69.0	60.0
拱端最大厚度/m	75.70	64.0
顶拱中心线弧长/m	698.07	681.51
最大中心角/(°)	96.21	95.58
厚高比	0.248	0.210
弧高比	2.512	2.387
上游倒悬度	0.217	0.141
柔度系数	10.68	11.10

2. 拱坝河床底部结构设计和坝基处理

在溪洛渡拱坝坝基开挖过程中,根据开挖揭露的实际地质情况和有关技术参数实时进行再评价,运用仿真等技术手段进行定量分析,动态调整基础开挖和处理方案及相应的拱坝结构措施，最终确定建基面高程由 332 m 降低至 324.5 m，最大坝高由 278 m 调整到 285.5 m。并针对河床坝段高程 324.50 m 局部出露的 Ⅲ2 类岩体进行刻槽、混凝土置换处理和加强固结灌浆处理，保证建基面满足拱坝受力和变形稳定要求。

3. 坝肩高边坡精细爆破技术

溪洛渡大坝拱肩槽开挖量约 400 万 m³，开挖高度 210 m，开挖轮廓面约 4.4 万 m²。坝基柱状节理裂隙较发育、层间层内错动带密集、开挖轮廓面呈扇形扩散的扭面结构，爆破成型难度大。通过采取优化施工组织设计、强化精细爆破管理手段、创建开挖技术管理体系等综合措施，实施精细爆破技术。采取质点振动速度、岩石声波、钻孔电视、平整度和超欠挖检测等手段，实现了对爆破效果的定量化评价；采用多段毫秒延时、大面积预裂等爆破技术，形成了定量化的精细爆破设计方法；采用对钻机和样架进行改造，增加限位板、加装扶正器、改进施工量角器精度等措施，成套了拱肩槽开挖精细爆破施工的专项设备；建立了以"三定"（定人、定机、定位）、"三证"（准钻证、准装药证、准爆证）、"三次校钻"等制度为基础的精细爆破管理体系。

以上措施的运用，使拱肩槽的开挖建基面法线方向的平均超欠挖、平整度、半孔率的整体合格率分别达到 97.2%、98.8%、99.8%；经钻孔声波法检测，平均爆破影响深度基本控制在 1.0 m 以内。精细爆破后形成的建基面光滑平整，平整度、半孔率整体达到优秀水平，爆破对建基面岩石的损伤得到有效控制。

4. 基础固结灌浆综合施工技术

基础固结灌浆工作量大、范围广，对混凝土施工干扰大且占用直线工期，是导致大坝强约束区混凝土出现表面裂缝，甚至贯穿裂缝的风险因素。优化固结灌浆施工工艺和施工程序，以减少和避免固结灌浆对高拱坝施工进度和质量的影响。

1）经详细对建基面岩体质量进行综合评定、仿真分析和现场试验，按坝段分部位制定了个性化基础置换混凝土和固结灌浆处理方案。河床部位置换混凝土分缝与上部坝体横缝一致，置换混凝土上覆的坝体混凝土连续上升，将置换混凝土作为大坝一部分。采用在置换混凝土底部建基面突变和拐角部位布设防裂钢筋，大坝基本体形底部布设防裂钢筋的方案。

2）制定专门个性化高拱坝固结灌浆施工工艺和施工程序。根据现场固结灌浆试验成果，河床坝段采用大坝混凝土盖重的固结灌浆施工方法；陡坡坝段先利用上部 5 m 厚岩体作为盖重进行下部岩体固结灌浆，0～5 m 岩体采用混凝土盖重灌浆，局部采用引管灌浆的方法；充分利用坝体廊道和下游贴角部位进行了有盖重灌浆；对于水泥灌浆难以满足技术要求的个别部位辅以化学灌浆。并制定了严格的灌浆工艺,确保灌浆质量。

3)采取各升层混凝土冷却水管对应定位埋设,与精细化的固结灌浆钻灌作业布置图相对应,有效避免了灌浆钻孔损坏冷却水管和监测仪器的情况。

(二)拱坝仿真分析系统和混凝土温控防裂技术

借助先进的数据库管理平台,集信息、网络、可视化技术于一体,优化组合设计、监理、施工及高校、科研机构等不同行业、不同部门的社会资源,首次在坝工界实现了大坝工程施工全过程的数字化和信息化管理。溪洛渡"数字大坝",全过程开展施工监测与仿真分析,指导解决温控技术要求与现场施工之间的矛盾,揭示陡坡坝段、孔口部位、夏季高温和冬季气温骤降等条件下混凝土温度变化规律,实现了大坝施工质量实时、在线、全过程的管理与控制,有效防止了不利应力和温度裂缝的产生。

1. "数字大坝"建设

溪洛渡"数字大坝"基于全生命周期管理理念,按照"统一模型、平台和接口,数据准确、全面、及时、共享,直接面向生产需求,重在预测、预报、预警,应用操作简单、直观、逼真"的原则,分为施工监测系统和仿真分析系统两大部分(图4)。

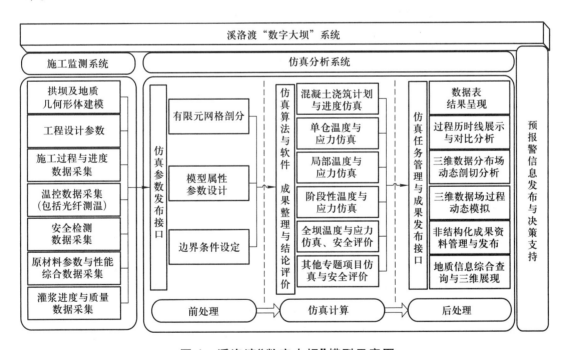

图 4　溪洛渡"数字大坝"模型示意图

施工监测系统:重点是对现场设计信息、进度信息、质量信息、施工监测信息等信息资料进行收集和展示，对混凝土浇筑计划、原材料检测、混凝土生产、混凝土运输、现场浇筑、混凝土温控等数据进行全面收集，全面覆盖大坝施工的全过程，是参建各方的信息共享与工作平台。

仿真分析系统：主要是在施工监测系统数据分析的基础上，对大坝的整体安全状态、应力状态、开裂风险、施工进度与技术难题等进行分析，对三维地质模型、计算边界条件、网格剖分、应力、应变计算结果等进行收集和展示，并针对即将施工部位特点和已施工部位应力状态提出预警和预控措施，使现场数据采集的及时性与仿真分析的超前性得到融合，对施工提出超前指导和预判，进而保证施工过程坝体应力状态得到有效控制，避免裂缝产生。

2008年5月开始前期准备与平台规划，经过试用优化于2009年9月正式运行使用。"数字大坝"全面规划了大坝浇筑计划管理、原材料检测、混凝土生产及质量控制、混凝土运输、混凝土备仓、浇筑、温控、固结灌浆、帷幕灌浆、接缝灌浆、安全监测、地质勘察等施工工艺的流程和业务数据管理；通过整合传统计算机桌面应用技术、手持式无线终端技术、RFID射频识别技术、数字传感技术、嵌入式设备接口等多种数据采集方式，全面、集中地存储了大坝工程的设计数据、计划数据、工艺控制标准数据、现场工序的执行数据；通过预置的处理过程，自动完成工程工艺技术、进度、产量、质量等关键指标的统计分析及三维可视化的展现，其展示的成果直接指导现场的施工生产与温控，大大提高了混凝土温控的效率与管理水平。为不断提升"数字大坝"的仿真计算与反馈分析水平和精度，实时解决现场遇到问题和指导下一阶段工作，每年定期和不定期召开仿真计算与反馈分析专题会，收到了很好效果，并逐步完善向智能化大坝技术推进。

2. 基于"数字大坝"的温控实践

溪洛渡拱坝在混凝土温度控制常规手段的基础上，基于"数字大坝"和仿真计算，遵循"小温差，早冷却，慢冷却"的指导思想，采取"全坝浇筑预冷混凝土、全过程制冷水冷却、全年保温养护"等精细化温控防裂综合措施，自2010年以来大坝混凝土没有出现温度裂缝。

（1）最高温度控制

1）实行"双控预警"，控制升温过程、控制最高温度。通过计算分析，取得实际浇筑条件下的混凝土理论温升曲线，导入"数字大坝"系统后与实测温升曲线进行对比，及时调整通水流量和（或）通水温度，控制混凝土温升过程，从而控制最高温度。"双控预警"有助于控制最高温度超标导致基础温差过大，也可以避免最高温度过低带来的不利影响。

2）在保证拱坝抗裂安全的情况下，局部适度调整最高温度控制标准。脱离约束区后，夏季浇筑的混凝土最高温度控制标准允许放宽1~2 ℃，两岸陡坡坝段基础约束区全年按不高于 25 ℃控制。同时,陡坡坝段基础约束区、孔口坝段长间歇仓号浇筑掺加 PVA 纤维混凝土,以进一步提高抗裂安全系数。

（2）冷却过程控制

1）冷却水管网建设。为达到"小温差、早冷却、慢冷却",敷设了两套冷却通水管网,通水温度为 8 ~ 10 ℃和 14 ~ 16 ℃,分别用于降温和控温过程,有效控制混凝土温度,并避免冷却水管周边局部温差过大。

2）温度过程智能监控。为满足降温速率和温度变幅控制要求,每仓混凝土内均埋设温度计,全面监测混凝土内部温度;2010 年在光纤测温的基础上,改进和增加数字温度计,提高了温度监测的准确性和工作效率。同时,基于"数字大坝",建立和实施了大坝通水冷却智能温控系统,可稳定跟踪、无线采集混凝土温控数据和冷却水管通水情况,对温度异常情况进行预警、报警,通过电磁阀远程控制及调整通水流量和通水温度,从而达到最高温度、降温速率、温度变幅不超标的温控要求。经现场试验结果表明,智能通水理论预测的温控过程符合实际情况,温度、流量控制精度在 2% 以内,降低了人为因素影响,提高了施工智能化、自动化水平。溪洛渡拱坝混凝土温度控制通水冷却过程监控和实时调整实测过程见图 5。

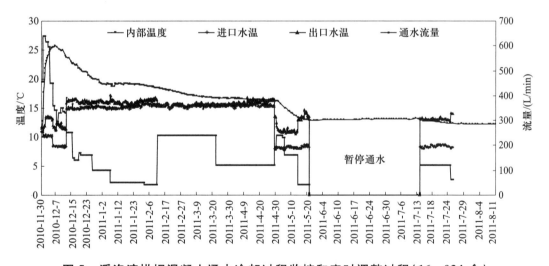

图 5　溪洛渡拱坝混凝土通水冷却过程监控和实时调整过程（16 – 034 仓）

3）个性化调整冷却过程。基于"数字大坝"的仿真分析成果,大坝混凝土通水冷却降温分一期冷却、中期冷却、二期冷却三个时期,九个阶段进行控制（图6）。对高温季节浇筑的孔口周边混凝土,按照"慢冷却"的原则,一期冷却按三个阶段控制,第一阶段目标温度按 25 ℃控制;第二阶段将混凝土温度控制在25 ℃左右,并保持 5 ~ 7 d;第三阶段将混凝土缓慢降温至 20 ~ 22 ℃。一期冷却降温速率按不超过 0.3 ℃/d 控制，总时间在 30 d 以上，避免混凝土开裂。

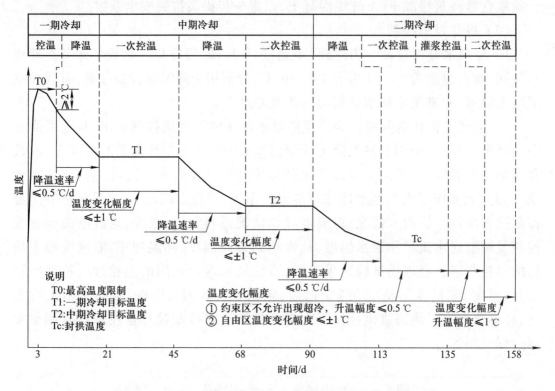

图 6 各时期及阶段温度控制示意图

（3）悬臂高度控制

为缓解混凝土温度梯度控制与拱坝悬臂高度控制之间的矛盾，除合理安排施工计划，加强资源投入和施工组织，加快复杂坝段浇筑速度，尽量保持均衡上升外，还通过仿真计算进行拱坝应力对悬臂高度的敏感性分析，适当放宽部分坝段的悬臂高度控制标准，为现场合理安排施工进度提供了灵活度。

（4）横缝工作性态控制

为确保大坝横缝张开并具备较好的可灌性，根据仿真分析成果，采取了提高一期冷却目标温度、提高非约束区最高温度、改进冲毛工艺减小横缝粘结强度（"净除乳皮"即可）、超冷 1～3 ℃、加强上下游表面保温等综合措施。统计横缝张开数据，再据此进行反演分析，结果表明：通过合理安排各灌浆区冷却过程，既可使拟灌区上部三个灌区横缝处于张开状态，又可避免已封拱横缝突然张开产生不利影响。

（5）保温与养护

经现场试验和仿真计算，上、下游坝面分别采用厚度 5 cm 和 3 cm 挤塑聚苯乙烯泡沫板（XPS）（陡坡坝段基础约束区下游面采用 5 cm XPS 板）、横缝面采用厚度 5 cm 聚乙烯保温卷材(EPE)、水平仓面采用厚度 4 cm(2 cm×2)保温卷材、坝体孔洞内壁喷涂厚度 2～4 cm 聚氨酯保温材料进行保温,收到了良好的效果。

(6)其他

与国内同类工程的混凝土性能相比,溪洛渡拱坝混凝土弹模大、极限拉伸值和徐变量相对较小,且自生体积变形呈较大的收缩性,温控防裂风险较大。在施工过程中,还采取了陡坡坝段、深孔钢衬底板等长间歇期仓面在低温时段浇筑改性高强高弹模 PVA 纤维混凝土,严格控制间歇期,动态布设限裂钢筋,建立异常气候和气温骤降预报系统,制定"天气、温控、间歇期"预案等综合措施,并组织参建四方参与温控工作小组,每周研究解决温控技术、管理问题等。

3. 混凝土骨料的选择与应用

1)溪洛渡水电站地处高山峡谷地区,大量的工程开挖弃渣对水土保持和环境保护构成较大的影响。经多方案论证和大量试验研究,将溪洛渡地下工程开挖的几乎所有玄武岩用作混凝土的粗、细骨料。除拱坝混凝土细骨料采用坝址附近的石灰岩外,其余部位混凝土粗、细骨料均采用地下工程开挖的玄武岩。通过跟踪研究工程开挖量有用料堆场、回采、储运等各个环节,对料源实施动态管理,达到了近 2000 万 m^3 的工程开挖量有用料的零弃渣,不仅降低了工程成本,还为大型工程项目合理利用资源和尽量减少水保、环保的影响,防止工程施工恶化环境提供了成功的实例,这在国内外特大型工程中是少见的。经原型监测资料和反演仿真分析,以玄武岩为粗骨料、石灰岩为细骨料的混凝土大坝在各种工况下均能满足大坝长期安全运行的要求。

2)经大量试验研究,率先将特高拱坝混凝土的粉煤灰掺量提高到 35%;为进一步探索高拱坝采用低热硅酸盐水泥的可能性,在溪洛渡拱坝高部位开展了低热硅酸盐水泥的生产性试验,其试验结果有望推广到乌东德和白鹤滩拱坝工程。为解决混凝土自生体积变形指标偏低问题,系统地开展了外掺 MgO 和低收缩高镁水泥的制备及其在大型水电工程中的应用研究,取得了初步研究成果,并逐步加以推广应用。为我国特高拱坝混凝土原材料优化选用方面开辟了新途径。

(三)坝身孔口泄洪和坝下消能技术

溪洛渡泄洪消能具有"水头高、泄量大、河谷狭窄、泄洪功率大和泄洪频繁"的特点。电站千年一遇洪水洪峰流量 43 700 m^3/s,万年一遇洪水洪峰流量 52 300 m^3/s,泄洪功率近 100 000 MW,约为已建二滩电站泄洪功率的 3 倍。

1)针对溪洛渡水电站坝址区地形地质条件,结合国内外高拱坝泄洪消能经验,研究确定了"分散泄洪、分区消能、按需防护"的设计原则,采用坝身分两层布置 7 个表孔和 8 个深孔，另外在两岸各布置 2 条泄洪洞，形成三套独立且互为补充的泄洪建筑物布置方案。每套泄洪建筑物的泄洪流量加上三分之一机组过流量均可满足宣泄常年洪水流量的要求，以确保宣泄常年洪水万无一失和特大洪水时的泄洪可靠和安全。

2）坝身采用"分层出流、空中碰撞、水垫塘消能"的布置形式，并作为枢纽优先采用的泄洪设施。由于泄洪洞洞长、流速高易产生空蚀破坏，在拱坝应力和高速水流引起流激振动的允许范围内，尽量增加坝身的泄洪流量。确定方案的坝身孔口泄洪功率高达 57 000 MW，是二滩的 2 倍，居拱坝坝身泄洪流量世界第一。

3）水垫塘抗冲耐磨混凝土温控防裂措施。坝下水垫塘沿水流方向长 396.5 m，采用钢筋混凝土衬砌保护。混凝土底板厚 4.0 m，底板面层 0.6 m 为二级配抗冲磨硅粉混凝土。为了使硅粉混凝土与下部常规混凝土成为可靠整体和降低硅粉混凝土开裂风险，在浇筑过程中，硅粉混凝土分两个坯层与下部常规混凝土连续浇筑，硅粉混凝土面层 0.2 m 采用二级配，下层 0.4 m 改用三级配，使硅粉混凝土裂缝风险得到遏制。初步泄洪运行表明，水垫塘抗冲耐磨混凝土施工质量优良。

（四）抗震设计研究

溪洛渡拱坝工程区的地震基本烈度为Ⅷ度，100 年超越概率 2% 的基岩水平向地震动峰值加速度为 321 Gal。2008 年"5·12"汶川地震后，根据《国家能源局关于委托开展水电工程抗震复核工作的函》的要求，溪洛渡水电站补充开展了工程防震抗震专题研究工作。经国家地震安全性评价委员会审查批复，100 年超越概率 2% 的基岩水平向地震动峰值加速度为 355 Gal，100 年超越概率 1% 的基岩水平向地震动峰值加速度为 423 Gal。设计设防地震烈度是 300 m 级特高拱坝中最高的。

根据复核后的地震动参数成果，进行了大坝设计地震工况下复核计算，结果表明，坝体静动力综合压应力总体在容许应力范围内，但大坝拱冠上、中高程部位，左右岸 1/4 拱圈中上部位，以及坝基面附近静动综合拉应力水平较高，部分区域拉应力超过了坝体混凝土动态容许抗拉强度，是抗震安全的薄弱部位，需采取大坝抗震工程补强措施。

1）根据拱坝动、静应力分布合理进行坝体混凝土强度等级分区，在动应力超标部位提高混凝土强度等级。并在大坝上下游坝面分三个区域设置坝面抗震限裂钢筋网（图7、图8），其中Ⅰ区为拱坝基础周边高应力区域，Ⅱ区为河床区域拱坝中下部（跨导流底孔区域），Ⅲ区为表、深孔区域。

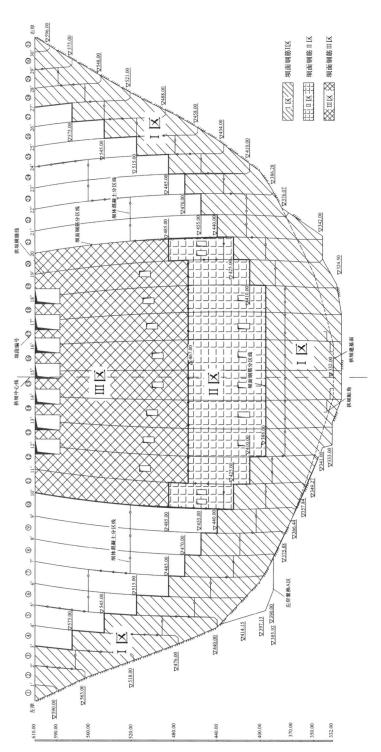

图7　坝面钢筋分布上游面立视图

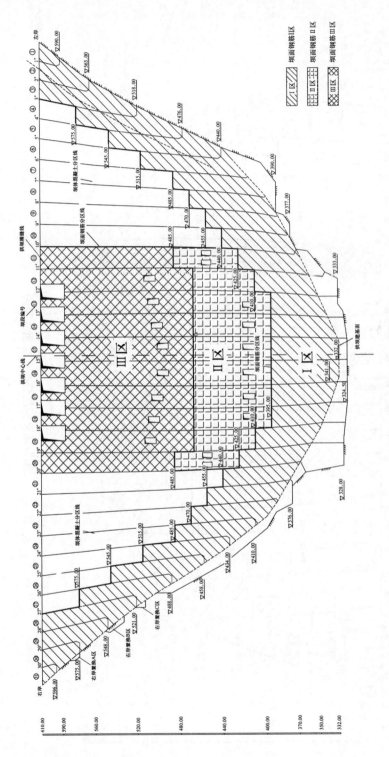

图8 坝面钢筋分布下游面立视图

2）在河床约束区基础固结灌浆结束后设置 3 层仓面钢筋,在横缝并缝高程及其下部高程设置 3 层仓面钢筋,并缝高程以上设置 1～2 层仓面钢筋,参数为 $\varPhi32$ cm@50 cm,靠近横缝及上下游坝面附近间距采用 30 cm。同时沿建基面坝基设置 1 层钢筋网,参数为 $\varPhi32$ cm@30 cm,提高综合限裂能力。

3）在拱坝横缝设置两道紫铜止水片和一道橡胶止水片(兼作止浆片),以适应横缝在强地震作用下张开和闭合过程中不损伤;坝趾采用贴角和锚索锚固,两岸坝肩采用锚索加固等工程措施,加强大坝的整体抗震稳定性;加强了配筋,增加坝身孔口的动力稳定性;加强了两岸抗力体的排水措施,降低其对坝肩滑块动稳定性的影响;加强了大坝—坝基变形、稳定监测,加强了大坝抗震重点部位和薄弱部位的监测等。

4）全级配混凝土大试件的动态力学性能试验,迄今国内外研究成果很少。委托中国水利水电科学研究院从美国引进 15 MN 大型动态材料试验机,开展了大坝全级配混凝土动态特性试验研究和动态三维细观力学性能试验与分析研究,模拟大坝不同初始静载受力和与大坝振动特性相匹配的加载速率进行全级配大坝混凝土材料大尺寸试件的动态性能试验,并增加长龄期混凝土动态特性试验,取得了一些初步结论,为综合评价大坝的抗震安全提供了有效依据。

六、库区地质灾害防治和生态保护研究

(一)金沙江下游水库地震监测系统

三峡集团高度重视金沙江下游水电开发的水库地震监测系统的建设,在项目建设前期就组织国家有关单位和专家开展了大量科学研究和前期工作,打破了以往单个电站、单个水库进行水库地震研究的模式,从流域梯级的角度对四个梯级电站进行整体规划设计,按照"统一规划、分步实施"原则,根据工程阶段分期实施。四个梯级电站均处于云南、四川两省的界河,委托中国地震局统一指导,由中国地震局主要司局和研究所牵头组织实施,云南、四川两省地震局共同参与,并邀请梯级电站枢纽工程主体设计院参加。

2005 年启动金沙江下游梯级水电站水库地震监测系统规划和分期建设工作,包括库区固定测震台网、强震动观测网络、地下水动态监测井网、地壳形变监测网等专业监测网,并不断完善功能和体系。

自 2007 年投运 5 年来,取得了溪洛渡电站截流前和蓄水前的地震本底监测完整资料。中国地震局在 2008 年 8 月金沙江下游梯级水电站水库地震监测系统(一期工程)专项验收时认为:金沙江下游向家坝、溪洛渡两个大型水电站水库地震监测系统的建成,从技术上有了大的提升,是地震系统将专业的知识、专

业的技术服务于社会经济发展的突出体现。每年年终召开金沙江下游梯级水电站水库地震监测分析研究专题会议,对当年水库地震监测数据进行综合分析、评价并提出对策措施。在水库下闸蓄水前对本底资料进行了全面评价,蓄水以来的监测成果表明,溪洛渡水库蓄水后,库首段微震活动性增强,小震月平均频次较蓄水前明显增加,最大震级与蓄水前地震本底基本相当,未超出水库诱发地震预测水平;其他库段地震活动性变化不大,与蓄水前地震本底基本相当。

（二）生态保护研究

溪洛渡水电站工程建设秉承"建好一座电站,带动一方经济,改善一片环境,造福一批移民"的水电开发理念,坚持"长期合作、融入当地、平衡兼顾、互利共赢"的原则,高度重视生态环境研究与实践,较系统研究和预测评价流域梯级开发对生态环境的影响,采取工程设计和运行管理的对策措施,妥善处理好开发与保护的关系,维护金沙江下游河流的生态系统健康。

1）开展溪洛渡水电站两岸水、气、声环境监测,以及封闭施工区和专用公路区水土保持监测。监测结果显示,在溪洛渡建设过程中,各项指标满足国家有关环境标准,水土流失得到有效控制,总体上水土流失强度较开工之前降了一个等级,生态环境恢复效果显著。

2）开展金沙江下游梯级水电开发对水温、水质、陆生生物和水生生物的累积和叠加影响,以及工程建设所产生的区域性、累积性环境影响动态分析和评价。通过采取保护区调整、人工增殖放流、补救措施关键技术研究,建立水生生态保护监测系统和相应工程措施的建设,将梯级电站对珍稀、特有鱼类的影响减小到最低程度。在溪洛渡电站进水口增设分层取水设施,解决低温水下泄对"四大家鱼"产卵的影响。

七、梯级水库高效安全调度研究

（一）水情自动测报系统建设与应用

2005年6月,中国三峡集团成立了金沙江水文气象中心,为溪洛渡、向家坝工程的施工防汛提供技术咨询和决策依据,组织开展溪洛渡、向家坝坝区的水情气象观测、报汛和预报服务;建立了金沙江中、下游流域水情自动测报系统,并系统地开展了水文、泥沙、气候环境的监测与研究。

金沙江下游梯级水电站水情自动测报系统,采用北斗卫星、PSTN、GSM短信通信方式组网。可实时收集流域水雨情信息的水情遥测系统,既为金沙江下游梯级水电站建设期施工防汛服务,也为已建成电站的运行调度服务。2004年年初开始溪洛渡水电站施工期水情预报建设,同时进行金沙江下游梯级水电站水情站网及预报系统建设,2008 年正式投入运行,目前实现了与三峡梯调通信中心和云南金沙江中游水电开发有限公司信息共享。该系统水文站网布设合理,数据畅通率、洪水预报方法、预报精度等均满足洪水预报要求,并取得水库蓄水前完整的水文、泥沙本底资料。根据 2008 年 4 月 12 日至 2013 年 3 月 29 日统计数据,主要断面预报合格率均在 80% 以上,为向家坝和溪洛渡工程按计划蓄水和安全度汛提供了重要技术支撑。

(二) 向家坝和溪洛渡两库调度联动研究

按照"安全、平稳、连续,下泄流量有序控制,确保下游通航河段航运安全"的调度原则,并安全、有效利用中小洪水资源的理念,系统地开展两库联调以及与三峡工程的联调研究。提出了 2013 年长江上游干流来水预报和分析、溪洛渡和向家坝与三峡水库联合调度、溪洛渡与向家坝水电站 2013 年蓄水计划和调度方案、工程度汛方案及两电站蓄水对向家坝上下游航运影响的专题研究成果,充分发挥金沙江 - 三峡水利枢纽群的综合效益。承担"973"计划项目——"梯级水库群风险应急调度模式与应急处置机制",开展了流域梯级水库群的应急调度及突发事件处理研究。

目前,溪洛渡和向家坝工程建设、水库移民及各项验收工作均按计划有序进行。根据国家核准的项目蓄水节点目标,结合 2013 年来水预报及上游水库蓄水计划,溪洛渡水电站 5 月 4 日下闸蓄水,6 月 23 日蓄水至死水位 540 m,7 月 15 日首台 77 万 kW 机组投产发电;向家坝随后开始由 354 m 水位抬升,于 7 月 5 日至死水位 370 m,4 台 80 万 kW 机组在合理水位运行。

(三) 长江上游梯级水电站群联合调度

溪洛渡水电站水库总库容 126.7 亿 m³,调节库容 64.6 亿 m³,在以三峡工程为总控的长江上游梯级水电站群联合调度中发挥重要作用。计划到 2020 年左右,三峡 - 葛洲坝梯级与金沙江中下游梯级的装机容量将达到 9000 万 kW 左右。长江上游水电站库群实现统一联合调度,是确保水电站群安全、高效运行的重要保证和必要举措,也是实现长江上游区域可持续发展的需要。目前中国三峡集团正在搭建基于数字流域的长江上游梯级联合调度决策支持平台,实现流域水文补偿、库容补偿、电力补偿和航运畅通,达到最佳的经济和社会效益。

八、全生命周期安全建设管理

溪洛渡水电站位于西南高烈度地震区,坝高库大,枢纽泄洪流量大,大坝下游分布有发达城市群，枢纽长期安全运行即是其经济发展对能源的需求，也是人民生命财产安全的需求，保障特高坝的长期、安全、可靠运行是"千年大计、国运所计"。为了进一步提升特高坝长期安全，有效延长大坝的正常使用寿命，有必要对大坝进行全生命周期的管理。

在溪洛渡水电站建设伊始，国家发改委就要求把溪洛渡水电站建成我国西部典范工程，中国三峡集团提出高质量、高标准的建设要求，建立了质量终身负责制的管理模式，成立了金沙江水电开发质量检查专家组，设计、科研院所与高校和集团公司科技委专家组成的技术团队，对前期设计介入评估，对设计方案优化。

建设过程中又吸纳监理、施工、监测等单位专家，分阶段、分项目继续对建设方案进行动态调整和优化；对现场出现的异常情况实时进行仿真计算和反馈分析，及时调整技术参数和施工措施，跟踪分析和验证大坝的结构完整性。

运用数字大坝技术，充分考虑拱坝－坝基的温度场、应力应变场、渗流场、坝基岩体开挖卸荷松弛等计算和原型监测成果，对混凝土和岩体力学、变形和渗流参数进行动态调整，不断完善仿真计算和反馈分析的参数和计算模型。

运行期风险评估是全生命周期设计和建设管理的重要环节和最终目标，为此，超前并系统开展了溪洛渡大坝长期运行安全风险评估。

2013 年 5 月 4 日，坝体导流底孔陆续开始下闸，水库由 440.78 m 水位开始蓄水，6 月 23 日蓄水至死水位 540 m，大坝最大挡水水头达 215.5 m。根据仿真反馈分析计算成果，预先给出各特征水位的大坝径向、切向和竖向变位，坝踵应力，坝肩抗力体变位和渗压等预警值。同时，全面启动和加强大坝等枢纽建筑物的现场巡视、对原型监测和数据采集和分析，以及时指导蓄水的全过程。监测数据表明：溪洛渡拱坝变形、应力和渗压、渗流均在设计范围内，如拱冠梁在 540 m 水位时最大径向变位设计的预测值为 29.61 mm，而实测最大值 16.04 mm，说明拱坝工作性态正常，并较预警值还有较大裕度。但是随着水位的继续上升，拱坝坝身宣泄大洪水的工况检验，应继续充分利用"数字大坝"技术，依托大坝原型监测和数据采集与分析，及时分析问题并接受解决问题，践行全生命周期设计、建设和运行管理理念。

溪洛渡水电站顺利实现蓄水发电，不仅是溪洛渡水电站建设和金沙江水电开发的重要里程碑，也是我国水电工程建设的重要里程碑。溪洛渡特高拱坝通过全生命周期设计和建设管理，利用"数字大坝"的技术，对大坝结构的真实工作性态进行长期、实时、动态安全评价，是水工结构学科未来发展的一个重要方向，是水电工程全生命周期管理有意义的探索，将引领我国水电建设技术和管理水平迈上一个新台阶。

参考文献

［1］ 朱伯芳,张超然. 2010. 高拱坝结构安全关键技术研究［M］. 北京：中国水利水电出版社.

［2］ 成都勘测设计研究院. 2007. 300 m 级高混凝土拱坝合理建基面研究成果报告［R］. 成都：成都勘测设计研究院.

［3］ 中国长江三峡集团公司溪洛渡工程建设部. 2008. 溪洛渡水电站大坝拱肩槽开挖精细爆破技术研究与应用［R］.

［4］ 成都勘测设计研究院. 2001. 金沙江溪洛渡水电站可行性研究报告［R］.

［5］ 成都勘测设计研究院. 2004. 金沙江溪洛渡水电站混凝土拱坝优化设计报告［R］.

［6］ 张超然,朱红兵. 2012. 基于全生命周期的特高拱坝设计和建设管理［M］//贾金生,张林,樊启祥,等. 高坝工程技术进展. 成都：四川大学出版社.

［7］ 樊启祥,周绍武,李炳锋. 溪洛渡特高拱坝建设的岩石工程关键技术［J］. 2012. 岩石力学与工程学报, 31(10)：1998 – 2015.

［8］ 樊启祥,洪文浩,汪志林,等. 2012. 溪洛渡特高拱坝建设项目管理模式创新与实践［J］. 水利发电学报,31(6)：288 – 293.

张超然　水利水电工程专家,中国工程院院士。1940 年出生于浙江省温州市。1966 年 2 月毕业于清华大学,分配到成都勘测设计研究院工作。先后主持过金沙江溪洛渡、四川锦屏一级高坝、桐子林、沙牌、小关子、东西关、冷竹关、西藏金河等大中型水电站的可行性论证研究和勘测设计工作。现任中国长江三峡集团公司总工程师。2003 年当选中国工程院院士。

流域水循环演变机理与水资源高效利用

王　浩

中国水利水电科学研究院水资源所

摘要：介绍了国家重点基础研究发展计划（"973"）海河项目（编号：2006CB403400）取得的主要研究成果。针对当前水文水资源领域的国际研究前沿和国内关注焦点，本项目以海河流域为研究区，揭示了强人类活动影响下流域水循环及其伴生的水环境与水生态过程的演变机理，开展了水资源高效利用机制与流域水循环整体调控模式研究，以增强我国流域水安全保障的基础科学支撑能力。该项目是水利部牵头组织的第一个国家"973"计划项目，经过五年的联合攻关，取得了四个方面的主要成果：一是揭示了强人类活动影响下不同时空尺度的流域水循环演变机理，并进行了系统的定量化的归因分析；二是创建了强人类活动影响下流域水循环及其伴生过程的综合模拟工具，揭示了海河流域水资源、水生态与水环境的演变规律，定量预估了气候变化及调控措施下的未来演变趋势；三是提出了"量－质－效"全口径多尺度水资源利用综合评价方法，分城市单元与农村单元研究了水资源安全高效利用机制与标准；四是研究了流域水循环多维临界整体调控理论、阈值与模式，提出了海河流域"资源－经济－社会－生态－环境"五维协调的临界调控阈值和总量控制目标。

王浩　1953 年 8 月生于北京。中国工程院院士，教授级高工，博士生导师，享受国务院政府特殊津贴。现任中国水利水电科学研究院水资源所所长、中国水利水电科学研究院科技委水利专业委员会副主任、水利部科学技术委员会委员等职。兼任全球水伙伴（中国）秘书长、中国自然资源学会副理事长、中国可持续发展研究会常务理事兼水问题专业委员会主任、中国水利学会理事兼水文专业委员会副主任、中国林学会理事、百千万工程国家级人选评审委员会委员等职。共获得国家科学技术进步奖二等奖 6 次、省部级科技奖励 20 次。2005 年，被评为"全国先进工作者"。2005 年，当选为中国工程院院士。

混凝土高坝抗震分析的新技术

林　皋

大连理工大学工程抗震研究所

摘要:中国已逐渐成为世界大坝的建设中心,一大批世界顶级的高坝已在我国强地震活动区进行建设。大坝的抗震安全具有特别的重要性。本文结合大连理工大学的研究实践,从坝与库水动力相互作用、坝与无限地基动力相互作用以及大坝地震响应分析的精细化模型等几个方面论述了混凝土大坝抗震分析的新技术,对提高混凝土大坝抗震分析的精确度与计算效率具有重要参考意义。

一、引言

新中国成立以来,特别是改革开放以来,通过多次科技攻关,我国水利工程建设迅速发展。进入 21 世纪,世界大坝建设中心已经转向中国,一大批世界级的高坝已经和正在中国大地上兴建,其成就举世瞩目。由于我国地处世界两大地震带——环太平洋地震带和欧亚地震带的交汇地段,地震活动频繁。为适应地震区高坝建设的需要,混凝土大坝的抗震技术也随之进入世界先进行列。近 10~20 年以来,我国地震区建设的大坝高度已经从百米级提高到 200 m 级,并达到世界顶级高度 300 m 级。地震设防的加速度也有很大程度的提高。20 世纪,中国大坝的地震设防加速度多在 $0.1 \sim 0.2\ g$ 的范围内,有代表性的是 240 m 高的二滩拱坝的设计地震加速度为 $0.2\ g$。进入 21 世纪后,重要大坝的设计地震加速度大多为 $0.3 \sim 0.4\ g$,有代表性是 210 m 高的大岗山拱坝的设计地震加速度已达到 $0.568\ g$。而大坝的抗震分析方法却与 100 m 级至 200 m 级的情况相差不大。世界大坝抗震分析比较发达的国家,如美国和日本等,其混凝土坝的最大坝高也都在 200 m 左右。例如,美国高度超过 200 m 以上的大坝只有 3 座,最高的为胡佛重力拱坝——223 m。日本没有 200 m 以上高坝,最高的为黑部拱坝——186 m。在我国之前修建的世界上最高的拱坝为俄罗斯的英古里拱坝,坝高 271.5 m,场地地震烈度为 8 度。而新近建成的我国的小湾拱坝,坝高 294.5 m,100 年超越概率 2% 的设计地震加速度达到 0.313 g。目前世界上经受过强地震考验的混凝土坝只有百米高度左右的拱坝(沙牌拱坝和 Pacoima 拱坝)

和百米高度左右的重力坝、大头坝（Koyna 坝、新丰江坝和 Sefid Rud 坝）。现有百米级以至 200 m 级坝的经验是否能适用于 300 m 级的大坝仍是一个未知数。可以认为,现有混凝土大坝抗震分析方法的发展水平与大坝抗震安全的重要性和大坝抗震安全评价的需要是不相适应的。提高大坝抗震分析的水平实为当前的迫切需要。

大连理工大学一直致力于提高我国大坝抗震分析的水平。参考 Chopra 所提出的观点[1,2],对混凝土大坝来说,抗震分析的关键技术包括坝与库水的动力相互作用、坝与无限地基的动力相互作用、坝 – 库水 – 无限地基系统的时域响应分析、大坝地震响应的精细化计算模型、混凝土材料的动态特性、大坝的地震风险分析等许多方面。以下汇报大连理工大学近年来在这些方面所进行的研究探索,目的在于提高现有混凝土大坝抗震分析的计算精度与计算效率,深化对混凝土大坝抗震性能的认识,并使计算工况尽量与大坝的实际情况相接近。

二、坝 – 库水动力相互作用的计算模型

地震动水压力是混凝土坝的一项重要荷载。从 1922 年 Westergaard 进行开创性的研究以来,这方面的研究论文大量涌现,而且从不间断。这方面,Chopra 及其合作者所做的贡献比较大。他着重指出,在地震动水压力的分析中重要的是考虑库水的压缩性与水库边界对动水压力波能量的吸收影响[1,2]。但是,他们提出的拱坝地震动水压力的计算模型十分复杂,难以在实际工程中应用。Chopra 对水库近域等采用有限元法进行离散,远域简化为形状不变的水槽用解析法求解。坝的地震响应展成拱坝的振动模态函数进行逼近,这样,地震作用下坝面动水压力的分布须表示成坝的振动模态函数[3],随激励频率而变化。所以计算十分繁复,工作量巨大。迄今为止,只对 Morrow Point 等少数几座拱坝进行过坝 – 水库动力响应的分析。因为这个缘故,目前在国内外的大坝抗震分析中,仍然采用非常简化的 Westergaard 的近似附加质量模型来考虑坝与库水动力相互作用的影响,无法反映坝 – 水库动力相互作用的实际情况。

为了深入研究大坝 – 水库动力相互作用对大坝地震响应的影响,我们提出了基于比例边界有限元法（SBFEM）的坝 – 水库动力相互作用的计算模型,坝面动水压力 $\{p\}$ 的基本表达式如下所示[4,5]。

$$\{p_s\} = -[\varPhi_{12}][\varPhi_{22}]^{-1}[M^1]\{\ddot{u}_n\} \tag{1}$$

式中, $\{p_s\}$ 代表顺河向地震激励产生的坝面动水压力; $\{\ddot{u}_n\}$ 代表顺河向地震激励产生的坝面法向加速度。

$$\{p_{cv}\} = -[\varPhi_{12}][\varPhi_{22}]^{-1}[M^1]\{\ddot{u}_n\} - ([\varPhi_{12}][\varPhi_{22}]^{-1}[B_1] - [B_2])\rho[C^0]\{\ddot{v}_n\} \tag{2}$$

式中，$\{p_{cv}\}$代表横河向或竖向地震激励产生的坝面动水压力；$\{\ddot{u}_n\}$代表横河向或竖向地震激励产生的坝面法向加速度；$\{\ddot{v}_n\}$则代表横河向或竖向地震激励产生的水库边界面上的法向加速度。

$$[B_1] = [\Phi_{21}][-\lambda_i^{-1}][A_{12}] + [\Phi_{22}][\lambda_i^{-1}][A_{22}] \tag{3}$$

$$[B_2] = [\Phi_{11}][-\lambda_i^{-1}][A_{12}] + [\Phi_{12}][\lambda_i^{-1}][A_{22}] \tag{4}$$

由式可见，我们将坝面地震动水压力表示为库水振动模态$[\Phi]$与振动频率$[\Lambda]$的函数（$[\Phi]$和$[\Lambda]$均与激励频率ω相关），既简洁又快速。对于水库断面沿河流方向不变的河谷（通常采用的简化模型），库水振动模态$[\Phi]$是坝面几何形状与网格离散特性（以哈密顿矩阵$[Z]$表示）的函数，表示如下。

$$[Z][\Phi] = [\Phi][\Lambda] \tag{5}$$

$$[\Phi(\omega)] = \begin{bmatrix} [\Phi_{11}] & [\Phi_{12}] \\ [\Phi_{21}] & [\Phi_{22}] \end{bmatrix} \tag{6-a}$$

$$[\Lambda] = \begin{bmatrix} -[\lambda_i] & \\ & [\lambda_i] \end{bmatrix}, \quad [A] = [\Phi]^{-1} \tag{6-b}$$

如果沿河流向水库断面形状保持不变时（图1），只需在坝面进行离散，$[\Phi]$和$[\Lambda]$均为坝面单元几何形状的函数，所以计算工作大量节约。公式(1)、(2)、(3)可以很方便地考虑库水压缩性与水库边界对动水压力波能量吸收的影响。同时，也可方便地考虑水库几何形状的影响。通过大量计算结果与解析解，或是与有限元法（FEM）、边界元法（BEM）等数值结果所进行的比较表明，我们提出的模型具有很高的计算精度[5]。图2为我们计算的与Chopra计算的Morrow Point拱坝刚性坝面频响函数的对比，图2(a)为我们的计算结果，图2(b)为Chopra等的计算结果，两者的相符性很好，但我们的计算工作量要小得多。

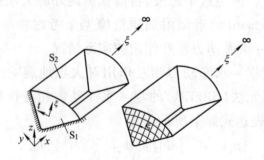

图1　水库离散

现有的坝面地震动水压力的计算，都是在比较简单的水库几何形状假设下进行的，而关于水库形状对坝面地震动水压力的影响则研究得很不够。为了研

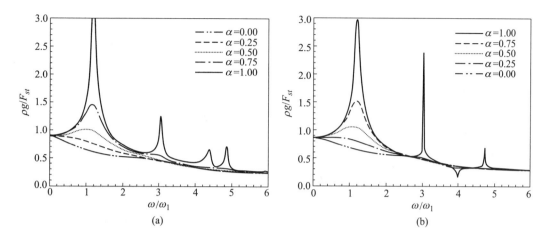

图2   Morrow Point 拱坝刚性坝面频响函数

究水库形状对地震动水压力的影响,一般可在几何形状不规则的水库近场进行有限元或比例边界有限元(问题可降阶一维)离散,在与远场交界面处设置动水压力的能量传递边界(图3)。但现有的能量传递的动水压力的边界模型还不是很理想。文献中比较常用的能量传递边界有 Sommerfeld 辐射边界(简写为 Sommer. TBC)和 Sharan 的改进边界(Sharan TBC)[6]。通过我们的研究发现,当 Sommer. TBC 和 Sharan TBC 设置得离坝较近时,在较低频段水库频率附近可能出现较大的误差。为了说明问题,选择 100 m 高的重力坝,库底反射系数 $\alpha =$ 0.925,将两种边界布置在与坝相距 $L = 100$ m 处,计算得出的频响函数与解析解[7]的对比示于图4中,图中 $\omega_1 = \pi c/(2H)$(水中波速 $c = 1440$ m/s,库水深 $H = 100$ m),在 $\omega/\omega_1 = 1$ 附近出现了很明显的偏差。

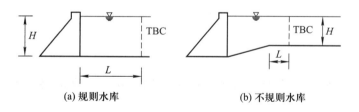

图3   水库计算模型

我们基于比例边界有限元方法所提出的传递边界模型 TBC[8],在相同的条件下(令 TBC 边界与坝面相距 100 m)获得了与解析解几乎相同的结果(图5)。而 Sommerfeld 边界和 Sharan 边界只有当水库足够长,也就是边界距坝面足够远时才可以获得与解析解接近的结果。图6表示水库区长度增至 1800 m(坝高的18倍)时,Sommerfeld 边界和 Sharan 边界的计算结果方与解析解比较接近。可

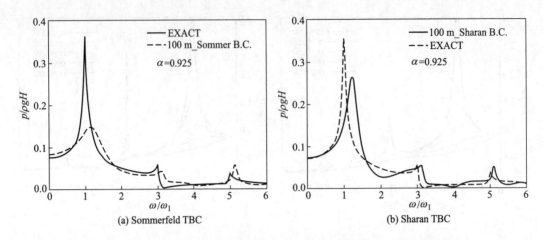

(a) Sommerfeld TBC   (b) Sharan TBC

图4　100 m重力坝坝踵处动水压力频响曲线与闭合解的对比

以看出，两者的频响曲线都有一定的振荡，Sharan解的振荡更为明显。由于篇幅所限，这儿不能展开进行分析，但通过文献[4]、[5]、[8]的讨论表明，我们所提出的动水能量传递边界将为研究水库形状对坝面动水压力的影响创造有利的条件。

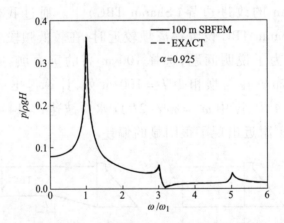

图5　坝踵动水压力频响曲线（我们提出的SBFEM边界，库长100 m）

三、坝－无限地基动力相互作用的计算模型

数值计算分析和现场的实际地震观测[9]都表明，坝与无限地基的动力相互作用对坝的地震响应产生重要影响。文献中提出了很多结构－无限地基相互作用的计算模型，一般都含有一定的近似性，而且很多是局部人工边界，需要布置在距离坝与无限地基交界面足够远处，才能保证必要的计算准确性。

特别需要指出的是，这些计算模型主要都是建立在均质无限地基假定的基

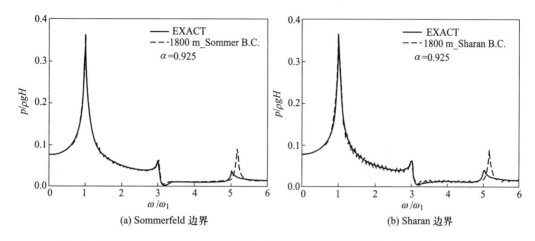

(a) Sommerfeld 边界　　　　(b) Sharan 边界

图 6　不同传播边界条件下坝踵动水压力频响曲线（水库区长度 1800 m）

础上。有的计算模型,例如,比较广泛采用的廖振鹏提出的多次透射边界,由于建立在平面波假定的基础上,原则上也只能适用于均质无限地基。但实际上,大坝地基的地质条件相当复杂。所以,有必要研究非均质无限地基的动力相互作用对坝地震响应的影响。为此,我们提出了两种考虑无限地基不均匀性对坝地震响应影响的计算方法。第一种将无限地基的不均匀性通过分区分块,或是通过地基弹性模量沿深度按一定规律变化来进行模拟;第二种对于无限地基的不均匀性缺乏规律性的情况,则需要将其划分为近场和远场两个区域进行考虑。下面简要阐述两种计算模型的主要思想。

对于前一种情况,我们基于比例边界元方法(SBFEM)开发了非均质无限地基对坝地震响应影响的计算模型与程序[10]。SBFEM 模型是非局部性的边界,可以考虑边界点的时空耦合作用,具有比较高的计算精度。拱坝河谷形状相当复杂,为了使拱坝的建基面与 SBFEM 方法能很好结合,我们采用了锥体模型进行无限地基的模拟,将拱坝与无限地基的交界面,各向上、下游延伸一段距离(图7),这样可以获得比较良好的计算精度。

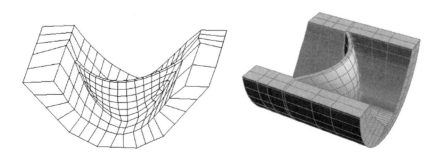

图 7　拱坝与无限地基动力相互作用的计算模型

这种基于 SBFEM 的无限地基模型，既可以考虑无限地基分区的不均匀性，又可以考虑地基弹性模量随深度按指数规律变化的情况 $E_f(r) = E_{f0}(r/r_0)^g$。式中，E_{f0} 表示坝基表层的弹性模量；r 表示坝基内一定深度处与相似中心的距离；r_0 则表示坝基表面点与相似中心的距离。

以下列举数例说明地基不均匀性的处理方法及其对坝地震响应的影响。选择 210 m 高的大岗山拱坝进行分析。假想地基含有一定的不均匀性，研究其对拱坝地震响应的影响。以 Koyna 波作为地震动输入，设计地震加速度为 557.5 cm/s²。坝体弹性模量和泊松比分别设为 $E_d = 24$ GPa，$\nu_d = 0.17$；坝基弹性模量和泊松比分别设为 $E_f = 24$ GPa，$\nu_f = 0.25$。共研究了 5 种计算工况，见图 8。其中，① 均质地基，$E = E_f$；② 坝基含水平软弱夹层，$E_i = 1.3$ GPa；③ 坝基含向上倾斜软弱夹层，$E_i = 1.3$ GPa；④ 坝基含向下倾斜软弱夹层，$E_i = 1.3$ GPa；⑤ 坝基上部岩层弹模较低，$E = E_f/2$，下部仍保持 $E = E_f$。各种工况，拱坝上游面和下游面的最大主应力比较见表 1。计算结果表明：地基力学特性的不均匀性将对坝的地震响应产生不同程度的影响，不容忽视。

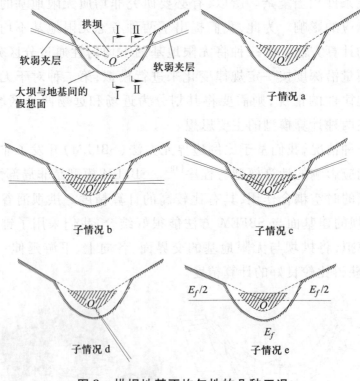

图 8 拱坝地基不均匀性的几种工况

表 1　拱坝上、下游面最大主应力响应　　　　　　　单位:MPa

主应力	子情况 a	子情况 b	子情况 c	子情况 d	子情况 e
上游面最大拉应力	9.24	11.5	10.6	10.0	13.7
上游面最大压应力	-9.51	-12.0	-10.8	-10.8	-14.0
下游面最大拉应力	8.69	8.54	8.78	7.82	9.53
下游面最大压应力	-7.94	-7.71	-8.01	-8.62	-10.0

　　另外,还选择了高 103 m 的印度 Koyna 重力坝进行分析。以 Koyna 波作为地震动输入,设计地震加速度 $a = 0.30\,g$。研究了坝基和坝体弹性模量的不同比值($a = E_f/E_d$)以及坝基弹性模量随深度变化 $E_f(r) = E_f(r/r_0)^g$ 对坝顶动力放大系数频响曲线的影响,见图 9。同时研究了地基不均匀性对坝地震响应的影响。地基不均匀分布假设如图 10,共研究了 5 种工况:① 均质地基 $E_1 = E_2 = E_f$;② $E_1 = E_f, E_2 = 0.5E_f$;③ $E_1 = 0.5E_f, E_2 = E_f$;④ 地基中含前部软弱夹层,其弹模 $E_3 = 0.1E_f$,其余部分 $E_1 = E_2 = 0.5E_f$;⑤ 地基中含后部软弱夹层,其弹模 $E_4 = 0.1E_f$,其余部分 $E_1 = E_2 = E_f$。计算中假定坝体弹模 $E_d = 30$ GPa,泊松比 $\nu_d = 0.2$;坝基弹模 $E_f = 30$ GPa,泊松比 $\nu_f = 0.2$。5 种工况,坝踵(A 点)和下游折坡点(B 点)的最大主应力列入表 2,表中数字进一步说明了考虑地基不均匀性对坝地震响应的重要性。

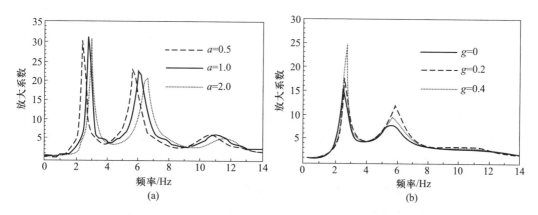

图 9　坝基、坝体弹模不同比值以及坝基弹模随深度发生指数变化时的频响函数

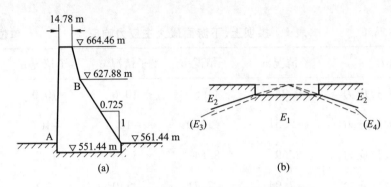

图10　重力坝地基不均匀性的计算模型

表2　重力坝典型部位的地震响应　　　　　　　　　　单位:MPa

主应力	子情况 a	子情况 b	子情况 c	子情况 d	子情况 e
A 点最大拉应力	9.18	5.93	8.34	7.82	9.25
A 点最大压应力	-7.83	-5.23	-8.43	-7.41	-7.88
B 点最大拉应力	6.08	5.89	5.92	5.84	6.13
B 点最大压应力	-5.11	-4.95	-4.90	-4.92	-5.18

　　对于第二种情况,当坝基的不均匀性比较突出时,这时可将坝基划分为近场和远场两个区域。在1~2倍坝高范围内的近场可以采用有限元等方法进行模拟,以反映地基不均匀性对坝地震响应的影响;远场则采用能量传递或无反射的人工边界进行模拟。由于各种人工边界基本上都建立在均质无限地基假定的基础上,这相当于在近场和远场的交界面上设置了一道人为的边界,也将引起波的反射与折射。这方面,阻尼影响抽取法(Damping Solvent Extraction Method, DSEM 法)可以产生比较自然的过渡。DSEM 法由 Wolf 和 Song 提出[11],其基本思想是近场引入人工高阻尼,使近场与远场交界面上产生的反射波将不会影响结构与地基交界面上的运动;从而可以认为,含高阻尼的有限域将可以模拟含高阻尼的无限域;进一步再将有限域中高阻尼的影响抽去,这样就可以再现自然阻尼情况下结构与无限地基动力相互作用的现象。

　　根据我们所进行的研究[12],为了使 DSEM 方法能够获得足够准确的结果,有两种可行的途径:一是需要将近场区域取得较大;二是将人工高阻尼取得足够大。根据研究,对于二维地基要获得足够准确的计算结果时,近场地基范围和人工高阻尼的取值大体上可认为具有表3所示的关系。表3中,L 表示近场地基从结构 - 地基交界面向外延伸的范围;b 表示结构 - 地基交界面的尺度;ζ 表示人工高阻尼。

表3 二维地基 DSEM 模型近场范围与高阻尼取值的关系

有限区域 L/b	1	2	3
人工高阻尼 ζ	0.8 ~ 1.0	0.5 ~ 0.8	0.2 ~ 0.5
推荐阻尼值 $\bar{\zeta}$	1.0	0.75	0.5

近场范围取得太大,将显著增加计算工作量,同时必要性也不是很大;人工高阻尼值取得过大,则结构 – 地基系统的频率响应将发生畸变,也难以收敛到准确值。为了克服这一矛盾,我们提出了阻尼影响逐步抽取法,可获得良好的效果[12]。并在通用有限元软件 ANSYS 的框架内开发了基于逐步抽取 DSEM 动力相互作用计算模型的分析平台,适于大型工程结构的地震响应分析。

逐步抽取 DSEM 法的基本计算公式列举如下。引入人工阻尼 ζ 后的地基动刚度(上标 b 表示有限域)可表示为:

$$\left[S_\zeta^b(\omega) \right] = \left[K \right] - (\omega - i\zeta)^2 \left[M \right] \tag{7}$$

式中,$\left[S_\zeta^b(\omega) \right]$ 为有限域频域地基动刚度;$\left[K \right]$、$\left[M \right]$ 为地基刚度与质量阵;ω 为激励频率。设高阻尼 ζ 分 n 次抽取,每次抽取 $\Delta\zeta = \zeta/n$。则无限域地基的动力刚度可由下式表示。

$$\left[S^\infty(t) \right] = \left[S_{\zeta_{n+1}}^b(t) \right] = (1 + \Delta\zeta t)^n \left[S_{\zeta_1}^b(t) \right] \tag{8}$$

据此,结构 – 地基交界面上的相互作用力可由 Duhamel 卷积积分求出,如下。

$$\{ R_b(t) \} = \sum_{L=1}^{n+1} P_{bL}(\Delta\zeta, t) R_{bL}(t) \tag{9}$$

$$\{ R_{bL}(t) \} = \int_0^t \left[S_{\zeta_1}^b(t - \tau) \right] \{ U_{bL}(\tau) \} \, d\tau \tag{10 – a}$$

$$P_{bL}(\Delta\zeta, t) = (-1)^{L-1} C_n^{L-1} \Delta\zeta^{L-1} (1 + \Delta\zeta t)^{n-L+1} \tag{10 – b}$$

求得大坝与地基交界面上的动力相互作用后,大坝的地震响应不难求出。

四、大坝地震变形和应力分析的精细化计算模型

目前,有限元(FEM)和边界元(BEM)方法已经成为科学计算和解决工程问题的强有力的工具,并且在大坝地震响应分析中占有重要地位。这两种方法具有各自的特点和优越性。但是,用来进行大坝的地震变形和应力分析,也存在有一定的不足。下面进行一定的分析。

FEM 具有较广泛的适应性,对于处理不规则几何形状的计算域和计算域材

料的不均质和非等向性等问题具有比较大的优越性。但是,FEM 需要有大量的计算自由度,计算工作量巨大。特别对于无限域问题,由于不能满足无限远处的辐射条件,需要引入人工边界,而且常常人工边界还要选择得距离结构 - 地基交界面足够远处。对于含奇异性的问题(坝断面形状变化处,或是两种材料的界面处),在奇异点附近收敛缓慢,需要加密网格,引入超单元或是调整形函数。这些都增加了计算的复杂性。

BEM 的优点是只需在计算域的边界面上进行离散,使问题的维数减少一维,计算工作量可以在较大程度上得到节约。此外,BEM 可以自动满足无限远的辐射条件,处理坝与无限地基的动力相互作用问题具有优越性。但是,BEM 需要基本解,计算复杂,并且在多数情况下基本解比较难以求得,并且含奇异性。还有,BEM 得出的矩阵为满阵,而且非对称,这增加了计算上的困难。

随着计算技术的发展,已经提出了很多改进的数值计算方法。我们认为,值得指出并且有发展前途的为近期出现的比例边界有限元方法(Scaled Boundary Finite Element Method,SBFEM) 和等几何分析方法(Isogeometric Analysis,IGA)。我们已经开发了并且发展了这两种方法在大坝 - 水库 - 无限地基动力相互作用体系地震响应分析计算中的应用。目的在于提高大坝变形和应力计算的准确性,并节省计算工作量。故我们将其称之为精细化的计算模型。下面作一简要介绍。

比例边界有限元法(SBFEM) 由 Wolf 和 Song 提出[11,12],这种方法综合了有限元法与边界元法的优点,并且具有其本身独特的特点。SBFEM 是一种半解析方法,在径向具有解析解,同时只需在边界面上进行离散。问题的维数可以降低一维,而又不需要基本解。SBFEM 可以严格满足无限远处的辐射边界条件,同时由于径向解的解析性,使之处理无限域问题和奇异性问题十分方便和简单,并保持较高的计算精度。SBFEM 可以与 FEM 进行无缝连接。SBFEM 自面世以来,已成功地在结构静、动力学问题,土 - 结构动力相互作用问题,结构 - 流体动力相互作用问题,断裂问题,热传导问题以及电磁波动等领域中成功地获得应用。以上在坝与库水的动力相互作用分析中曾通过算例说明了其优越性。

下面再介绍一下等几何分析方法(IGA)。FEM 和 SBFEM 等有限元类分析方法都采用分段 Lagrange 函数作为基函数,这将在不规则几何形体的边界离散上引入误差。同时,单元间通常只具有 C^0 连续,而且单元内 Lagrange 基函数的阶数也很低,这些都导致结点变形的计算,特别是应力计算的精确度比较差,网格加密的过程又非常费时和费力,使建立在 FEM 基础上的大坝抗震安全评价的可靠性不足,成为高坝抗震分析中比较突出的问题。等几何分析(IGA)作为一种新型的数值计算方法的出现,给迫切需要高精度和高性能的科学和工程计算带来了新的曙光。

IGA 由 Hughes 等提出[14],采用非均匀有理 B 样条(NURBS)作为基函数,将结构分析计算建立在精确的几何模型之上,使结构分析与结构的形体设计相结合,或结构分析和 CAD 相结合,消除了分析计算模型和体形设计的几何模型之间存在的非一致性问题。也就是说,它的基本思想是将结构分析的计算模型及其网格划分和结构设计的几何模型采用相同的基函数空间。

这样做的好处是:① 结构计算分析及网格划分和实际的结构几何模型准确一致,不存在误差,或体形设计和结构分析直接结合;② 由于 NURBS 函数的几何精确特性,可以采用比较稀疏的参数网格准确描述结构的几何形状;③ NURBS 具有在逐步加密的细分过程中可以保持其几何形状不变的特点,这样在结构分析中,为了变形和应力计算精度的要求,可以实现网格的自适应保形细分,也就是说,可以自动地进行网格细分,大大节省了工作量;④ 利用 NURBS 函数的特点,函数的升阶和求导计算都比较方便,易于构造高阶连续的协调单元,这就为提高大坝地震变形和地震应力响应计算的精确度创造了条件。

下面对等几何分析的基本内容以及我们所研制的大坝 – 库水 – 无限地基系统的 IGA 和 SBIGA 时域分析的内容做一简要介绍。

IGA 分析的基础是 B 样条函数,参数空间表示的 0 阶($p = 0$)B 样条函数定义为:

$$N_{i,0}(\xi) = \begin{cases} 0 & 当 \xi_i \leqslant \xi \leqslant \xi_{i+1} \\ 1 & 其他 \end{cases} \tag{11}$$

高阶样条函数($p = 1, 2, 3, \cdots$)按 Cox – de Boor 公式递推计算:

$$N_{i,p}(\xi) = \frac{\xi - \xi_i}{\xi_{i+p} - \xi_i} N_{i,p-1}(\xi) + \frac{\xi_{i+p+1} - \xi}{\xi_{i+p+1} - \xi_{i+1}} N_{i+1,p-1}(\xi) \tag{12}$$

$p = 0, 1, 2$ 阶结点均匀分布的 B 样条基函数如图 11 所示。开放参数空间 $E = \{0, 0, 0, 1, 2, 3, 4, 4, 5, 5, 5\}$ 二次基函数的形式如图 12 所示。

B 样条函数具有以下重要特性:① 单位分解特性,$\sum_{i=1}^{n} N_{i,p}(\xi) = 1$;② 局部支集性,每个基函数仅在局部区间 $[\xi_i, \xi_{i+p+1}]$ 上非零;③ 非负性 $N_{i,p}(\xi) \geqslant 0$,$\forall \xi$。这些都对建立单元形函数比较有利。

样条函数有许多良好的性质。将样条函数有理化,并赋予一定的权重,既保留了样条函数的良好特性,同时,又使其具有更广泛的适应性,便于科学和工程问题的实际应用。赋予每个 B 样条基函数 $N_{i,p}(\xi)$ 权重 w_i,$(0 < w_i \leqslant 1)$,并进行加权平均,就得到非均匀有理 B 样条(NURBS)函数 $R_i^p(\xi)$ 和 NURBS 曲线 $C(\xi)$ 的表达式如下。

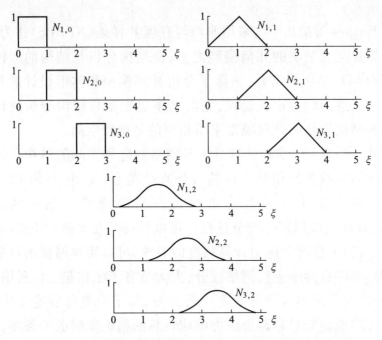

图 11   均布结点参数空间 $p = 0,1,2$ 阶 B 样条基函数

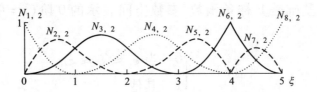

图 12   开放非均匀参数矢量 $E = \{0,0,0,1,2,3,4,4,5,5,5\}$ 表示的二次 B 样条函数

$$R_i^p(\xi) = \frac{N_{i,p}(\xi)w_i}{\sum\limits_{i=1}^{n} N_{i,p}(\xi)w_i} \tag{13}$$

$$C(\xi) = \sum\limits_{i=1}^{n} R_i^p(\xi)B_i \tag{14}$$

进一步,二维和三维 NURBS 基函数 $R_{i,j}^{p,q}(\xi,\eta)$, $R_{i,j,k}^{p,q,r}(\xi,\eta,\zeta)$ 以二维和三维 NURBS 曲面 $S(\xi,\eta)$ 和实体 $S(\xi,\eta,\zeta)$ 的表达式可类似推出。

$$R_{i,j}^{p,q}(\xi,\eta) = \frac{N_{i,p}(\xi)M_{j,q}(\eta)w_{i,j}}{\sum\limits_{i=1}^{n}\sum\limits_{j=1}^{m} N_{i,p}(\xi)M_{j,q}(\eta)w_{i,j}} \tag{15}$$

$$S(\xi,\eta) = \sum\limits_{i=1}^{n}\sum\limits_{j=1}^{m} N_{i,p}(\xi)M_{j,q}(\eta)B_{i,j} \tag{16}$$

$$R_{i,j,k}^{p,q,r}(\xi,\eta,\zeta) = \frac{N_{i,p}(\xi)M_{j,q}(\eta)L_{k,r}(\zeta)w_{i,j,k}}{\sum_{i=1}^{n}\sum_{j=1}^{m}\sum_{k=1}^{l}N_{i,p}(\xi)M_{j,q}(\eta)L_{k,r}(\eta)w_{i,j,k}} \qquad (17)$$

$$S(\xi,\eta,\zeta) = \sum_{i=1}^{n}\sum_{j=1}^{m}\sum_{k=1}^{l}N_{i,p}(\xi)M_{j,q}(\eta)L_{k,r}(\zeta)B_{i,j,k} \qquad (18)$$

上列各式中，B_i、$B_{i,j}$、$B_{i,j,k}$ 分别为一维、二维和三维 NURBS 形体的控制点坐标，$N_{i,p}$、$M_{j,q}$、$L_{k,r}$ 分别为各方向 NURBS 基函数的表达式。

用 NURBS 基函数构造的曲线形状及基函数分布如图 13 所示。NURBS 构成的曲线、曲面及几何形体如图 14 所示。

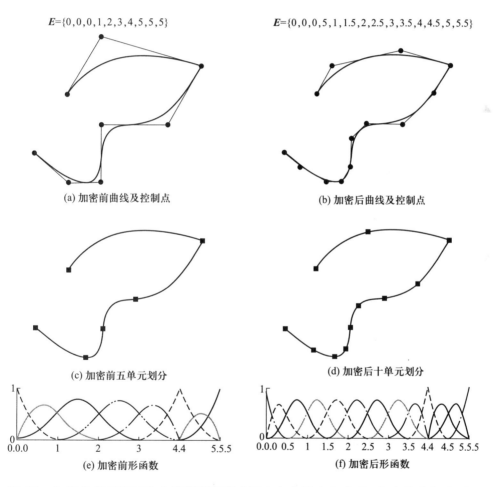

(a) 加密前曲线及控制点

(b) 加密后曲线及控制点

(c) 加密前五单元划分

(d) 加密后十单元划分

(e) 加密前形函数

(f) 加密后形函数

图 13　加密前后 NURBS 曲线及形函数(图中左方代表加密前,右方代表加密后)

图 14 中显示通过少数控制点就可精确描述复杂曲线、曲面和三维实体。但为了进行结构分析,准确计算变形和应力,就需要进行网格细分(refinement)。有多种细分策略:h 型细分单纯地将单元网格加密;p 型细分将单元升阶,提升其

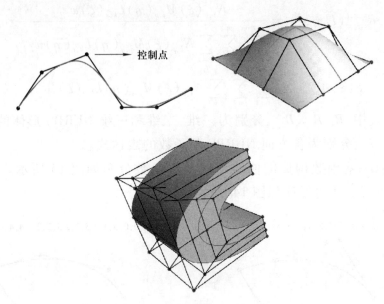

图 14　NURBS 曲线、曲面及三维实体

图中表示相应控制点和网格

连续性;k 型细分则为两者的结合。各种细分过程中,NURBS 形体的几何形状是保持不变的。图 15、图 16 和图 17 中以 Koyna 重力坝分析为例,说明细分的过程及效果。下面的算例中,只考虑 Koyna 重力坝在自重和水压力作用下的变形和应力。

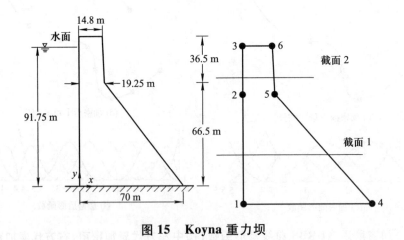

图 15　Koyna 重力坝

各种细分网格消耗的自由度与有限元方法的对比参见图 18 和表 4。各种网格情况下,IGA 计算和有限元计算典型点的变形和应力的比较如图 19 至图 22 所示,细分后坝断面的变形和应力云图如图 23 所示。

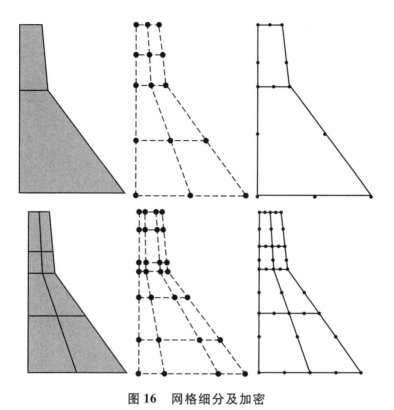

图 16 网格细分及加密

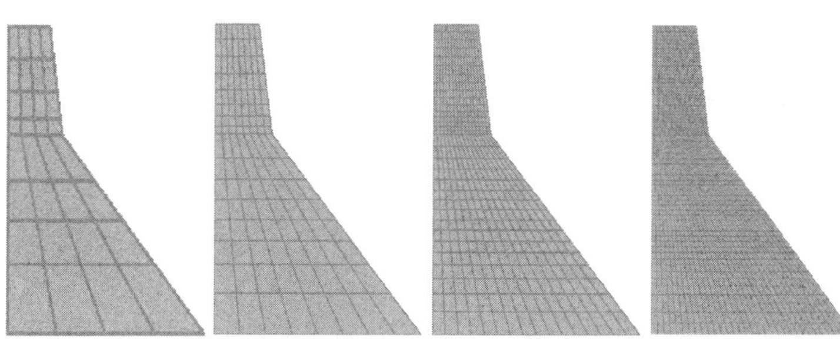

图 17 各级加密网格

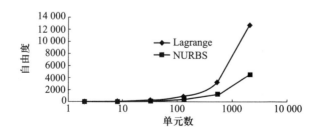

图 18 单元及自由度消耗

表4　Lagrange 与 NURBS 单元计算自由度的比例

		Mesh 1	Mesh 2	Mesh 3	Mesh 4	Mesh 5	Mesh 6
单元数	Lagrange	2	8	32	128	512	2048
	NURBS	2	8	32	128	512	2048
自由度	Lagrange	26	74	242	866	3266	12674
	NURBS	30	56	132	380	1260	4556

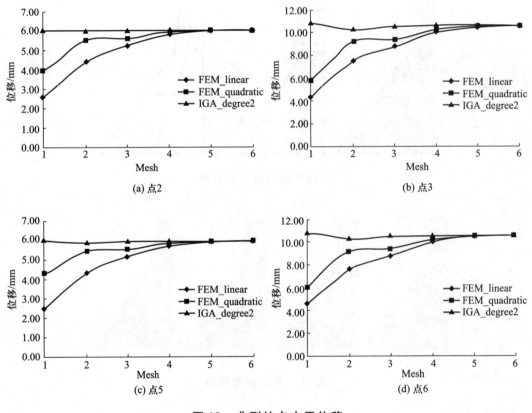

(a) 点2　　　　　　　　　　　(b) 点3

(c) 点5　　　　　　　　　　　(d) 点6

图19　典型结点水平位移

　　通过以上 IGA 与有限元网格变形和应力计算结果的对比,可以获得以下几点认识:① 由于控制点可以共用,所以相同细分的网格 IGA 分析所需的自由度数要比 FEM 分析少(图16);网格愈密,IGA 节省的自由度数愈多;② IGA 计算的准确度比较高;IGA 分析,即使相对比较粗的网格(网格1除外),变形的计算结果与准确解相差不是很大,表明收敛性较好;而 FEM 分析,网格比较密时,才获得比较准确的变形计算结果(图19);应力分析的结果也有类似情况(图20至图22);③ IGA 分析计算的截面变形和应力,各种网格条件下连续性都比较好;

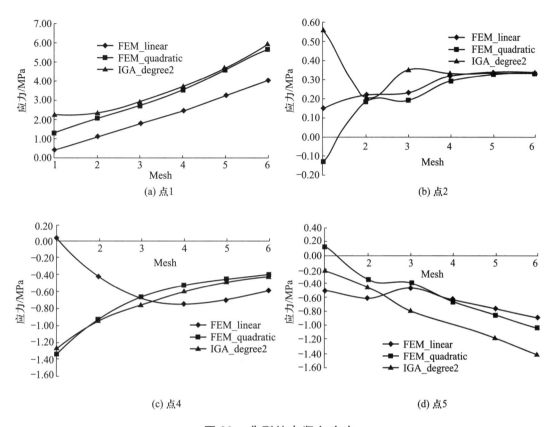

图 20　典型结点竖向应力

变形可有高阶连续,应力也至少 C^0 连续。而 FEM 分析,则难以达到应力连续;
④ 下游折坡点(点5)的 y 向应力(图 20)或主应力(图 21)随着网格细分并未收
敛到准确值,但是有限元线性网格计算的主应力则有收敛的假象;而且从发展的
趋势看,有限元的应力计算值偏小。图 22 为典型截面位移和应力分布曲线,图
23 为应力和位移云图。

　　IGA 是一种新颖的数值计算方法,它的特点和 FEM 有所不同,将其应用于
各种科学与工程问题,都要进行一定的探索和研究。我们将其应用于大坝 - 库
水 - 无限地基系统的地震响应分析,也相应开展了以下几方面的研究。

　　由于控制点的非插值特性,有的控制点甚至可能在物理域外,这使得非齐次
的强制边界条件不能直接施加。我们研究了拉格朗日乘子处理的方法。

　　NURBS 几何形体的构造自然会产生重控制点问题,在 IGA 分析中需要进行
相应处理,以免引起矩阵的奇异性。

　　NURBS 几何形体中,对于材料不同或物理模型不同的区域需要进行分片
(patch),然后进行拼接。由于 NURBS 各分片的建立通常需定义矩形的参数区
域,见公式(12) ~ (17),所以将 IGA 应用于复杂几何形体,特别是带孔结构的分

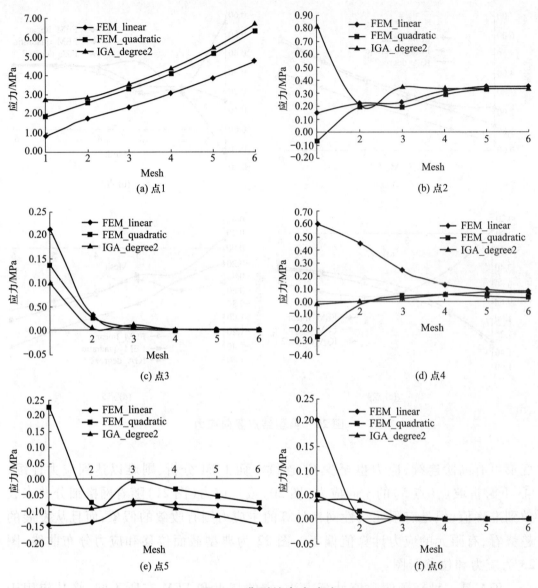

图21 典型结点主应力

析,需要进行裁剪(trim),一般采用专门的策略处理被裁剪的单元和被裁剪的边界,使被裁剪曲面之间进行无缝拼接,实现参数域和物理域之间一一对应的映射。NURBS 曲面的裁剪成为 IGA 几何造型的三大运算之一。

大坝与水库的交界面以及大坝与无限地基的交界面都需要进行裁剪和拼接。

我们对这些问题进行了研究,并提出了一定的解决方法。由于 IGA 技术还在发展之中,可能还会有进一步的问题需要我们去解决。

IGA 和 FEM 也是进行全域离散的。我们对大坝采用 IGA 进行分析,但是对

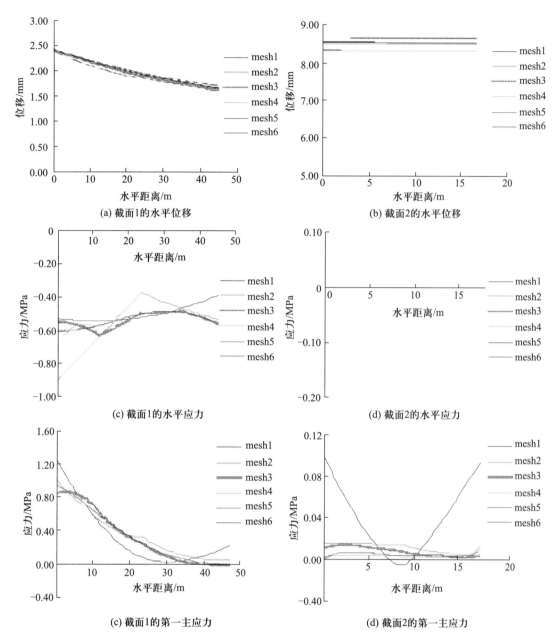

图 22　典型截面位移和应力分布

于水库域,我们认为可以参照 SBFEM 那样,只在坝与水库的界面上和坝与无限地基的界面上进行离散。于是我们提出了 SBIGA 方法[15],并应用于大坝 – 水库 – 无限地基的地震响应分析[16]。

　　总的看来,IGA 可以提高混凝土大坝变形和应力计算的精度与效率。以下列出重力坝与拱坝的大坝 – 库水 – 无限地基系统采用耦合的 IGA – SBIGA 进行地震响应分析的若干成果。

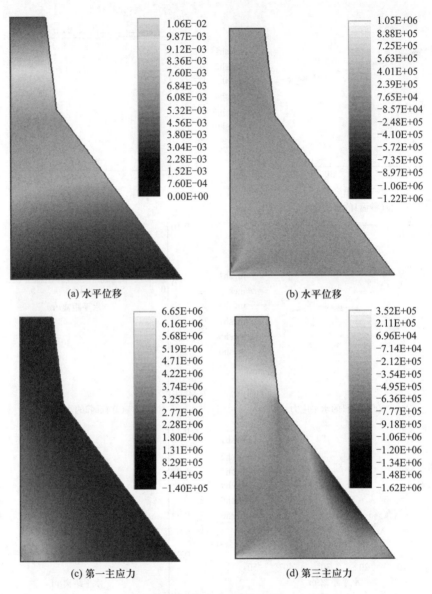

(a) 水平位移　　　　　　　　　　　　(b) 水平位移

(c) 第一主应力　　　　　　　　　　　(d) 第三主应力

图 23　应力和位移云图

（1）Koyna 重力坝

Koyna 重力坝,坝高 103 m,进行满库地震响应分析。选用的计算参数为:坝体动弹性模量 $E_d = 31$ GPa,泊松比 $\nu_d = 0.15$,质量密度 $\rho_d = 2463$ kg/m^3;地基动弹性模量 $E_d = 12$ GPa,泊松比 $\nu_d = 0.25$,质量密度 $\rho_d = 2500$ kg/m^3;计入库水压缩性,水中声速 $c = 1440$ m/s,质量密度 $\rho_f = 1000$ kg/m^3,库底反射系数 $\alpha = 0.75$。采用 Koyna 波作为地震动输入进行时域分析,水平与竖向峰值加速度分别为 0.49 g 和 0.34 g。计算时间步长选为 $\Delta t = 0.01$ s。进行了 IGA 和 FEM 方法的

比较。

　　坝与地基的网格划分如图 24 所示,坝断面上的应力分布如图 25 所示,主拉应力和主压应力的分布云图如图 26 所示。计算了三种工况,其计算模型的内容如表 5 所示。图 25 中,坝断面上的应力分布还比较了刚性地基的情况,其中工况 4、5、6 与工况 1、2、3 相对应,只是假设地基为刚性。由表 5 中的结果可以看出,与有限元模型相比,考虑了库水可压缩性和水库地基的边界吸收作用,无限地基的辐射阻尼等诸多因素影响后,其计算效率仍然优于 FEM。而且 IGA 在分析中,近场地基选得过大,并没有充分发挥 IGA 与 SBFEM 方法的优越性。即使这样,CPU 时间与后处理时间加起来,也仍然与 FEM 模型所花费的时间相当。通过进一步研究将近场地基和坝体用 SBFEM 和 SBIGA 进行分析,计算效率的提高还有很大的潜力。

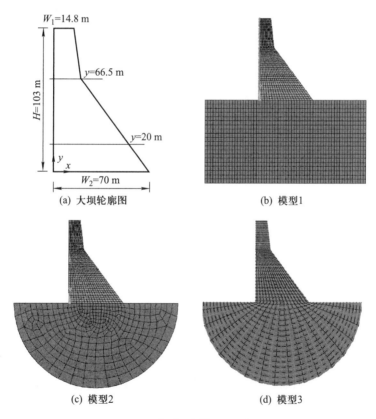

图 24　Koyna 坝各计算工况的网格划分

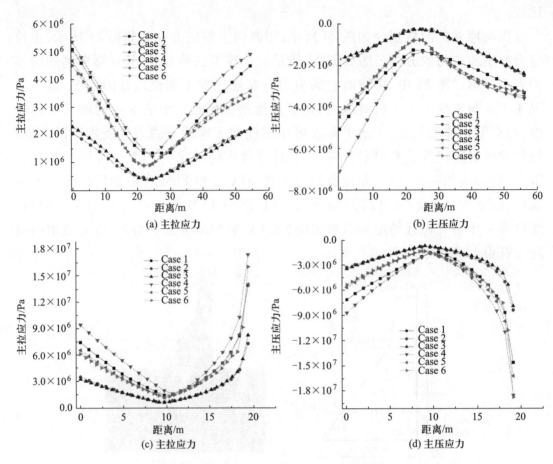

图 25 Koyna 坝各计算工况断面上的竖向应力和主应力分布

表 5 重力坝各工况的计算模型和特性参数

模型	1	2	3
水库	Westergaard 附加质量	SBFEM(79 结点)	SBIGA（19 控制点）
无限地基	无质量地基	SBFEM(41 结点)	SBIGA（35 控制点）
坝体和近场地基	FEM（6179 结点）	FEM（3433 结点）	IGA（630 控制点）
CPU 时间/min	40	30	10
后处理时间/min	10（ANSYS）	120	50

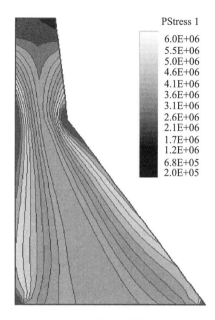

PStress 1

```
6.0E+06
5.5E+06
5.0E+06
4.6E+06
4.1E+06
3.6E+06
3.1E+06
2.6E+06
2.1E+06
1.7E+06
1.2E+06
6.8E+05
2.0E+05
```

(a) 主拉应力(模型1)

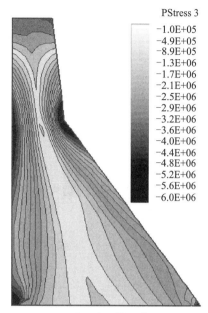

PStress 3

```
-1.0E+05
-4.9E+05
-8.9E+05
-1.3E+06
-1.7E+06
-2.1E+06
-2.5E+06
-2.9E+06
-3.2E+06
-3.6E+06
-4.0E+06
-4.4E+06
-4.8E+06
-5.2E+06
-5.6E+06
-6.0E+06
```

(b) 主压应力(模型1)

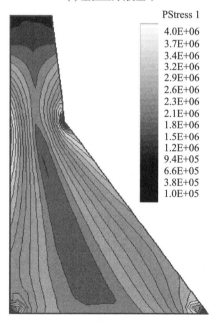

PStress 1

```
4.0E+06
3.7E+06
3.4E+06
3.2E+06
2.9E+06
2.6E+06
2.3E+06
2.1E+06
1.8E+06
1.5E+06
1.2E+06
9.4E+05
6.6E+05
3.8E+05
1.0E+05
```

(c) 主拉应力(模型2)

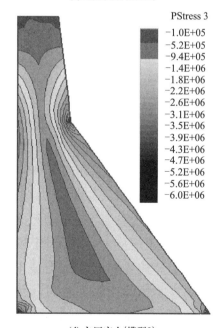

PStress 3

```
-1.0E+05
-5.2E+05
-9.4E+05
-1.4E+06
-1.8E+06
-2.2E+06
-2.6E+06
-3.1E+06
-3.5E+06
-3.9E+06
-4.3E+06
-4.7E+06
-5.2E+06
-5.6E+06
-6.0E+06
```

(d) 主压应力(模型2)

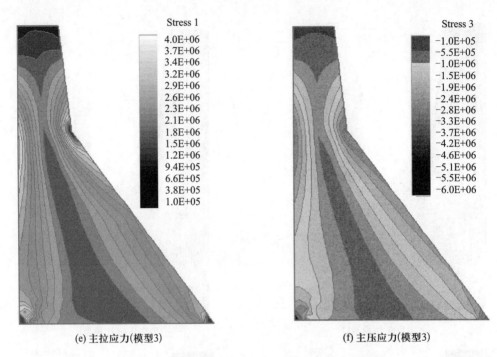

(e) 主拉应力(模型3)　　　　　　　　　　(f) 主压应力(模型3)

图 26　Koyna 坝各计算工况断面地震应力图

（2）龙盘拱坝

进行了可研阶段龙盘拱坝设计体形的地震响应分析。双曲拱坝坝高 276 m（图 27），水平向设计地震加速度 0.408 g。图 28 为龙盘拱坝计算模型。采用按规范生成的人工地震波进行地震响应分析。静力工况考虑了全部的水、沙荷载与自重作用。计算工况如表 6 所示。代表性工况的主应力如表 7 所示。各工况静、动组合的坝面最大主拉应力分布如图 29 所示。典型拱、梁断面主拉应力分布如图 30 所示。各工况静、动组合的坝面最大主压应力分布如图 31 所示。典型拱、梁断面主压应力分布如图 32 所示。根据分析可以看出,考虑库水的可压缩性以及水库边界对动水压力波的能量吸收作用以后,动水压力的影响有减小的趋势。这是因为由于库水可压缩性和边界能量吸收的影响,库水的振动频率与坝面的振动频率并不合拍,最大动水压力与坝上作用的最大地震惯性力之间有相位差存在;同时,坝面各点上作用的动水压力的最大值也不在同一瞬时发生,使动水压力的效应可以有所降低。

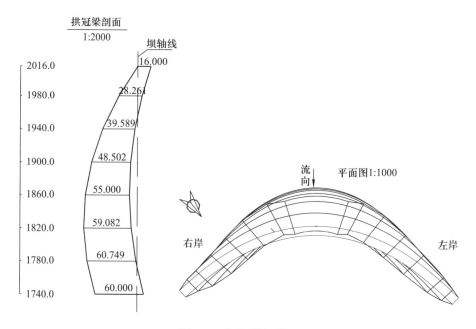

图 27　龙盘拱坝体型

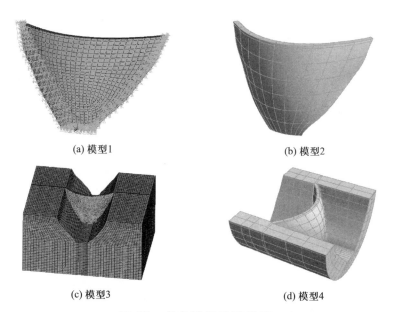

(a) 模型1　　　　　　　　　　　(b) 模型2

(c) 模型3　　　　　　　　　　　(d) 模型4

图 28　龙盘拱坝计算模型

表 6　龙盘拱坝的计算工况

模型	1	2	3	4
库水	Westergaard 附加质量	SBIGA	Westergaard 附加质量	SBIGA
无限地基	刚性	刚性	无质量弹性地基	SBIGA
坝体	FEM	IGA	FEM	IGA

表 7   典型工况坝面主应力   单位:MPa

计算工况	荷载工况	上游坝面 拉主应力	下游坝面 拉主应力	上游坝面 压主应力	下游坝面 压主应力
3	纯动力	3 ~ 6	3 ~ 6	2 ~ 7	2 ~ 7
	静、动组合	1 ~ 5	1 ~ 5	4 ~ 10	4 ~ 10
4	纯动力	2 ~ 3	2 ~ 3	2 ~ 5	2 ~ 4
	静、动组合	1 ~ 4	2 ~ 4	3 ~ 8	4 ~ 8

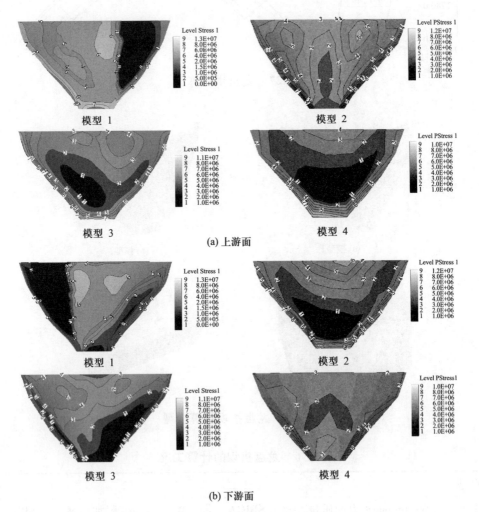

图 29   坝面主拉应力分布

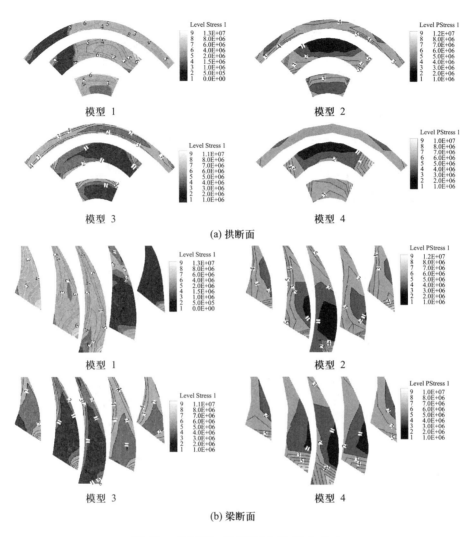

模型 1　　　　模型 2

模型 3　　　　模型 4

(a) 拱断面

模型 1　　　　模型 2

模型 3　　　　模型 4

(b) 梁断面

图 30　典型拱、梁断面主拉应力分布

五、其他

　　进行地震区混凝土大坝的抗震安全评价,除了以上所列举的情况之外,还需要研究混凝土材料的动态特性,混凝土大坝的非弹性动力响应以及大坝的地震风险分析,大坝的抗震工程措施等方面,大连理工大学也开展了相关研究。

　　关于混凝土材料的动力特性与动态本构关系,大连理工大学结合地震荷载的应变速率特点开展了 2000 多试件的混凝土单轴和多轴动态特性与本构关系及其对混凝土坝地震响应的研究[17-21]。同时大连理工大学还进行了考虑混凝土的细观不均匀性以及混凝土材料力学特性参数的不确定性对混凝土坝在地震作用下损伤和破坏发展的数值模拟研究与混凝土大坝的地震风险分析[22,23]。

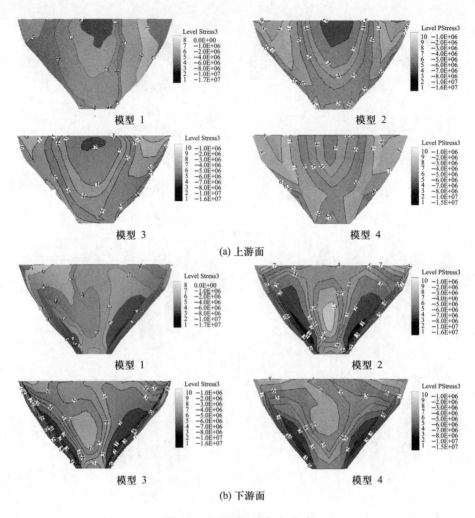

(a) 上游面

(b) 下游面

图31　坝面主压应力分布

此外,结合对大岗山、小湾、龙盘、溪洛渡等拱坝地震响应分析与抗震安全性评价工作,也开展了利用聚脲、纤维增强复合材料(FRP)、超高韧性混凝土(ECC)等新型材料进行混凝土坝防渗加固的研究。这些研究的开展将使我们加深对混凝土坝抗震特性的认识,以提高混凝土坝抗震安全性的设计和研究水平。

Chopra 根据美国 Pacoima 拱坝(高113 m)实测的地震记录研究了坝基河谷地震动不均匀性对拱坝地震响应的影响[2],认为这种影响不容忽视。清华大学也参与了这方面的研究。这个问题值得重视。但是这方面的实测记录还很少。Pacoima 拱坝的实测资料不完整,同时也不够典型。因为 Pacoima 拱坝左岸坝肩为一孤立山脊,其自由场地震动产生显著的放大效应,这和一般拱坝情况是不同的。法国 Mauvoisin 拱坝,高250 m,也获得过坝基不均匀的地震记录,但量级很小,属于微震。这方面还有待于加强观测,积累资料。当然,这也是一个值得重

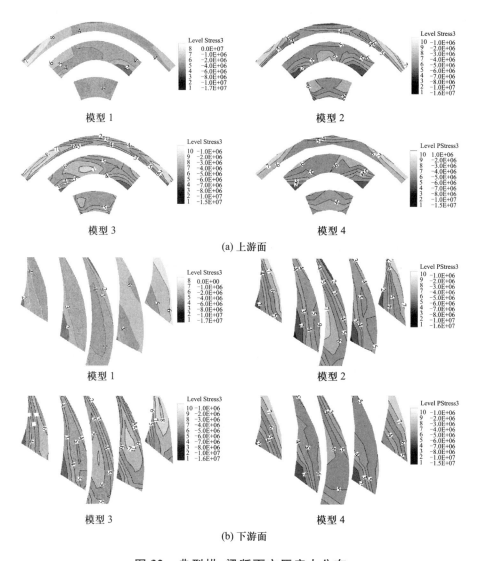

图 32　典型拱、梁断面主压应力分布

视的研究方向。

关于混凝土材料动态特性的研究，混凝土坝地震响应的非线性分析，混凝土坝地震损伤发展和超载潜力的估计，拱坝河谷地震动不均匀性及其对拱坝地震响应的影响等，这些因素都对混凝土坝的抗震安全性产生重要影响，同时也是有待更深入研究的问题。

六、结语

我国在地震区混凝土大坝的建设方面取得了丰富的经验，我国是一个强地震活动的国家，大坝的抗震安全性具有特别重要的意义。但当前大坝抗震分析的发展水平仍然不能适应大坝抗震安全评价的需要。本文结合大连理工大学的研究实践，对混凝土大坝抗震技术的发展提出了一些看法，目的是抛砖引玉，希望展开讨论。

参考文献

［1］ Chopra A K. 1992. Earthquake analysis, design, and safety evaluation of concrete arch dams［C］//Proceeding of the Tenth World Conference on Earthquake Engineering, Madrid, Spain：6763 – 6772.

［2］ Chopra A K. 2008. Earthquake analysis of arch dams：factors to be considered［C］//The 14WCEE, Beijing, China.

［3］ Hall J, Chopra A K. 1983. Dynamic analysis of arch dams including hydrodynamic effects ［J］. Journal of Engineering Mechanics – ASCE, 109(1)：149 –167.

［4］ Lin G, Du J G, Hu Z Q. 2007. Dynamic dam – reservoir interaction analysis including effect of reservoir boundary absorption［J］. Science in China Series E – Technological Sciences, 50(1)：1 –10.

［5］ Lin G, Wang Y, Hu Z. 2012. An efficient approach for frequency – domain and time – domain hydrodynamic analysis of dam – reservoir systems［J］. Earthquake Engineering & Structural Dynamics, 41(13)：1725 –1749.

［6］ Bouaanani N, Miquel B. 2010. A new formulation and error analysis for vibrating dam – reservoir systems with upstream transmitting boundary conditions［J］. Journal of Sound and Vibration, 329(10)：1924 –1953.

［7］ Bouaanani N, Paultre P, Proulx J. 2003. A closed – form formulation for earthquake – induced hydrodynamic pressure on gravity dams［J］. Journal of Sound and Vibration, 261(3)：573 –582.

［8］ Wang Y, Lin G, Hu Z. 2013. A novel non – reflecting boundary conditions for the scaled boundary finite element analysis of infinite reservoir［J］. Journal of Engineering Mechanics, DOI：10.1061/(ASCE) EM. 1943 –7889.0000593.

［9］ Proulx J, Darbre G R, Kamileris N. 2004. Analytical and experimental investigation of damping on arch dams based on recorded earthquakes［C］//13th World Conference on Earthquake Engineering, Vancouver, Canada：68.

［10］ Lin G, Du J, Hu Z. 2007. Earthquake analysis of arch and gravity dams including the effects of foundation inhomogeneity［J］. Frontiers of Architecture and Civil Engineering in China, 1(1)：41 –50.

［11］ Wolf J P, Song C. 1996. Finite – element modelling of unbounded media［M］. Chichester：Wiley.

［12］ Yin X, Li J, Wu C, et al. 2013. ANSYS implementation of damping solvent step wise extraction method for nonlinear seismic analysis of large 3 – D structures［J］ Soil Dynamics and Earthquake Engineering, 44: 139 – 152.

[13] Song C, Wolf J P. 1997. The scaled boundary finite – element method—alias consistent infinitesimal finite – element cell method—for elastodynamics[J]. Computer Methods in Applied Mechanics and Engineering, 147(3): 329 – 355.

[14] Hughes T J R, Cottrell J A, Bazilevs Y. 2005. Isogeometric analysis CAD, finite elements, NURBS, exact geometry and mesh refinement[J]. Computer Methods in Applied Mechanics and Engineering, 194(39): 4135 – 4195.

[15] Lin G, Zhang Y, Hu Z. 2013. Scaled boundary isogeometric analysis in 2D elastostatics [J]. Science China Physics, Mechanics and Astronomy:1 – 15.

[16] Lin G, Zhang Y, Wang Y, et al. 2012. A time – domain coupled scaled boundary isogeometric approach for earthquake response analysis of dam – reservoir – foundation system [C]//15th World Conference of Earthquake Engineering, Lisboa, Portugal.

[17] Yan D, Lin G, Chen G. 2012. Dynamic properties of Concrete under Multi – axial loading [M]. Nova Science Publishers.

[18] Yan D, Lin G. 2006. Dynamic properties of concrete in direct tension[J]. Cement and Concrete Research, 36(7):1371 – 1378.

[19] Lin G, Yan D, Yuan Y. 2007. Response of concrete to elevated – amplitude cyclic tension [J]. ACI Materials Journal, 104(6): 561 – 566.

[20] Leng F, Lin G. 2010. Dissipation – based consistent rate – dependent model for concrete [J]. Acta Mechanica Solida Sinica, 23(2): 147 – 155.

[21] Liu J, Lin G, Fu B, et al. 2011. The use of visco – elastoplastic damage constitutive model to simulate nonlinear behavior of concrete[J]. Acta Mechanica Solida Sinica, 24(5): 411 – 428.

[22] Zhong H, Lin G, Li X, et al. 2011. Seismic failure modelling of concrete dams considering heterogeneity of concrete[J]. Soil Dynamic and Earthquake Engineering, 31(12): 1678 – 1689.

[23] Zhu C, Lin G, Li J. 2013. Modelling cohesive crack growth in concrete beams using scaled boundary finite element method based on super – element remeshing technique[J]. Computers and Structures, 121(5): 76 – 86.

林皋　大连理工大学教授，水利工程及地震工程专家。1929 年 1 月生于江西南昌。1951年清华大学土木系毕业，1954 年大连工学院水能利用研究班毕业。1997 年当选为中国科学院院士。在水坝抗震理论和模型实验技术、地下结构抗震分析和混凝土结构动态断裂技术理论研究方面，为学科发展做出了重要贡献，在解决大坝、海港、核电厂等工程实际问题的关键技术方面发挥了重要作用。

关于我国防洪情势的认识和思考

张建云

南京水利水电科学研究院

摘要：从我国特殊的地理位置和气候条件,分析了我国暴雨洪水的基本情况和发生、发展趋势。客观地评价了当前阶段我国的防洪情势:通过 60 多年的建设,我国大江大河的防洪工程体系基本建成,在防洪减灾中发挥了重要的重要,但是一些防洪工程存在着工程隐患,病险水库的除险加固工程尚未完成,仍然存在着较大的洪涝灾害风险;我国面广量大的中小河流尚未得到系统的治理,中小流域的防洪问题十分突出;山洪地质灾害频繁发生,强台风呈现增加趋势,山洪和风暴潮已成我国灾害损失的主要灾种;非工程措施还需大力加强,国家防汛指挥系统工程二期建设应该加大力度推进,尽早建成发挥效益。深入分析了变化环境给我国防洪带来的新的挑战和问题;分析了极端事件增加和未来气候情景变化对区域暴雨洪水的影响;分析了下垫面变化和城镇化进程对流域产汇流过程的影响;分析了海平面上升和风暴潮增加对我国防洪情势的影响等。最后,针对变换环境下我国大江大河流域、沿海地区和城市等防洪中存在的突出问题,提出了具体的对策建议。

张建云 1957 年 8 月出生,江苏沛县人。江苏沛县政协委员,中共党员,土木及环境工程专业,中国工程院院士。曾任水利部水文局总工程师、副局长兼总工程师,国家防汛指挥系统工程副总设计师、总设计师,国家防汛指挥系统工程建设办公室副主任等职。现任南京水利科学研究院院长,兼水利部大坝安全管理中心主任,水利部应对气候变化研究中心主任、首席科学家,教授级高工,博士生导师。荣获国家有突出贡献的中青年专家,全国留学回国人员先进个人,全国杰出专业技术人才,享受国务院政府特殊津贴。

第四部分

特 邀 论 文

中国大水电系统调度挑战及应用实践

程春田

大连理工大学水电与水信息研究所

摘要:中国水电无论是从总体规模、单一区域电网、梯级水电站群、单个电站、单一机组均位居世界前列,水电在全国进行资源配置的条件和能力已经具备,中国水电已经进入了大水电时代。中国水电系统构成、输送电方式、综合应用、水文气象条件、调度与电站安稳控制等极大不同于世界上其他国家同类规模的水电系统,调度和运行管理更为复杂,出现了许多有别于世界其他水电系统的新特点、新需求,是世界上调度最为复杂的水电系统,面临建模、运行、系统集成等一系列挑战问题。本文简要介绍了中国水电面临的调度挑战问题和大连理工大学在此方面的研究和开发工作,指出面对我国现在和未来水电大规模竣工投产的现实,有必要在国家层面上进一步开展大水电系统调度研究和开发的工作,为我国大水电消纳、电网调峰、新能源消纳提供理论和技术保障。

一、引言

我国水电经过 20 多年的快速发展,特别是最近 10 多年的高速建设和发展,已经形成世界上规模最庞大的水电系统,取得了很多里程碑式成绩。2004 年我国水电总装机容量突破 1 亿 kW,稳居世界第一;2010 年超过了 2 亿 kW;2012 年水电总装机容量已经到达了 2.49 亿 kW,较 1990 年和 2000 年分别增长了 5.9 倍、2.1 倍,为世界排名第二的加拿大的 2.8 倍。

目前,我国已建成大中小型水电站 4.5 万多座,其中已投产的 5 万 kW 以上的大中型水电站 400 多座,30 万 kW 以上的大型水电站 85 座,100 万 kW 以上的水电站 32 座;在建和规划建设中超过 100 万 kW 的水电站有 115 座,超过 300 万 kW 的水电站有 22 座;世界已建和在建装机容量排前 10 位的水电站中,中国拥有 4 座,其中世界上排名第一的三峡、排名第九的龙滩已经陆续建成,排名第三的溪洛渡和第七的向家坝也即将全部竣工投产,乌江、红水河特大流域干流梯级也将全部建成,澜沧江、雅砻江、大渡河、金沙江也在全面建设;单一区域电网——南方电网水电装机 2012 年底已经超过了 6600 万 kW,2013 年将超过 8000 万 kW,

仅略小于世界排名第二的加拿大全国水电总装机容量;同样,四川、云南水电装机已经超过了 3000 多万千瓦,按照 2009 年世界国家水电排名,可以位列第七位,并且增长非常迅速。

中国水电从总体规模、单一区域电网、梯级水电站群、单个电站、单一机组均位居世界前列。与此同时,我国电网建设也得到了快速发展。截止到 2012 年底,全国 220 kV 以上回路长度为 48 万 km,500 kV 回路长度达 11 万 km。全国七大区域电网通过特高压交流、背靠背直流已经形成了全国联网的局面,为全国范围内优化配置电力资源提供了可靠保障,中国水电进入了大水电时代,面临的调度挑战是前所未有的。

二、世界特大流域梯级水电站群系统简介

国际上,类似中国这样大水电系统也并不少见,著名的有美国、加拿大两国共有的哥伦比亚河流域梯级水电站群,巴西、巴拉圭两国共有的巴拉那河流域梯级水电站群,加拿大拉格朗德流域梯级水电站群,这些巨型水电站群很多早已投入运行。最近 20 多年,我国西南地区特大流域梯级水电站群建设非常快速。限于篇幅,仅选择一些代表性的流域梯级水电站群进行简要介绍。通过对它们的对比分析,有助于更好地理解中国水电面临的调度挑战。

(一)哥伦比亚河流域梯级水电站群

哥伦比亚河是一条国际河流,发源于加拿大哥伦比亚湖,与支流 Kootenay 河汇合后,进入美国华盛顿州东部地区,最后在俄勒冈州流入太平洋。该河干流全长 2000 km,落差 808 m,流域面积 66.9 万 km^2。上游在加拿大,长 748 km,落差 415 m,流域面积 10.2 万 km^2,占全流域 15%;中下游在美国,长 1252 km,落差 393 m,流域面积 56.7 万 km^2,占 85%。河口多年平均流量 7419 m^3/s,年均径流总量 2340 亿 m^3。Snake 河是哥伦比亚河的最大支流,全长 1610 km,流域面积 28.2 万 km^2,多年平均流量 1390 m^3/s,径流量 438 亿 m^3。哥伦比亚河的天然径流主要来自降雪,春季水量较大,丰枯差别也相当大。

哥伦比亚河为世界最大水电资源之一,河谷比降大,全流域可开发水电站装机容量 6380 万 kW,年发电量达 2485 亿 kW·h。其中,加拿大境内可开发装机容量 871 万 kW,年发电量 347 亿 kW·h;美国境内可开发装机容量 5509 万 kW,年发电量 2138 亿 kW·h,占美国水力资源的 1/3。从 20 世纪 30 年代开始,加拿大、美国两国对河流进行综合开发,目标是实现发电、防洪、灌溉、径流调节、城市供水、旅游、航运等综合利用任务。到目前为止,整个流域已建成 39 座装机容量超过 25 万 kW 的大型水电工程,其中 8 座超过 100 万 kW,干流已建 14 座电站,

其中加拿大 3 座、美国 11 座,水头落差 735 m,水库总库容 583 亿 m³,有效库容 332 亿 m³,梯级总装机容量 2199 万 kW。其中,大古力(Grand Coulee)电站规模最大,坝高 168 m,水库正常蓄水位 393 m,死水位 368 m,调节库容 64.5 亿 m³,具有多年调节能力,电站装机容量 648 万 kW,包括 18 台 12.5 万 kW、3 台 60 万 kW、3 台 70 万 kW 机组,以及 6 台总容量 30 万 kW 抽蓄机组和 3 台 1 万 kW 厂用电机组,最大发电水头 108.2 m。

(二)巴拉那河流域梯级水电站群

巴拉那河全长 5290 km,总流域面积 280 万 km²,平均年径流量 7250 亿 m³,全流域属亚热带湿润气候,四季皆有降雨,年均降水深 1240 mm,降水总量 37 000 亿 m³,丰水期(11 月至次年 2 月)平均流量为 44 956 m³/s,枯水期(8 ~ 9 月)平均流量为 6192.9 m³/s。

巴拉那河干流水量充沛、落差大而集中,地质条件较好,距离负荷中心较近,干流规划了 10 级电站,共利用水头 366 m,总库容 2515 亿 m³,总装机 3787 万 kW,其中巴西境内河段 4 级,巴西与巴拉圭边界河段 1 级,阿根廷与巴拉圭边界河段 3 级,阿根廷境内河段 2 级。目前已建 5 级,在建 1 级,共利用水头 249 m,总库容 1234 亿 m³,有效库容 530.5 亿 m³,总装机容量达 2574 万 kW。其中,伊泰普水电站是目前世界第二大水电站,坝高 196 m,坝址以上流域面积 82 万 km²,平均年径流量 2860 亿 m³,分别占全流域的 28% 和 39%,水库有效库容 190 亿 m³,相当于年径流量的 6.6%。该电站由巴西与巴拉圭共建,发电机组和发电量由两国均分。目前共有 20 台 70 万 kW 发电机组,总装机容量 1400 万 kW,仅次于三峡,年发电量 900 亿 kW·h,世界第一。

该流域最大的水电站伊泰普是以发电为主的水电工程,水库水位消落只有 1 m,只有在溢洪道需要维修时才不得已将水库水位降低 3 m,电站运行水头变幅很小,除机组维修,基本上是在恒定水头下满负荷运行,最大发电水头 124 m。电站需要同时送电至巴西和巴拉圭两个国家:在巴拉圭一侧采用 50 Hz、230 kV 高压交流输电线路送电至距离 300 km 的首都亚松森,在巴西一侧建有 3 条 60 Hz、765 kV 超高压交流输电线路,长 889 km,输电容量 630 万 kW,送至伊瓜苏、圣保罗等地,另建两条 ±600 kV 直流输电线路至圣保罗,分别长 785 km 和 806 km,每条线路输送功率为 315 万 kW,主要是将巴拉圭方面用不完的电量由 50 Hz 交流变为直流输送到巴西。

(三)拉格朗德河流域梯级水电站群

拉格朗德河发源于加拿大魁北克省中部 Naococane 湖,先后接 Sakami 河、

Kanaaupscow 河等支流，在罗根里弗附近注入詹姆斯湾。全长 861 km，流域面积 9.8 万 km²，年均降雨量 750 mm，河口多年平均流量 1730 m³/s，年均径流量 546 亿 m³。

拉格朗德河水能资源极为丰富，尤其下游干流 440 km 河段内有落差 360 m，水电资源集中，已规划开发 4 级电站。该河流需要从邻近流域——东北部的 Caniapiscau 河和西南部的 Eastmain 河进行跨流域引水，引水流量分别为 780 m³/s 和 807 m³/s，年引水量达 382 亿 m³，可使年径流量增加至 928 亿 m³。拉格朗德河流域水电总装机容量为 1603.6 万 kW，年发电量 838 亿 kW·h，其中干流四级电站总装机容量为 1364.8 万 kW，年发电量 717 亿 kW·h。拉格朗德河梯级整体调节性能良好，装机年利用小时数高，其中二级电站装机容量规模最大，安装有 22 台 33.3 万 kW 机组，共 732.6 万 kW；三级电站安装 12 台 19.2 万 kW 机组，装机容量为 230.4 万 kW；四级电站安装 9 台 29.3 万 kW 机组，装机容量为 263.7 万 kW，设计水头分别为 137 m、76 m、112 m；一级电站装机容量 136.8 万 kW。

拉格朗德河距离负荷中心较远，需要通过 1100 km 长距离超高压输电线路，送电至加拿大魁北克以及美国东北部，经济效益显著。

（四）金沙江流域梯级水电站群

金沙江支流位于是长江上游，流经青海、西藏、四川、云南，直门达至宜宾的金沙江河段全长 2326 km，落差 3279.5 m，河道平均坡降约 1.41‰，一般将金沙江干流分为上、中、下三段，直门达至石鼓为上段，石鼓至雅砻江口为中段，雅砻江口至宜宾为下段。

金沙江中游河段径流丰沛而稳定、落差大、水能资源丰富、开发条件较为优越，是金沙江水电能源基地的重要组成部分。规划龙盘、两家人、梨园、阿海、金安桥、龙开口、鲁地拉、观音岩 8 级电站，总装机容量 2090 万 kW，所有电站单机容量均超过 35 万 kW，其中龙盘安装 6 台 70 万 kW 机组，装机容量 420 万 kW，两家人、梨园、金安桥、观音岩单机容量也都达到 60 万 kW。目前已投运电站 4 座，分别为阿海、金安桥、龙开口、鲁地拉。

金沙江下游河段规划乌东德、白鹤滩、溪洛渡和向家坝 4 个梯级水电站，总装机容量约 6000 万 kW，是我国最大的水电"西电东送"基地。目前溪洛渡和向家坝部分机组已投产运行，最大发电水头分别为 230 m、114 m，单机容量分别为 77 万 kW、80 万 kW，是世界上已投运的最大容量水电机组，全部投产后电站装机容量将达到 1386 万 kW（18 台机组）、640 万 kW（8 台机组），装机规模分别居中国第二、第三位，在世界排名第三和第七。

金沙江干流梯级是我国"水电西送"中通道骨干电源，调度及并网关系极为复杂，涉及两个国家级电网、多个区域和省级电网。中游已投产 4 座电站由云南电网调度,并并入云南电网,通过云南主网架将多余电量送至广东等省;下游溪洛渡左右岸电站分别由国家电网和南方电网调度,并入各自电网,为"一库两站两调"情况,但电量汛枯期分配比例不同,向家坝电站由国家电网调度,梯级电站需要同时向华中、华东地区送电。

（五）澜沧江流域梯级水电站群

澜沧江发源于青藏高原唐古拉山,由北向南经青海、西藏进入云南,从云南西双版纳流出中国国境,出境后称湄公河,经老挝、缅甸、泰国、柬埔寨流入越南,于胡志明市注入南海。澜沧江—湄公河全长 4500 km,总落差 5500 m,流域面积 74.4 万 km^2;在中国境内河长约 2100 km,流域面积 17.4 万 km^2,在云南省境内纵贯于西部,河长 1240 km,落差 1780 m,流域面积 9.1 万 km^2。澜沧江流域总体属于西部型季风气候,5～10 月为汛期,流域内气候差异较大,上游西藏地区年降水量 400～800 mm,中游滇西北年降水量 1000～2500 mm,下游滇西南年降水量 1000～3000 mm。

澜沧江流域在云南省内技术可开发容量为 2749 万 kW,经济可开发容量为 2558.4 万 kW,其中干流经济可开发容量 2440.5 万 kW,约占全省经济可开发容量的 25%,是我国第三大水电能源基地,仅次于金沙江干流水电基地和长江上游水电基地。澜沧江干流从上游到下游规划 15 级电站,总装机容量约 2527.7 万 kW,年发电量约 1167.45 亿 kW·h,单机容量超过 100 万 kW 的电站有 8 座,其中糯扎渡 585 万 kW、小湾 420 万 kW,单机容量分别为 65 万 kW、70 万 kW,最大水头分别为 238 m、250 m。目前,澜沧江中下游已建成功果桥、小湾、漫湾、大朝山、糯扎渡、景洪、橄榄坝六座梯级电站,总装机容量 1570.5 万 kW。此外,在梯级电站发电运行中,需要兼顾生态、航运、防洪、环境保护等综合利用目标澜沧江干流梯级是我国"水电西送"南通道骨干电源,需要进行区域—省级—流域集控多级协调,其中小湾、糯扎渡归中国南方电网调度,其余电站归云南电网调度,上下游电站需要向不同电网送电,全年大部分时间小湾、糯扎渡需要向广东、云南同时送电,其余电站只送电云南;在汛期部分月份,小湾与金沙江中游金安桥电站需通过直流 ±500 kV 联合输电至广东。

（六）红水河流域梯级水电站群

红水河是中国珠江水系干流西江的上游,由云南省南盘江,与贵州省北盘江汇合后,始称红水河。红水河坡降大,落差集中,雨量充沛,水力资源丰富。自上游南盘江天生桥电站正常蓄水位 785 m,至下游大藤峡枯水位 23 m,可利用落差 762 m,长 1143 km,流域面积 19 万 km^2,年降水量 1200 mm,年平均流量为 696 亿 m^3,

全河段可开发水能资源 1108 万 kW,年发电量 600 多亿千瓦时。

红水河流域规划有天生桥一级、天生桥二级、平班、龙滩、岩滩、大化、百龙滩、乐滩、桥巩、大藤峡 10 座梯级电站,利用水头 754 m,总库容 406 亿 m³,总装机容量 1252 万 kW,年发电量 504.1 亿 kW·h,在我国十三大水电基地中规划装机排名第八,除第十级大藤峡电站未建成外,其他 9 级电站已相继建成投产。其中,天生桥一级电站安装 4 台单机容量 300 MW 机组,总装机容量 1200 MW,水库具有多年调节能力,调节库容 57.96 亿 m³,最大发电水头 143 m,设计水头 126.65 m;龙滩水电工程规划总装机容量 6300 MW,安装 9 台 700 MW 发电机组,年均发电量 187 亿 kW·h,分两期建设:一期建设装机容量 4900 MW,安装 7 台 700 MW 发电机组,年均发电量 156.7 亿 kW·h,最大水头 160 m。

红水河流域梯级同样是我国"西电东送"南通道的骨干电源,送电关系极为复杂,送电范围跨滇、黔、桂、粤四省,既包括同一流域上下游电站送电不同省级电网的问题,也包括单一水电站同时向多个省级电网送电等问题。上游南盘江电站送电云南,北盘江送电贵州,天生桥梯级和龙滩同时送电广东广西,其余干支流电站则主要送电广西。

(七) 国内外特大流域梯级水电站群对比分析

通过对比中国特大流域水电系统与世界同类水电系统特点,可以发现,国内外特大流域干流梯级电站通常具有级数多、单机容量大、综合利用任务等共同特点;从干流装机容量、电站组成、发电水头、并网方式等方面综合分析,中国特大流域水电系统规模更大、调度运行更加复杂。

从干流装机容量来看,金沙江梯级为 8090 万 kW,是哥伦比亚河 2199 万 kW、巴拉那河 3787 万 kW、拉格朗德河 1364.8 万 kW 的 3.7 倍、2.1 倍、5.9 倍;从电站组成来看,金沙江中下游梯级中单站装机容量超过 100 万 kW 的有 12 座,澜沧江有 9 座,均多于国外河流干流同等规模电站个数,与拉格朗德河干流梯级电站相比,金沙江下游四级电站与其组成相似,但装机规模有显著差别;从发电水头来看,中国巨型电站发电水头普遍高于 100 m,像溪洛渡、小湾、糯扎渡等电站已超过 200 m,明显大于大古力电站 108.2 m、伊泰普电站 124 m、拉格朗德二级电站 137 m 的最大或设计发电水头;从并网方式来看,尽管伊泰普电站需要送电至巴西和巴拉圭两个国家,但由于防洪等任务轻,电站运行水头变幅很小,除机组维修,基本上是在恒定水头下满负荷运行,而中国金沙江、澜沧江、红水河梯级是我国"西电东送"骨干电源,需要通过国家-区域-省级-集控等多级单位协调调度,梯级各电站、单站各机组均可能并入多个电网,需要满足多个电网差异极大的负荷需求,同时由于发电水头高、机组容量大,为响应复杂的电网需求,日内水头通常变幅很大,振动区间随水头动态变化,导致电站、机组运行的安稳控制非常困难。

三、中国大水电系统面临的挑战

(一)大规模远距离水电输送问题

我国水能资源分布极不均衡,经济欠发达的西部占有全国水能资源的80%以上,特别是西南部的滇、川、藏、黔、渝五省区市的技术可开发容量占到全国的67%,与之形成鲜明对比,经济高速发展、电力负荷增长较快的东部11省市水能资源占有量仅6%;能源资源和消耗的逆向分布,决定了我国必须走远距离、大规模输电和全国范围优化能源资源配置的道路。随着"西电东送"工程、国家电网"一特四大"能源战略的全力推进,大型水电基地外送通道输电能力得到大幅提升,金沙江、雅砻江、大渡河、长江中上游等西南特大流域水电基地也已经进入全面竣工投产阶段,水电跨区输送规模越来越大,调度运行难度也不断加剧。水电系统优化调度本身具有非常复杂的约束条件,再加之更加复杂的水电输送安稳控制要求,以及受电端差异极大的电网负荷调节需求,使得目标函数的选择与构建难度更大,优化过程中对复杂约束条件的处理方法与技术要求更高,建模求解面临更大的挑战。

(二)大规模多层级水电站群复杂协调控制问题

我国水电站群规模巨大,同一地区的水电站群需要兼顾"区外协调"–"区域电网"–"省级电网"–"地市级电网"等多层级调度复杂关系,它们共同构成规模巨大的跨流域甚至跨省区的水电站群系统。如此规模巨大、调度关系复杂的水电站群系统,极具中国特色,带来的问题和挑战是巨大的。由于巨型水电站群在电网中所占装机比例大,输送电范围广,它们的调度是大规模水火电系统联合调度的基础。我国目前的电源结构仍是以水火电为主,水电一方面担负大部分甚至全部调峰任务,另一方面也是其他地区不足电力资源的重要补充电源。调峰和消纳是多层级水电站群调度中面临的最主要问题和挑战:我国绝大多数电网负荷峰谷差较大,存在较为严重的调峰问题,特别是随着风电等新能源接入,调峰问题将更为突出,如何充分利用大电网平台,充分发挥水电在系统中的调峰、调频和事故备用的作用,是至关重要的问题;另一方面,西南地区汛期丰沛的水能如何为大电网所消纳,是实现电网高效、经济、节能、环保的关键。

（三）巨型水电站机组多振动区问题

机组振动区问题一直是水电站安全的重要问题，也直接影响水电站群的安全、经济运行，像俄罗斯最大水电站萨扬—舒申斯克 2008 年 8 月 17 日发生爆炸，很大程度上是机组振动引起的安全事故。由于我国西南地区独特的自然地理及水流条件，已建和在建特大流域梯级电站群大多安装有巨型发电机组，在已建电站中像三峡、龙滩、小湾单机容量规模均为 70 万 kW，是目前世界上最大容量水电机组，糯扎渡电站单机容量也达到 65 万 kW，仅次于三峡等电站；在建电站中像溪洛渡、向家坝单机容量更大，分别为 77 万 kW 和 80 万 kW。这些特大流域巨型水电站一般采用混流式水轮机组，像三峡、龙滩、小湾等均是这种情况，这类机组发电效率高，但运行平稳性较差，通常存在多个振动区域，随发电水头动态变化，见图 1。另一方面，巨型水电站装机容量大，由于庞大的发电能力，这

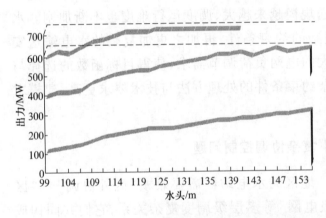

图 1　巨型机组多振动区及其危害示意图

些水电站承担着向多个电网或线路送电任务,在承担电网调峰及其他输送电任务过程中,发电负荷变化频繁且幅度较大,也容易引起发电水头较大变化,当水电站群存在多个振动区,极易导致发电机组频繁跨越多个机组振动区,极大不同于以往的单一且范围固定的小容量机组振动区问题。由于相邻时段水力联系、以及同一流域梯级水电站群间的水力耦合关系,导致寻求可行和合理的单一电站和梯级水电站群发电计划或方案极其困难,是与时空相关联的不连续优化调度问题,是我国特大流域梯级水电站群调度的瓶颈问题之一。巨型水电站机组多振动区问题已成为我国已经投入运行的红水河、乌江、澜沧江等干流梯级水电站群运行过程中的重大工程实际问题。

（四）特大流域梯级水电站群多电网调峰问题

我国能源结构主要是以水火电为主,现在 71.5% 装机容量来自火电,其中大多数是不具备调节能力的燃煤机组,LNG 机组很少,21.7% 来自水电。我国绝大多数电网负荷峰谷差较大,存在较为严重的调峰问题,特别是随着近些年风电等不可控新能源大规模接入,调峰问题更为突出。随着水电规模的扩大和电网配置能力的加强,系统对水电调峰、调频和事故备用的需求将更加突出。如何充分利用干流梯级水电站群的龙头电站及调节性能较好的梯级水电站群对输送地电网负荷进行调节,改善电网的质量,是我国已经建成的三峡巨型电站、乌江干流梯级、红水河干流梯级及部分建成的澜沧江、雅砻江、金沙江等干流梯级水电站群水电系统共同面临的现实问题。不同于以往小规模梯级水电站群,由于系统容量较小,主要就地吸纳;像三峡水电站输送范围覆盖 11 个省(市、区),横跨华中、华东、华北、南方电网等多个区域电网,这些电网的负荷特性有很大不同;再比如红水河、南盘江干流梯级,涉及的水电站数达 14 座,送电范围跨滇、黔、桂、粤四省,既包括同一流域上下游电站送电不同省级电网的问题,也包括单一水电站同时向多个省级电网送电等问题。上游南盘江电站送电云南,北盘江送电贵州,天生桥梯级和龙滩同时送电广东广西,其余干支流电站则主要送电广西。各受电电网用电负荷总量、尖峰、峰谷差有差异,甚至相差数倍,负荷变化规律和峰谷时间也不一致,导致流域各水电站既有密切的水力联系,又有着相互关联和矛盾的电力联系,水电站群调峰必须兼顾多个电网的复杂应用要求。

类似我国这么复杂的多目标水电系统调峰问题研究,国内外未见相关的参考文献,是亟待解决的重大理论与工程实际问题。

（五）大水电系统对极端气候响应问题

我国南方水电比重较大的省级电网,像云南、四川水电装机容量比例在

2020 后将达到 70% 以上；中国水电比重较大的区域电网——中国南方电网，其水电装机容量将从 2012 年的 0.66 亿 kW 增长到 2015 年的 1 亿 kW，在电网中的比例将从现在的 35% 上升到 38%，占全国水电装机容量的比重将从现在的 26.5% 上升到 38%。随着水电规模急剧扩大，水电及其电网受不确定性径流的影响越来越大，特别是极端气候对水电的运行影响将越来越大，像我国西南地区近几年持续发生的特大旱灾，以及出现的极端冻雨天气，都给梯级水电站群及电网安全运行带来了极大影响，如何评估和应对极端气候对水电及电网的影响就显得尤其重要。

四、大连理工大学实践

从 2002 年开始，大连理工大学紧紧抓住我国水电快速发展带来的电网、特大流域梯级水电站群调度运行中需要新理论、新技术的强烈应用需求，以承担云南电网、贵州电网、福建电网、中国南方电网、重庆电网、华东电网、东北电网省级/区域水电系统，澜沧江、红水河、乌江特大流域梯级水电站群调度系统研究以及与开发的企业合作为契机，依托国家自然科学基金、"973"前期专项、高校博士点基金，围绕电网、流域集控中心、梯级水电站群调度运行中的系统建模、运行控制、系统集成等一系列关键科学技术问题，进行了十多年探索与研究，在突破现有的调度理论桎梏、解决特大流域中出现的新调度难题、开发行之有效的应用软件等方面做出了重要贡献，取得了如下创新性成果。

1）提出大规模复杂水电系统优化调度求解方法体系。提出结合预处理降维和优化计算中动态降维相结合的降维方法，即优化前引入知识规则大幅减小系统求解规模，在求解过程中通过区分活跃与非活跃变量进行动态降维；提出处理复杂约束的启发式方法、关联搜索方法和变尺度方法，以可变时间尺度的、贯序满足约束条件的局部搜索模式解决复杂时空耦合约束问题以提高计算效率；提出可视化的结果调整方法。所提方法可求解任意规模的水电系统中、长期优化调度问题，满足短期优化调度需要。跟国内外比较，优化调度计算不超过 3 分钟，大多数情况下几十秒可得到满足实际应用要求的结果，优于国外同类规模优化计算需 2 个多小时报道。

2）提出大水电系统跨网优化调度模型。构建了电网可消纳水电电量最大模型、多电网调峰模型，首次提出了跨电网调峰概念，有机协调了区域、省间、省内及跨流域的相互补偿能力，解决了大水电系统面临的多电网调峰、跨区跨省消纳等关键问题。大水电系统跨网优化调度模型的建立，为大规模水电跨区跨省消纳和调峰优化调度高效稳定运行提供了强有力的技术支撑。

3）提出特大流域水电站群调度问题建模及求解方法。针对特大流域水电站群调度问题,以红水河、澜沧江、乌江流域实际工程问题为依托,综合采用组合理论、动态规划以及启发式算法,提出了快速回避水电站机组多振动区的短期优化调度方法;通过变换求解步长,提出了多步长逐步优化和目标差异化控制方法,有效弱化甚至消除了复杂时段耦合约束,改善了初始可行解,并实现了水电站群的目标差异化控制;利用计算机多核运行环境,设计了粗/细粒度多核并行优化算法,大幅提高了优化调度求解效率。

4)自主研发了大规模水电系统调度软件(图2)。利用面向省级(区域)电网和特大流域的水电调度系统分层响应逻辑模型、应用软件系统自适应扩展技术、优化过程中的动态交互技术等大规模复杂水电优化调度系统关键集成技术,实现了模型优化与人机交互有机耦合,可自适应选择调度模型,自动解析水电站间拓扑和时序关系,实现机组、水电站、流域添加即插即用。

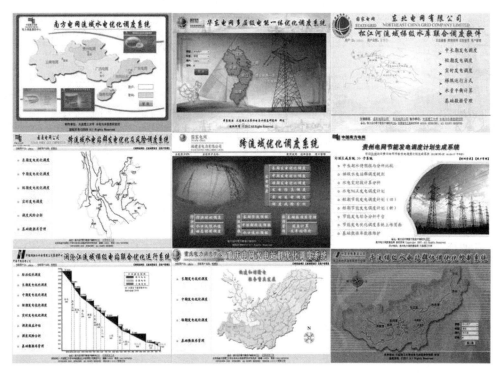

图2　大连理工大学研发应用系统在各省级(区域)电网和特大流域集控应用主界面

研发成果已经应用于中国南方(全国水电装机最多、调度最复杂、暴露问题最多的电网)、华东、东北3个区域电网,云南(2012年水电投产水电装机最多)、福建(调度难度较大电网之一)、贵州、重庆4个省级电网,乌江(13大水电开发得较早、即将全面建成)、红水河(即将全面建成)、澜沧江、金沙江、闽江5个特大流域梯级水电站群以及松花江、松江河、富春江干流梯级等工程中,包括龙滩

(国内已投入运行中仅次于三峡的水电站,世界排名第九)、小湾(现在国内排名第三)、丰满等 300 多座大中型水电站(见图 3),总装机容量 7400 多万千瓦,接近我国现有水电总装机容量三分之一,是目前国内外投入实际应用的、规模最大的水电系统软件;成为上述单位每日必备的电网、流域集控制作发电计划制作工具,得到了长期、稳定、可靠运行,为水电精细化运行提供了有力支持。项目投入使用后,近 3 年累计创造直接经济效益 26.096 亿元,节水增发电量 328.56 亿 kW·h,相当于节约标煤 948.66 万 t,减少 CO_2 排放 2493.03 万 t,减少 SO_2 排放 22.75 万 t,节能减排成效十分显著。

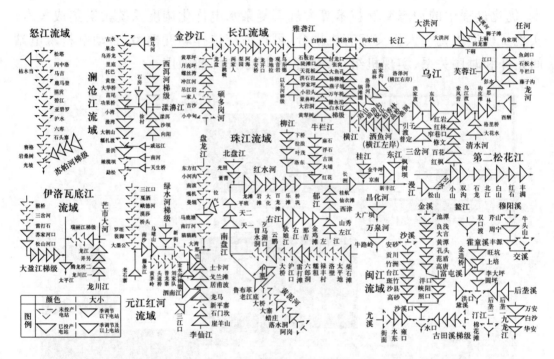

图 3   大连理工大学研发应用系统涉及到主要流域和水电站群分布

下面分别给出研发成果在区域电网、省级电网、特大流域应用的四个典型实例。

(一)区域电网大水电系统调度实践——中国南方电网

南方电网流域水电优化调度系统涉及南方电网辖属五省水电站 190 多座,现在总装机超过了 66 000 MW;煤电站 58 座,182 台机组,总装机容量 53 929 MW;油气电站 11 座,35 台机组,装机 6450 MW;抽水蓄能电站 2 座,8 台机组, 2400 MW。系统研发的主要任务是在综合考虑水电系统发电、防洪、供水、航运、环保等综合利用的要求下,充分发挥网间、电源间、流域间以及同一流域电站间的相互补偿作用,提高水能利用率、增加发电量,以最大限度地实现水电有效吸纳和发挥水电调峰功能,实现精细化水电优化调度目标。

该应用系统由长期、中期、短期、实时,以及仿真风险调度五个主要模块构成,提供了月、旬、日、15分钟多个可选的计算时间尺度,可以编制年度、季度、月度运行方式,制定旬、周、日调度计划,能够针对调峰、跨流域跨省跨区消纳、多振动区运行提供可行调度方案,并解决了溪洛渡"一库两站两调"、小湾与金安桥"孤岛运行"等巨型水电站群发电与输电新难题,满足了用户不同的调度与管理需求。系统自2008年11月开始投入试运行,经过半年测试,于2009年4月正式投入运行,一直保持稳定运行,截至目前为止,南方电网电力调度通信中心已利用该系统制定发布日前计划1450多份,中长期方案约200份(其中发布运行方式60多份),出色地完成了亚运安全保电计划任务。

(二)省级电网大水电系统调度实践——云南电网

云南电网跨流域水电优化调度系统经过3期研究开发和完善,于2008年5月投入运行,涉及大中型水电站219座,中调统调主要水电站107座,机组326台;地调统调水电站和小水电1559座;现在总装机容量超过了30 000 MW,涉及南盘江、澜沧江、金沙江等特大流域。云南电网是我国水能资源蕴藏量最丰富的省份之一,水电装机比重大,超过全网总装机容量的70%,水电站数量多,但总体调节性能较差,系统研发的主要任务是利用有限的有调节能力的巨型水电站实现汛枯期补偿、跨流域补偿,以及水火电之间的补偿,避免水电弃水调峰,减少汛期弃水和枯期电力电量不足,提高地区水电利用率,最大限度地消纳汛期富裕水电,充分发挥云南大比重水电优势。

该应用系统包括长期、中期、短期调度,以及实时辅助决策等主要功能模块,在实际生产运行中,该系统一直是电网公司制定日发电计划与中长期运行方式的必备工具,已制定日计划方案1500多份,年方式、季度方式和月方式、周方式合计200多份,可以针对汛期、枯期不同工程控制需求提供可行的调度方案,利用小湾、糯扎渡等大型水库实现汛枯期补偿,满足了电网的汛枯期调峰要求,同时避免或大幅减少了德宏等地区的窝电和弃电,提高了水能资源利用率,为云南电网充分利用水能资源提供了科学的决策依据。

(三)特大流域水电站群调度实践——澜沧江流域

澜沧江流域梯级电站联合优化运行系统涉及澜沧江上游与中下游水电站14座,总规划装机23 950 MW;中下游已投产水电站6座,总装机容量16 795 MW,多为巨型发电机组,小湾6台,单机700 MW;糯扎渡11台,单机650 MW。澜沧江流域梯级电站建设周期长,巨型电站与机组动态投产,设计运行方式很难适应梯级电站的动态投产调度,而且该河流属于国际河流,存在诸多发电限制,需要协调航运、生态、发电等综合利用要求。

该应用系统由梯级调度规则、梯级优化调度方法、梯级优化调度系统、系统设计开发和集成技术四个部分构成,于 2010 年 4 月投入使用,经过三年多的实际应用检验,系统的各项功能运行稳定。从投入使用以来,已连续制定 1000 多天发电计划,约 900 个短期方案,200 多个中长期方案(其中发布运行方式 60 份),取得了很大经济与社会效益。

(四)特大流域水电站群调度实践——乌江流域

乌江流域梯级水电站群协调优化控制系统涉及乌江干支流已投产水电站 8 座,装机容量 7545 MW,沙沱电站投产后,总装机容量将达到 8665 MW。乌江流域水电站群是我国 13 大水电基地中开发较早、即将全面建成的特大流域梯级水电站群,其中思林、沙沱电站下游有生态和航运流量要求,对上游电站的反调节影响较大,增加了梯级水电站协调配合难度;同时,梯级水电站群在调度关系上隶属于不同调度机构,中游构皮滩电站由南网总调调度,其余电站由贵州中调调度,不同调度机构的调度策略不尽相同,上下游电站协调极为复杂。系统研发的主要任务是解决乌江梯级厂网协调控制,包括长中短期调度计划、在线调度 AGC 控制等的协调控制技术、共享机制、流程管理等非常复杂技术问题。

该应用系统于 2012 年 7 月投入使用,包括梯级 AGC 控制、日前计划管理、短期、中期、长期协调优化、实时优化调度、AGC 效益分析等多个模块,投入使用后一直保持稳定运行。截至目前,调度人员利用该系统已连续制定 300 多天发电计划,约 300 多个短期方案,30 多个中长期方案,为乌江集控中心日常工作提供了科学的决策依据。

五、结语

中国水电系统近 20 多年发展迅猛,已经形成世界上最大规模的单一水电系统,并拥有全国配置水电资源的能力,区域内水电系统构成、输送电方式、综合应用、水文气象条件、调度与电站安稳控制等极大不同于世界上其他国家同类规模的水电系统,调度和运行管理更为复杂,出现了许多有别于世界其他水电系统的新特点、新的调度和应用需求,是世界上调度最为复杂的水电系统,面临建模、运行、系统集成等一系列挑战问题。大连理工大学水电与水信息所在此方面做了一些有益的探索,开发了在国内得到广泛应用的面向区域/省级电网、特大流域的梯级水电站群系统,这些系统已经在所在电网和流域集控中心得到了切实应用,发挥了很好作用。

随着我国水电规模进一步扩大,特别是西南地区金沙江、澜沧江、雅砻江、大渡河干流巨型梯级在今后 10～20 年时间内全面建成,如何解决大水电大规模消纳,协调处理好所在流域地方政府与受电端地区利益矛盾,充分发挥水电优质的调峰、调频、事故备用等能力,缓解我国电网普遍存在的调峰困难,有效消纳风能、光伏能等间歇式能源还有很多理论和技术问题需要解决,需要做未雨绸缪的工作,这样的工作是值得期待的。

参考文献

[1] Cheng C T, Shen J J, Wu X Y, et al. 2012. Short-term hydroscheduling with discrepant objectives using multi-step progressive optimality algorithm[J]. Journal of the American Water Resources Association, 48(3): 464 – 479.

[2] Cheng C T, Shen J J, Wu X Y. 2012. Short-term scheduling for large-scale cascaded hydropower systems with multi-vibration zones of high head[J]. Journal of Water Resources Planning and Management – ASCE, 138(3): 257 – 267.

[3] Cheng C T, Shen J J, Wu X Y, et al. 2012. Operation challenges for fast – growing China's hydropower systems and respondence to energy saving and emission reduction[J]. Renewable and Sustainable Energy Reviews, 16(5): 2386 – 2393.

[4] 程春田,申建建,武新宇,等. 2012. 大规模复杂水电优化调度系统的实用化求解策略及方法[J]. 水利学报, 43(7): 785 – 795.

[5] 程春田,武新宇,申建建,等. 2011. 大规模水电站群短期优化调度方法(I):总体概述[J]. 水利学报, 42(9): 1017 – 1024.

[6] 程春田,武新宇,申建建,等. 2011. 大规模水电站群短期优化调度方法(II):高水头多振动区问题[J]. 水利学报,42(10): 1168 – 1176.

[7] 武新宇,程春田,申建建,唐红兵. 2012. 大规模水电站群短期优化调度方法(III):多电网调峰问题[J]. 水利学报[J], 43(1): 31 – 42.

[8] 程春田,申建建,廖胜利. 2012. 大规模水电站群短期优化调度方法(IV):应用软件系统[J]. 水利学报,43(2): 160 – 167.

[9] 武新宇,程春田,李刚,等. 2012. 水电站群长期典型日调峰电量最大模型研究[J]. 水利学报,43(3): 363 – 371.

[10] 武新宇,程春田,王静,等. 2011. 受送电规模限制下水电长期可吸纳电量最大优化调度模型[J]. 中国电机工程学报,31(22): 8 – 16.

河库连通下的特大水库群供水联合调度

周惠成　等

周惠成　等

大连理工大学建设工程学部

摘要:连通特大水库群联调工程体系已成为水资源调控的最主要手段,研究连通特大水库群联调问题已经成为国家重大的战略需求与学科发展前沿。本文首先深入分析当前河库水系连通格局的复杂多样性,以及由此带来的河库连通下特大水库群供水联合调度问题的新特点与难点;然后结合对连通下特大水库群供水联合调度规模、调度机理与算法以及预报信息应用三方面研究现状的评述,凝练出连通下特大水库群供水联合调度亟待解决的三个关键科学问题,即连通下径流补偿与库容补偿机理分析、多目标协同竞争机制分析以及多源预报信息可利用性分析;然后从机理、机制分析入手,确立重点研究内容;最后确立研究目标,即系统建立基于问题内在机理分析与多源预报信息利用的河库连通条件下水库群联合调度模型及其求解方法,为跨流域高效水资源利用提供决策支持和科学依据。

一、引言

人多水少、水资源时空分布不均是我国的基本国情水情,随着经济的发展,水资源供需矛盾愈发突出。为了解决水资源时间分布不均,我国建设了大量的水库和水库群;同时为了解决水资源空间分布不均,我国也建设了大量的跨流域调水工程。目前,我国已建成水库86 000多座,其中大型水库500余座,在全国形成了大规模水库群联合调度系统,如东北地区形成了辽河流域供水水库群、第二松花江梯级发电水库群;华北地区形成了滦河中下游水库群;西北地区形成了黄河上游梯级水库群;长江流域形成了汉江、清江、乌江等梯级水库群。同时,已建重点调水工程20余项,调水线路2000多公里,总调水量170多亿平方米。与建成的调水工程相比,规划和在建的调水工程涉及范围和影响程度更大,南水北调工程分东线、中线、西线三条调水线,与长江、黄河、淮河和海河四大江河相互连通,构成我国北方地区"四横三纵"的巨型河湖库连通体系[1];辽宁省东水西调工程以桓仁水库、大伙房水库等10余座水库为节点,构成了辽宁省"三横七纵"的河库连通体系[2]。连通特大水库群联调工程体系已成为水资源调控的最主要手段,研究连通特大水库群联调问题已经成为国家重大的战略需求,目前这一领域的理论研究滞后于工程需求,水利部也多次强调加快此类问题的研究。

二、连通特大水库群联调特点

随着跨流域调水工程的不断建设,我国河库水系连通方式也变得复杂多样。河系内规划和建成的串并联水库之间形成了自然连通体系;渠系、管道等人工输水载体连通河流水系与沿途水库形成了人工连通体系;当不同水库群间有共同的兴利目标时,则通过区域水资源配置网络实现了间接连通体系;甚至这些连通体系耦合交织在一起形成更为复杂的连通体系。河库水系连通格局的复杂多样性使得水库群联合调度呈现出很多新的特点和难题。

1）涉及范围更广。由原来关注单一流域的水库群联合调度问题扩展到综合研究多流域、多目标、多重不确定性的特大水库群联合调度问题,库群联合优化调度的"维数灾"问题更加突出。以南水北调东线为例,供水范围涉及江苏、安徽、山东、河北、天津5省市,仅山东段就涉及32座大型水库,154座中型水库、14个地级市、107个县级市。

2）拓扑结构更复杂。河库连通体系的建立改变了原水系依靠天然河道建立的库群串并联结构形式,自然、人工、间接连通方式相结合形成了更为复杂的水网体系结构。这种体系结构一方面使问题的建模更加复杂化,另一方面引水决策的不确定性使这种拓扑连通方式可能会影响相关流域的防洪安全、供水安全与生态安全。以辽宁省河库连通工程为例,连通的大型河流14条,大型调水工程21座,小型的引水工程上千座。

3）对调度规则适用性要求更高。河库水系连通调度规则需要统筹考虑上下游、受水区不同流域间、引受水区流域间的不同兴利目标效益,同时还需考虑引水决策、预报信息等因素,如此多的信息在调度图或调度规则中的合理体现不仅决定了整个连通系统引水、供水的效率,还可避免不当决策带来的防洪、供水、生态安全问题。

三、连通特大水库群联调问题研究现状

水库群联合调度是一个涉及面广、极其复杂的决策问题,随着水文气象预报信息精度的提高、调度理论与方法的发展和跨流域大规模水库群体系的形成,此方向的研究已逐步成为国内外的研究热点,且深度日益增加:从简单的串并联库群调度、大规模混联水库群联调发展到跨流域河库连通条件下的库群联调;考虑目标方式从简单兴利、防洪优化调度过渡到防洪、发电、供水、生态等多目标、多

时空尺度上的多维优化;从河库的自然连通体系到自然、人工、间接复杂连通格局下的跨流域引供水决策。基于本领域目前研究特点,以下从库群联合调度规模、优化调度机理与算法、预报信息利用三个方面进行评述。

1. 研究规模

早期水库群调度主要针对简单串联、并联水库,研究如何有效利用各成员水库的水文与调节性能差异达到水库间补偿的目的,如何在防洪、生态、兴利多目标中寻求整体效益最优。目前研究的调度方式有以下几种:① 在绘制各成员水库单库调度图的基础上,通过联合调度规则将各张调度图联系起来[3];② 在某一成员水库单库调度图上添加联合调度线,根据该成员水库蓄水量与联合调度线之间的位置关系决定由哪个水库对公共供水区进行供水[4];③ 将水库群聚合成等效水库,根据等效水库调度图确定该时段库群的总供水量,再根据分水规则进行各库的调节计算[5,6]。这些调度方式只适合规模较小的水库群,难于应用在连通条件下的特大水库群联合调度,目前关于特大水库群联合调度研究相对较少,对河库连通特大水库群联合调度研究还刚刚起步。随着河库水系的连通,水库群规模更大,常常需要联合调度数十座或者上百座水库,目前的调度模型、优化算法还难于或无法求解如此复杂的问题。

2. 水库群联合调度机理与算法研究

连通条件下的水库群数目较多使得优化求解的维数增多,而自然、人工、间接连通组合方式使系统拓扑结构更加复杂,且呈现半结构化的特点,两者结合使"维数灾"问题更加突出。目前,大多数学者主要是针对优化算法搜索效率的问题进行了大量研究。早期采用较多的是大系统分解协调法,并在黄河干流、三峡和清江等梯级水库群上得到广泛应用[7,8]。后来又提出了动态规划算法的改进算法,如离散微分动态规划(DDDP)、逐次渐进动态规划(DPSA)和逐次优化算法(POA)等,并在水库发电、供水、防洪等多方面广泛应用[9-11]。随着现代计算机技术的发展,很多具有全局优化性能、通用性强且善于并行处理的启发式算法应用于库群调度研究中,如遗传算法(GA)、人工神经网络(ANN)、微粒子群算法(PSO)和蚁群算法(ACO)等[12-15]。

对于复杂的水库群联合优化调度模型,大系统分解协调法在降维上具有优势,但其操作复杂、鲁棒性差、协调因子的选取计算困难;动态规划算法的改进虽然在一定程度上降低了求解维数,但也有可能陷于局部最优,在处理多水库多目标任务时,尤其是针对大规模水库群的非线性优化目标时还是易出现"维数灾"问题。启发式进化算法不依赖于目标函数的梯度信息,尤其适于处理传统搜索方法解决不了的复杂问题和非线性问题,具有较快的收敛速度和较高的求解精度。但启发式算法对初始解的要求较高,对构建的优化调度模型的依赖较高,同时算法的搜索方式以及进化方式决定着算法收敛的效率。

综上,大多数研究主要是通过优化模型结构和改进数学算法来实现,对水库群联合调度机理机制的研究较少,而通过流域间丰枯互补、库容互补特性来指导复杂库群优化调度的研究更少。

3. 预报信息在水库群联合调度上的应用

随着天气数值预报模式和计算机水平的迅速发展,天气数值预报产品的分辨率和预报精度也在不断提高,同时耦合天气预报信息的水库优化调度也逐步成为大家研究的热点。比如利用全球预报系统(GFS)提供的 10 ~ 14 天降雨数值预报信息,建立分级(如丰平枯三级)预报模型来实现水库的优化调度[16-20];利用日本气象厅(JMA)的短期数值预报(18 小时)和水文模型结合模拟未来 18 小时入库流量来实现水库实时调度[21];利用欧洲中期气象预报中心(ECMWF)的短期预报结合水文模型模制作考虑预见期降雨的洪水预报模型来实现水库优化调度[22]。

但目前预报信息利用还处在单库阶段,多库联合应用较少,河库连通特大水库群中应用更少,主要是因为预报信息利用在多库表现出的高维分布特性更加难以描述,还需研究相应的行之有效的数学分析方法。

综上,特大水库群联合调度存在研究对象规模巨大、结构复杂,机理机制研究匮乏,优化方法陷入瓶颈,多源预报信息不能科学合理利用等问题,这些难题是水利工程应用上的瓶颈问题,也是水资源学科的国际前沿问题,研究意义重大。

四、关键科学问题及其主要研究内容

(一)关键科学问题

河库连通条件下库群优化调度问题特点主要体现在其复杂性、规律性和风险性。复杂性主要指河库自然、人工、间接多种拓扑结构与引水、受水、分水、供水多连接方式在超大规模流域间不同时空层次的耦合;规律性主要指流域间丰枯补偿、库群间库容补偿、调度多目标协调有其自身的规律与机制;而风险性指决策失误可能威胁供水安全、生态安全、防洪安全。因此,如何分析利用其规律性,指导优化建模及求解过程以降低其复杂性,并在此基础上综合考虑多源预报信息,规避决策失误带来的风险性,既是库群调度的最基础性,也是最关键性的问题,因此凝练出以下三个关键科学问题。

1. 连通下径流补偿与库容补偿机理分析

连通条件下的水库群联合调度最大的特点是利用流域间的丰枯差异性、利用不同区域具有不同调节能力的水库库容调配水资源,即流域间丰枯互补机理、库容补偿机制是高效引水的核心问题。然而连通条件下水库群的复杂性更高、规模更大、范围更广,两种补偿相互交织融合度更高,补偿组合更多。因此,如何将此类机理性分析与优化方法相结合,在不同时空尺度上建立启发式搜索机制,有目的性地寻求最优调度规则,是亟待解决的第一个关键科学问题。

2. 连通下多目标协同竞争机制分析

连通水库群同时承担供水、生态保护和防洪等多项任务,其联合调度是一多目标调度问题,不存在最优解,只有权衡解。多目标权衡决策的最根本依据是多目标协调机制,包括协同机制与竞争机制,前者为水资源综合利用问题,后者为多目标优化决策问题。连通条件下库群调度复杂性更高,多目标之间的协调关系除了受天然来水与用水时空分布影响外,还受到了人工引水的影响,必须同时考虑引水区与受水区状态;同时目标之间协同竞争组合更多、关系更为复杂。多目标协调关系在时空过程上的变化可能对协同效果与竞争程度产生不同的影响,反之,参考协同效果与竞争程度的变化又可进一步优化引水过程,即协调机制的分析结果可用于连通下的多目标调度优化问题。因此,如何合理分析多目标协同竞争机制,以及如何在库群综合调度中使用这种机制进行优化至关重要,也是亟待解决的关键科学问题。

3. 连通下多源预报信息可利用性分析

在非连通条件下,预报信息对水库调度的意义在于利用预蓄预泄进行水资源时间尺度上的调控。而连通后预报信息还可用于引水决策,决定引水量、引水时机以及分水策略,引水不当可导致的供水、生态安全问题涉及范围远大于非连通情况,科学合理的应用预报信息可以提高决策时效性,保证安全经济运行,意义更大。因此,研究连通下的预报调度非常重要。但连通条件下多源预报信息维数增加,需考虑引、受水区组合预报信息,同时还要参考分水与弃水、供水及其保证率、预报误差影响及其弥补措施等多种因素,这些都导致问题非常复杂。除此之外,不同预见期的多源预报信息如何耦合利用以减少其不确定性也非常关键。因此,此问题必须重点研究。

（二）主要研究内容

结合上述三个关键科学问题,应从机理、机制分析入手,完善连通条件下水库群联合调度优化方法,考虑多源预报信息,最终建立连通条件下水库群联合调度模型及其求解方法,以下为重点研究内容,如图 1 所示。

1. 连通条件对水库群调度影响机理

首先在特大水库群的供水网络拓扑结构基础上,分析水库群入流间的丰枯异步性,研究河系间水库群的径流补偿机理;分析水库群间的库容差异及其调节能力差异,以及跨流域引水对水库调节性能的影响,研究水库群间的库容补偿机理;然后,基于水文补偿与库容补偿机理分析,综合评价各水库在水库群联合调度中的补偿作用;最后研究如何将水文补偿与库容补偿机理应用于水库群联调的优化求解过程中,如基于机理分析合理确定优化的初始可行解与优化解集的搜索空间、基于补偿作用综合评价确定水库群优化的先后次序等。

2. 连通体系下兴利用水多目标协同竞争机制

首先对连通体系中多目标特性及其区域相关性进行分析;然后基于各区域或相邻区域兴利目标相关性分析结果,在时间尺度和空间尺度上研究目标之间的协同机制;最后建立区域多目标优化模型,在非劣解集中寻求最优解中各目标之间存在的竞争机制,确定各目标之间的竞争度,并形成多目标多维竞争度矩阵,为后期连通优化调度建立竞争寻优机制。

3. 连通条件下水库群优化调度方法

研究基于补偿机理与多目标协调机制的多种优化降维方法并应用于调度模型求解中;研究基于多优化方法组合并面向调度过程进行启发式优化搜索的方法,例如将变量敏感性分析与多维动态搜索算法(DDS)相结合,得到基于敏感性分析的 DDS－S 算法,在优化过程中对变量的敏感性进行实时分析,为下一次迭代选择搜索空间提供信息,并将径流补偿、库容补偿、多目标竞争机制与敏感性分析相结合,利用相关机理建立寻优机制;研究基于径流补偿、库容补偿机理分析的区域、骨干、全局的水库群逐步优化方法。

4. 连通条件下耦合多源预报信息的水库群调度方法

首先,研究中期降雨数值预报信息的预报误差及其分布特性分析;其次,研究多源预报信息在水库群联合调度中的利用方式;最后研究建立评价预报信息作用的指标体系,选择用于评价比较预报信息改进作用的基准方案,确定在水库群联合调度中可利用的多源预报信息和各调度时段最有效的空间组合类型。

5. 基于预报信息的实时调度多方案决策

首先,基于分级预报信息在库群调度中的应用方式,建立相对应库群实时调度方案集,分别计算各情景下的调度方案,得到各实时调度方案的特征指标值;其次,生成基于集合预报信息的实时调度可行方案;最后针对上述可行方案集,建立合理的调度方案评价指标体系,利用可变模糊集、层次分析等方法进行多方案优选,向决策者推荐满意的实时调度方案(集),并解释方案的优劣特征。

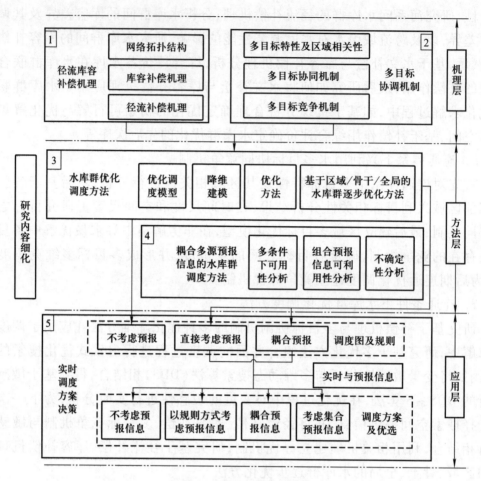

图1　主要研究内容

五、结语

综上所述,在当前复杂的河库连通体系下,分析流域间丰枯补偿及库群库容补偿机理,挖掘调度多目标协同竞争规律,从而形成机理、规律在联合优化调度求解中的应用机制,有针对性地在时空尺度上建立启发式寻优体系,结合以降雨中期数值预报信息为重点的多源预报信息利用,最终建立基于问题内在机理分析与多源预报信息利用的河库连通下水库群联合调度模型及其求解方法,不仅可以为跨流域高效水资源利用提供决策支持和科学依据,还可以提高我国连通条件下大型水库群联合调度的研究水平和创新能力,必将成为水库群联合调度新的研究方向。

参考文献

［1］　王忠静，王学凤. 南水北调工程重大意义及技术关键［J］. 工程力学，2004(S1)：180 - 189.

［2］　辽宁省水利水电勘测设计研究院. 辽宁省水资源联调框架方案［R］. 2011.

［3］　李智录，施丽贞，孙世金. 用逐步计算法编制以灌溉为主水库群的常规调度图［J］. 水利学报，1993(5)：44 - 47.

［4］　Chang L C，Chang F J. Multi - objective evolutionary algorithm for operating parallel reservoir system［J］. Journal of Hydrology，2009，377(1 - 2)：12 - 20.

［5］　胡尧文，郑雄伟，周芬，等. 跨流域水库联合供水调度研究［J］. 水电能源科学，2006，24(5)：26 - 29.

［6］　郭旭宁，胡铁松，黄兵，等. 基于模拟 - 优化模式的供水水库群联合调度规则研究［J］. 水利学报，2011，42(6)：705 - 712.

［7］　解建仓，田峰巍，黄强，等. 大系统分解协调算法在黄河干流水库联合调度中的应用［J］. 西安理工大学学报，1998，14(1)：1 - 5.

［8］　高仕春，万飚，梅亚东，等. 三峡梯级和清江梯级水电站群联合调度研究［J］. 水利学报，2006，37(4)：504 - 510.

［9］　Yi J，Labadie J，Stitt S. Dynamic optimal unit commitment and loading in hydropower systems［J］. Journal of Water Resources Planning and Management，2003，129(5)：388 - 398.

［10］　梅亚东. 梯级水库优化调度的有后效性动态规划模型及应用［J］. 水科学进展，2000，11(2)：194 - 198.

［11］　谢柳青，易淑珍. 水库群防洪系统优化调度模型及应用［J］. 水利学报，2002(6)：38 - 42，46.

［12］　Wardlaw R，Sharif M. Multireservoirs systems optimization using genetic algorithms：case study［J］. Journal of Computing in Civil Engineering，2000，14(4).

［13］　王少波，解建仓，汪妮. 基于改进粒子群算法的水电站水库优化调度研究［J］. 水力发电，2008，27(3)：12 - 15，21.

［14］　徐刚，马光文. 基于蚁群算法的梯级水电站群优化调度［J］. 水力发电学报，2005，24(5)：7 - 10.

［15］　刘攀，郭生练，雒征，等. 求解水库优化调度问题的动态规划——遗传算法［J］. 武汉大学学报：工学版，2007，40(5)：1 - 6.

［16］　Zhao T，Yang D，Cai J，et al. Identifying effective forecast horizon for real - time reservoir operation under a limited inflow forecast［J］. Water Resources Research，2012，48(1)，DOI：10. 1029/2011WR010623.

［17］　周惠成，李丽琴，胡军，等. 短期降水预报在水库汛限水位动态控制中的应用［J］. 水力发电，2005，31(8)：22 - 26.

［18］ 王峰，周惠成，唐国磊，等. GFS 预报信息在水电站运行中的应用研究［J］. 水电能源科学，2011，29(7)：25 - 28.

［19］ 梁国华，习树峰，王国利，等. GFS 预报在大伙房水库分级利用方式中的应用［J］. 水电能源科学，2009 ，27(2)：4 - 6.

［20］ 周惠成，朱永英，王本德，等. 水库汛限水位动态控制的模糊推理方法研究与应用［J］. 水力发电，2007，33(7)：9 - 12.

［21］ Valeriano S, Oliver C, Koike T, et al. Decision support for dam release during floods using a distributed biosphere hydrological model driven by quantitative precipitation forecasts［J］. Water Resources Research, 2010, 46, W10544, DOI:10. 1029/2010WR009502.

［22］ Mullen S L, Buizza R. Quantitative Precipitation Forecasts over the United States by the ECMWF Ensemble Prediction System［J］. Monthly Weather Review, 2001, 129:638 - 663.

松辽流域落实最严格水资源管理制度的探索与实践

党连文

水利部松辽水利委员会

摘要:松辽流域水资源相对短缺,实行最严格的水资源管理制度是深入贯彻落实科学发展观、促进流域转变经济发展方式、保障流域水资源可持续利用的重要举措。作为流域管理机构,流域水资源管理贯穿于流域水资源配置、开发和利用的全过程,是落实最严格水资源管理制度的关键环节,对推动这一制度的实施具有开局和引领作用。本文从松辽流域水资源管理实际出发,从完善规划、红线管理、水量调度、节水管理、能力建设四个方面重点阐述了落实最严格水资源管理制度的探索实践和取得的成效,以及对未来水资源管理工作的展望。

一、引言

水是生命之源、生产之要、生态之基,松辽流域水资源相对短缺,实行最严格的水资源管理制度是深入贯彻落实科学发展观、促进流域转变经济发展方式、保障流域水资源可持续利用的重要举措。作为流域管理机构,松辽委水资源管理工作贯穿于流域水资源配置、开发和利用的全过程,是落实最严格水资源管理制度的关键环节,对推动这一制度的实施具有开局和引领作用。多年来,松辽委深入贯彻落实国家、水利部水利工作方针政策,以实行最严格水资源管理制度为核心,在水资源管理方面开展了大量工作,进行了有益的探索和实践,发挥了水资源对流域经济社会发展的支撑保障作用和约束导向作用。

二、松辽流域基本概况和水资源特点

(一)自然地理

松辽流域泛指东北地区,行政区划包括黑龙江、吉林、辽宁三省和内蒙古自治区东部三市一盟,以及河北省承德市的一部分。流域总面积 124.9 万 km²,

西、北、东三面环山，与俄罗斯、朝鲜、蒙古接壤，南临黄海、渤海，中南部为辽河平原、松嫩平原，东北部为三江平原，山地与平原之间为丘陵过渡地带。

（二）河流水系

松辽流域分为松花江、辽河两大水系，主要有辽河、松花江、额尔古纳河、黑龙江、乌苏里江、绥芬河、图们江、鸭绿江以及独流入海河流等。辽河流域面积22.1 万 km²，包括东、西辽河、辽河干流，浑河、太子河水系。松花江流域面积56.1 万 km²，北源为嫩江，南源为第二松花江，两江汇合后称松花江干流。流域国境界河总长 5200 km，包括额尔古纳河、黑龙江、乌苏里江、绥芬河、图们江、鸭绿江等 15 条国际河流和 3 个国际界湖，中国侧流域面积 40.6 万 km²。流域独流入海河流 60 余条，分别流入日本海、黄海、渤海，流域面积 6.1 万 km²。

（三）水资源特点

松辽流域多年平均水资源量 1990 亿 m³，其中：地表水 1703.7 亿 m³，地下水680.8 亿 m³；地表水资源可利用量 726.5 亿 m³，平原区地下水可开采量 298.7 亿 m³。流域降雨时空分布不均，年内降水主要集中在 6～9 月，占全年降水的 70%～85%，多年平均降水量 300～1200 mm，东北部较多，西部较少，中小河流冬季枯水期多有断流发生。降水年际变化很大，且有连续丰枯交替发生。流域水资源时空分布不均，水资源量中有 2/3 左右是汛期径流量，在空间分布上松花江流域相对丰富，辽河流域短缺，周边国际河流水资源量较内陆河流丰富，呈现"东多西少，北多南少"的特点。

（四）社会经济

松辽流域是我国重要的重工业、石油、粮食、木材基地，在我国经济社会发展全局中具有十分重要的战略地位。根据 2010 年统计数据，流域粮食产量占全国产量的近 1/5，原油产量占全国产量的近四成，总人口超过 1.2 亿，GDP 超过 3.3万亿元。流域地级行政区 39 个，100 万以上人口的特大城市有沈阳、大连、鞍山、抚顺、本溪、长春、吉林、哈尔滨、齐齐哈尔、大庆等，形成了以哈尔滨—长春—沈阳—大连为轴线的中部城市群和工业带。

三、松辽流域水资源开发利用存在的主要问题

（一）水资源短缺、供需矛盾突出

松辽流域总体上是我国水土资源匹配较好的地区之一，但同时也是相对缺

水的地区,人均、亩均水资源量分别为 1619 m^3/人、588 m^3/亩①,为全国平均水平的 3/5 和 1/3 左右,供需矛盾突出。松花江流域现状多年平均情况,不考虑水质性缺水,缺水接近 50 亿 m^3,主要表现为:农业灌溉用水不足;农村饮水安全问题还没有得到根本解决,尚有 1215 万饮水困难人口。辽河流域水资源严重匮乏,人均、亩均水资源占有量仅为 638 m^3/人、277 m^3/亩,远低于全国平均水平,流域内 12 座地级以上城市均存在着不同程度的缺水。随着振兴东北老工业基地和国家粮食安全战略的实施,流域水资源需求将进一步增加,供需矛盾将更加突出,水资源短缺制约着经济社会可持续发展。

(二) 水资源时空分布不均匀、开发利用程度不协调

松辽流域水资源分布东多西少、北多南少、边缘多腹地少,与经济发展和生产力布局呈逆向分布,水资源相对丰富的区域主要位于流域北部和东部地区的国际河流,但需水区域主要为流域中南部地区。水资源在区域间开发利用不平衡,过度开发与开发不足并存,流域中西部地区开发利用程度高,部分地区水资源开发利用程度高达 70% ~ 80%,浑太河高达 93%,已超量开发利用,地下水超采严重,水资源开发利用空间已经很小;东部和北部地区水资源开发利用程度较低,缺乏调蓄工程,蓄水工程供水能力仅占地表水供水能力的 21%,供水保障程度低,流域内额尔古纳河、黑龙江干流、乌苏里江、图们江、鸭绿江等国际河流开发利用程度很低,具有较大的开发潜力,流域水资源调配任务艰巨。

(三) 用水效率偏低、用水管理基础薄弱

松辽流域用水效率普遍偏低,农业灌溉水利用系数低,城市管网漏失率大,人们节水意识淡薄,用水浪费严重。松花江流域许多地区农田灌溉和排涝等水利工程设施不完善,设备陈旧、破损严重,已有渠道绝大多数没有防渗措施,干渠防渗率仅为 4.5%,支渠更低。辽河流域现有灌区渠道多数没有衬砌,输水损失严重,部分灌区还存在大水漫灌现象,用水毛定额远高于发达国家;城镇供水管网综合漏失率高达 16%,个别城镇甚至超过 30%,用水浪费加剧了水资源的供需矛盾。流域水资源管理基础仍然较为薄弱,以流域为基础的权威、统一、高效的水资源管理体制尚未形成,水资源监控能力不足,用水总量控制、用水效率控制和水功能区限制纳污指标难以考核,在一定程度上助长了水资源的过度消耗与浪费。

---

① 1 亩 ≈ 667 m^2。

四、落实最严格水资源管理制度的探索实践与成效

（一）完善规划是落实最严格水资源管理制度的先导

流域水资源规划配置具有战略意义,体现出水资源配置的宏观性和全局作用。近年来,松辽委累计编制了涉及流域水资源配置、开发和利用的规划 20 余项,《松花江和辽河流域水资源综合规划》、《松花江流域综合规划》、《辽河流域综合规划》等重要规划先后得到国务院批复,开展了《扎龙湿地水资源规划》、《三江平原水利综合规划》等一系列专业、专项规划编制工作,流域规划体系不断健全。

一方面,通过规划科学确定、优化了流域水资源配置格局,推进了黑龙江省引嫩扩建工程、吉林省中部城市引松供水工程、红花尔基水库、哈达山水库、西山水库等 10 余项水资源配置工程建设,流域"东水中引、北水南调"的水资源战略格局初步形成,流域总供水量达 665 亿 m^3 ,较 1980 年翻一番,有效缓解缺水地区水资源供需矛盾,满足了城乡生活、生产、生态用水需求。

另一方面,通过规划为最严格水资源管理制度落实奠定了坚实基础。首先科学确定了河流水资源承载能力和水生态环境承载能力,制定了水资源可利用总量和河流纳污容量控制指标;其次对区域宏观用水定额和产业微观用水定额做出与经济社会发展水平相适应的合理性分析,科学确定了不同时期的用水定额标准;三是根据区域经济社会发展中短期规划和长期发展预测,统筹兼顾生活、生产和生态需水,预测生活和生产需水总量;四是在规划配置中确定河流不同河段的纳污能力,经综合分析提出了限制排污总量指标;同时以流域为单元,对不同时期的水资源供需矛盾做出分析,并提出了综合对策措施。

（二）红线管理是落实最严格水资源管理制度的核心

红线管理能够有效发挥水资源对流域经济社会发展的约束和导向作用,促进流域形成节约水资源的产业结构和消费模式。一方面,松辽委以流域水资源综合规划为依据,划定流域水资源管理"三条红线",完成了省区层面指标协调确认,并积极指导市县两级控制指标确认工作,为建立流域水资源管理责任和考核制度、全面落实最严格水资源管理制度打牢了基础。另一方面,认真执行水行政许可制度。其一是严格执行水工程建设规划同意书制度,累计审批水工程建设规划同意书 22 项,发挥规划的控制性作用,保障了水工程建设符合流域规划的发展要求;其二是严格执行水资源论证制度,将水资源管理红线指标作为水资源论证的前置条件,严格建设项目水资源论证报告书审查,累计审批水资源论证

项目 128 项,把好项目的准入关;其三是严格执行取水许可制度,以推进计划用水、节约用水、计量监测为重点,加强取水许可审批和年度监督管理工作,累计审批取水许可 131 项,核发取水许可证 43 套,审批水量 750.74 亿 m³。

在行政许可审批中把握几个原则:一是对水资源论证报告书确定的节约、保护和管理措施不落实的建设单位,停止审批取水许可申请,对擅自开工建设或投产的项目一律责令停止;二是对取用水总量已达到或超过红线控制指标的地区,暂停审批建设项目新增取水,对取用水总量接近控制指标的地区,限制审批新增取水;三是严格限制在水资源不足地区建设高耗水、高污染型工业项目。

通过三项制度的实施,保障了流域水工程建设更好地符合流域水利发展需要,从微观上控制了用水无序增长和浪费,提高了用水效率和效益,落实了最严格水资源管理制度。与此同时,开展了嫩江、第二松花江、东辽河、西辽河等 13 条跨省河流水量分配工作。在水量分配中,以流域水资源综合规划和流域综合规划等为基础,以江河为单元,以行业用水定额为依据,充分考虑供用水历史和现状、未来供水能力和用水需求、节水型社会建设的要求,进行现状用水核定、需水预测和平衡分析;以商定的水量分配原则为指导,妥善处理上下游、左右岸的用水关系,协调河道内与河道外用水,统筹安排生活、生产和生态环境用水,因地制宜确定主要江河流域预留水量,合理确定可供分配水量,同时将总量分解,细化供需关系,进一步明确具有节水潜力的区域和产业分布,分析节约水量与未来利用需求的时空关系,充分发挥市场在水资源配置中的基础性作用,采取综合措施促进和激励节约用水。

(三)水量调度是落实最严格水资源管理制度的保障

由于水资源开发和利用目标的多样性,其组合形式具有时空特征,在不同区域和不同季节水资源需求不同,开发利用目标组合也是变化的,水量实时调度对初次配置后的水资源,根据经济社会发展变化进行再配置调节,实现有限水资源的有效利用,能够避免水资源浪费和无序开发,推动最严格水资源管理制度的落实。松辽委积极开展主要江河径流利用调度和监督工作,为保障松嫩平原粮食主产区及各业用水需求。2008 年开始,松辽委以尼尔基水利枢纽、察尔森水库兴利调度为切入点,以各业用水需求为导向,以过程管理为重点,开展了嫩江和洮儿河流域水资源调度工作。经过 5 年的探索和实践,嫩江和洮儿河流域水资源调度工作已经形成了一套完整有效的工作机制,有效实施了流域水资源统一调度,最大限度满足了各方用水需求。

在水资源调度中,首先遵守稳定性原则,制定了尼尔基水利枢纽和察尔森水库近期兴利调度运行方案,建立了稳定的水资源开发利用供需关系;其次遵循可调节原则，逐年编制水资源年度调度计划并监督实施，根据经济社会实时需求和可利用水量变化状况，临时调整供需关系和需求优先顺序，对稳定性原则进行必要补充；同时以法规形式明确流域水资源调度细则，制定了《尼尔基水利枢纽兴利调度管理暂行办法》，保证调度及其执行按照规则操作。通过科学合理调度，大大提高了水资源利用效率和效益，体现了尼尔基水利枢纽、察尔森水库作为水资源配置工程的价值和意义，为流域经济社会发展和生态文明建设提供了水资源保障。

（四）节水管理是落实最严格水资源管理制度的重点

实行最严格水资源管理制度重要的目标任务就是要控制用水总量、提高用水效率，节水管理是提高用水效率的重要举措，在水资源需求不断增长的情况下，用水效率不提高，用水总量就无法控制，最严格水资源管理制度也就难以落实。

一方面，松辽委积极推动流域内节水型社会建设，加强对地方节水型社会建设的指导和支持，全面完成流域节水型社会建设试点中期评估和验收，大连、鞍山、长春、四平、哈尔滨、大庆等 10 个城市被确定为全国节水型社会建设试点。

另一方面，大力推进高效节水灌溉农业发展，全力支持东北四省区"节水增粮行动"，在县级总体实施方案水资源论证审查中，坚持以水定发展、以水定规模，深入分析项目节水潜力，科学论证节水灌溉规模和布局，提高灌溉用水效率，使项目建设与区域水资源承载能力相适应，保证项目建设达到节水、增粮、增效的目的。

此外，组织开展流域重点用水单位用水效率监测和评估、用水水平调查及用水效率分析等工作，为准确掌握流域用水水平和效率提供依据。通过几年的努力，流域节水型社会建设成效明显，水资源利用效率和效益大幅提高，万元 GDP 用水量从 1980 年的 1766 m^3 降至 2011 年的 170 m^3；在农业用水量减少的情况下，粮食产量增长了 80%，农业灌溉水有效利用系数从 0.45 提高到 0.53。

（五）能力建设是落实最严格水资源管理制度的基础

管理能力决定水行政管理工作成效，在落实最严格水资源管理制度中具有基础性和保障性作用。一方面，水资源流域管理和区域管理相结合的管理体制具有广泛的适应性，保持其稳定对落实最严格的水资源管理制度意义重大，松辽委以流域民主协商为有效途径，不断创新流域水资源管理工作机制。一是探索建立水行政许可联动机制，将事前审批和事后监管有机结合，探索水资源论证后评估制度，联合流域内省区水行政主管部门开展执法检查，确保了水行政许可事项的逐一落实;二是逐步确立了水资源保护和水污染防治协调机制,定期召开水利、环保部门联席会议,联合开展水资源保护专项执法检查,形成了联合防污治污的良好局面;三是进一步完善水资源调度应急机制,先后多次实施扎龙、向海湿地应急补水,累计补水 12.6 亿 m^3,有效解决了湿地生态危机。

另一方面,以加强水资源监控能力建设为重点,将水资源状况和取用水实地监测信息的管理、决策支持和调度执行监督融为一体。一是在流域水文站网建设的基础上,逐步建立地表水、地下水水质监测站网,经多年运行和优化调整,形成了较为完善的水质监测网络体系;二是开展了松辽流域水资源管理监控系统建设,建成后可实现对取用水户、主要江河重要控制断面、地下水超采区、饮用水水源地、入河排污口和水功能区的动态监测和有效监控,为流域水资源调度和管理提供数据支撑;三是开发了松花江干流水质模型及水环境管理信息系统,利用系统进行嫩江、第二松花江、松花江干流 22 个重要水功能区水质动态监测。重要取水户、重要水功能区和主要省界断面三大监控体系的建立,将保障流域水资源管理"三条红线"控制指标的可监测、可评价和可考核。与此同时,强化政务公开,在门户网站定期发布松辽流域水资源公报、地下水通报、水资源管理年报等公报、通报,开发流域水资源公报查询系统,通过多种形式宣传普及水资源节约保护的重要意义、法律法规、基本知识,增强社会公众对流域水资源状况和管理的了解和认识,提高了公众节水爱水参与程度。

五、松辽流域水资源管理工作展望

(一)贯彻中央水利工作方针政策,完善流域水资源管理理念

按照中央加快水利改革发展的决策部署,坚持科学发展主题和加快转变经济发展方式主线,积极践行可持续发展治水思路,根据流域水资源分布特点、经济社会发展需求和水资源承载能力,辽河流域主要是水资源节约和保护,松花江流域主要是坚持统筹兼顾,开源节流保护并重,把水资源的配置、节约和保护所涉及的各项工作作为流域水资源管理的重点,继续推进"东水中引、北水南调"的水资源配置格局,全面落实最严格水资源管理制度,大力推动节水型社会建设,促进流域水资源的可持续利用,保障流域经济社会发展的水资源需求。

(二)全面落实最严格水资源管理制度,强化水资源节约保护

贯彻落实好《国务院关于实行最严格水资源管理制度的意见》,做好水资源管理"三条红线"控制指标建立和考核工作。严格执行取水许可和水资源论证审批制度,加大日常监督管理力度,实施重点用水监控,遏制水资源浪费行为。

继续推进流域水资源优化配置,抓紧完成重要江河水量分配工作。加强流域水资源统一调度,做好嫩江、洮儿河流域水量调度的同时,结合重要江河水量分配工作,进一步扩大水资源统一调度范围。加快推进节水型社会建设,积极开展水资源管理和保护专项执法检查。继续加强水功能区和入河排污口监督管理,强化饮用水水源地保护,加快构建水生态安全保障体系。

(三)增强综合管理能力,进一步夯实流域水资源管理基础

继续完善流域水资源规划体系,加快推进水中长期供求规划、省际河流及重要支流综合规划编制工作;细化农业生产用水规划布局,促进粮食主产区农业种植结构调整;强化对规划执行的监督检查,充分发挥规划的基础导向和刚性约束作用。加快水资源监控系统建设,争取到2020年建成流域水资源监测体系,实现对取、用、耗、排水的动态监测。继续加强流域用水统计体系建设,准确掌握流域年度用水情况。完善流域水资源管理制度,以民主协商为有效途径,建设有利于最严格水资源管理制度落实的机制。

六、结语

党的十八大报告描绘了全面建成小康社会、加快推进社会主义现代化的宏伟蓝图,把水利放在生态文明建设的突出位置,做出重要部署,提出更高要求。松辽流域作为国家重要的商品粮基地和老工业基地,区位优势明显,地域特色鲜明,发展潜力巨大,水资源对经济社会发展的支撑和保障作用日益突出。展望未来,作为流域管理机构,深入分析流域水资源状况及工作面临的新形势新要求,不断优化流域水资源配置格局,全面贯彻落实最严格水资源管理制度,实现流域水资源优化配置和高效利用是今后一个时期的重点任务,建成地绿、山青、水净的"美丽流域"将是水资源管理工作的根本目标。

雅砻江流域水电安全统筹开发与可持续发展

吴世勇　等

雅砻江流域水电开发有限公司

摘要:雅砻江是长江上游金沙江的最大支流,干流技术可开发装机容量约3000万kW。雅砻江中下游流域在全国规划的十三大水电基地中,装机规模排名第三,是我国水能资源的宝库。本文介绍了雅砻江流域水电资源及开发概况,针对流域水电开发特性,借由雅砻江流域"一条江"开发模式的流域统筹优势,介绍了雅砻江公司在水电安全、绿色可持续发展方面的有益探索和实践,提出了建设性的建议,可为水电工程的安全建设与环保管理提供有益参考。

一、雅砻江流域水力资源概况及开发进展

（一）雅砻江流域水力资源概况

雅砻江是长江上游金沙江的最大支流,发源于青海省巴颜喀拉山南麓,自西北向东南在呷依寺附近流入四川,此后,由北向南流经甘孜藏族自治州、凉山彝族自治州,于攀枝花市汇入金沙江。干流全长1571 km,天然落差3830 m,流域面积13.6万km^2,年径流量609亿m^3,具有丰富的水能蕴藏量,是我国水力资源"富矿"之一。

根据地形地质、地理位置、交通及施工等条件,雅砻江干流划分为上、中、下游三个河段,由干流呷衣寺至江口河段规划开发21级大中型相结合、水库调节性能良好的梯级水电站,技术可开发装机容量近3000万kW,技术可开发年发电量1500亿kW·h,占四川省全省的24%,约占全国的5%,装机规模位居中国十三大水电基地第三位。

上游河段从呷衣寺至两河口,河段长688 km,目前正在开展河段水电规划。按照中间审定成果,初拟9个梯级电站开发方案,装机约250万kW。

中游河段从两河口至卡拉,河段长385 km,拟定了两河口(300万kW)、牙根一级(21.4万kW)、牙根二级(99万kW)、楞古(263.7万kW)、孟底沟(220万kW)、杨房沟(150万kW)、卡拉(98万kW)7个梯级电站,总装机约1152万

kW。其中两河口梯级电站为中游河段控制性"龙头"水库,具有多年调节能力。

下游河段从卡拉至江口,河段长 412 km。拟定了锦屏一级(360 万 kW)、锦屏二级(480 万 kW,已投产 2 台机组)、官地(240 万 kW,已建成)、二滩(330 万 kW,已建成)、桐子林(60 万 kW)5 级开发方案,装机容量 1470 万 kW。其中锦屏一级水电站为该河段控制性水库,具有年调节能力。

当两河口、锦屏一级、二滩为代表的三大控制性水库全部形成后,调节库容达 148.4 亿 m^3,联合运行可使雅砻江两河口及以下河段梯级电站实现多年调节,并使雅砻江干流水电站群平枯期电量大于丰水期电量,成为全国梯级电站技术经济指标最为优越的梯级水电站群之一。

(二) 开发进展

1."四阶段"发展战略

2003 年 10 月,国家发改委发文,明确由雅砻江公司"负责实施雅砻江水能资源的开发","全面负责雅砻江流域水电站的建设与管理",由此在国家层面上确立了雅砻江公司在雅砻江流域水电资源开发中的主体地位。雅砻江公司在认真总结国内外水电开发经验,深入分析国家电网发展与西电东送、流域水电开发与大型独立发电企业发展规律、四川经济发展态势与振兴少数民族地区经济发展需要等情况的基础上,提出了雅砻江流域水电开发"四阶段"发展战略。

第一阶段:2000 年前,开发二滩水电站,实现装机规模 330 万 kW。

第二阶段:2015 年前,建设锦屏一级、二级、官地、桐子林水电站,全面完成雅砻江下游水电的开发。雅砻江公司拥有的发电能力提升到 1470 万 kW,规模效益和梯级水电站补偿的效益初步显现,基本形成现代化流域梯级电站群管理的雏形。雅砻江公司将成为区域电力市场中举足轻重的独立发电企业。

第三阶段:2020 年以前,继续深入推进雅砻江流域水电开发,建设包括两河口水电站在内的 3～4 个雅砻江中游主要梯级电站。实现新增装机 800 万 kW左右,雅砻江公司拥有的发电能力达到 2300 万 kW 以上,将迈入国际一流大型独立发电企业行列。

第四阶段:2025 年以前,全流域填平补齐,雅砻江流域水电开发全面完成。雅砻江公司拥有发电能力达到 3000 万 kW 左右。

2. 工程建设进展

雅砻江公司按照雅砻江水能资源开发"四阶段"战略要求全力推进实施雅砻江流域水能资源开发。目前,雅砻江下游梯级电站主体工程建设全面推进,二滩、官地水电站已陆续投产运行,拥有世界埋深最大和规模最大的水工隧洞群的锦屏二级水电站已于 2012 年底实现首台机组投运,世界第一高拱坝锦屏一级水电站拟于 2013 年 8 月实现首台机组投运,其余各梯级电站将于"十二五"期间陆续投产;中游项目前期工作和筹建有序推进,主要项目列入国家"十二五"水电核准开工项目名单,龙头梯级两河口水电站拟于 2013 年内实现项目核准,为大规模开展主体工程建设奠定基础;上游主要项目前期工作已启动。流域加速开发呈现出"全江联动、首尾呼应、多点开花、压茬推进"的良好态势。

二、绿色水电工程建设

雅砻江公司充分发挥"一个主体开发一条江"的优势,坚持工程与环保统筹、流域环保措施统筹、流域环保管理体系统筹、流域环保科研统筹,建立健全流域环保管理体系,协调流域各项目环保措施,通过科研攻关解决流域性的环保技术问题,发挥流域优势,实现环境保护的最优效果,打造绿色水电精品工程。

(一)建立健全环保管理体系制度

1.流域环保管理机构

雅砻江公司环保管理实行全公司归口管理、分项目具体实施的树状管理体系。该模式有利于从流域层面统筹环境管理,规划各项环境管理工作,并有效从流域层面开展环境监理、监测工作,制定环境保护措施,避免了不同项目的环境保护工作各自为政、缺乏统筹规划和协调、部分环保措施重复建设,提高了管理效率。

公司总部设置了流域性的环保管理机构——雅砻江流域水电开发有限公司环境保护管理中心,统一协调流域环境保护工作,负责公司各在建(已建)项目环保管理工作;各建设项目管理机构成立环保水保管理部门,负责环保水保的现场工作的管理与协调。同时在各建设项目现场采用合同聘用方式,引进环保水保专业单位,成立环保水保中心与环保水保监理中心。

由此,雅砻江公司建立了包括业主、设计、工程监理、环境监理、承包商在内的全方位、分层次、系统化的环境保护管理体系,将环保水保责任制层层落实。

2.环保管理制度建设

与雅砻江公司环保水保工作树状管理体系相适,环保水保管理制度体系由公司总部制度、各建设项目管理制度两个层面组成。2006 年,公司总部颁布实施了框架性管理制度——《环境保护与水土保持管理办法》,明确了公司环境保护工作的定位、职责、分工与管理流程;在公司框架性管理制度的指导下,各建设项目管理机构先后分别颁布了《环境保护管理办法(试行)》,同时各建设管理局根据现场环保管理要求,制定并出台了若干项目环保、水保管理细则。由此,在建立健全管理机构的基础上,同步颁布实施了一系列涵盖管理、实施、验收、运行、考核各个阶段和层面的环保管理制度。

(二)统筹实施环保措施

梯级统筹开发可从流域生态保护的角度,更宏观、更统筹地制定环境保护措施,使环保措施较单项目更系统、更全面、更完整、更有效、更节约。雅砻江公司以水生生态保护为重点,发挥流域统筹优势,采取了分层取水、鱼类增殖、下泄生态流量、鱼类栖息地保护、实施过鱼措施、迹地恢复、弃渣处置等系列环保措施,取得了显著成效,实现了水电与环境的和谐发展。

1. 水生生态保护措施

(1)分层取水

雅砻江公司结合高坝大库建设,积极开展分层取水工作,保护鱼类资源。以锦屏一级水电站为例,电站坝高 305 m,正常蓄水位以下库容 77.6 亿 m^3,水库具有年调节能力,为典型的分层型水库。为减轻水库下泄低温水对下游水生生态的不利影响,经过专题研究与反复比选,电站采取在进水塔内设置叠梁门的方式进行分层取水,以便春季鱼类产卵季节能够取到水库上层暖水,利于鱼类繁殖生存。公司在国内率先开展了分层取水水温模型试验,综合运用数值模拟与物理模型试验两种手段,两者相互印证,从物理、数值两方面论证了分层取水方案的科学有效性,同时多层叠梁门方案具有投资省、对枢纽布置影响小、对电站动能指标影响小等优点,该项设计已获得国家设计专利,其在锦屏一级水电站中的应用,是环境友好筑坝技术的典范之一。

(2)鱼类增殖放流

锦屏一级、二级及官地水电站为雅砻江下游上下衔接的三个梯级,电站的建设对鱼类资源将造成一定影响。为减少三个电站工程对鱼类资源的影响,保护雅砻江下游特有鱼类的种群和资源,发挥规模优势,经国家环境保护部同意,三个工程联合建设了锦屏?官地水电站鱼类增殖放流站,集中技术和资金力量,繁殖、养育、放流雅砻江特有鱼类,并以鱼类增殖站为依托,配套开展鱼类保护的科研工作。增殖站全年设计放流苗种 150~200 万尾,工程概算投资 1.5 亿元,是全国水电行业中规模最大、工艺最先进的鱼类增殖站之一。增殖站已于 2011 年顺利建成,并于 2011 年 11 月首次成功放流,实现建站当年运行、当年引进亲鱼、当年繁殖成功。目前人工繁殖工作已取得一系列突破,短须裂腹鱼、细鳞裂腹鱼、鲈鲤、长薄鳅相继繁殖成功,其中,鲈鲤出苗数量在业内处于领先地位。

(3)下泄生态流量

锦屏二级水电站总装机容量 480 万 kW,是目前我国规模最大的引水式电站,电站引水将形成长约 126 km 的减水河段。公司委托设计院与研究单位在国内首次采用生态水力学法,通过大量的基础测量、鱼类生物学特性研究、水力学模型计算等工作,科学确定了 45 m^3/s 的最小生态流量,相当于以每年 4 亿元的售电收入为鱼类换取了 126 km 的自然状态生存空间。目前,该河段已成为雅砻江乃至长江上游重要的鱼类栖息保护河段。

（4）栖息地保护

流域梯级大坝阻隔及水库的形成,会对鱼类的现有生境造成一定影响。流域开发的水生生物多样性保护难以由单一工程全部解决,需在流域开发中统筹考虑。雅砻江流域支流较为发育,生境条件与干流相似,为切实保护水生生物多样性,雅砻江公司发挥流域开发优势,对鱼类保护工作统筹规划,选择流量、生境适合的支流,建立鱼类保护基地,进行特有、珍稀鱼类的增殖、放养。

公司基于"生态优先"和"统筹考虑"的原则,分别从流域层面和局部流水河段的栖息地保护的角度,划定栖息地保护水域,包括流域层面的"两区一段"栖息地保护规划和局部水域的栖息地保护规划。其中,"两区"即中游高原鱼类栖息地保护水域、雅砻江汇口栖息地保护水域,"一段"即下游东部江河平原鱼类大河湾段;局部水域的栖息地保护规划包括雅砻江流域 5 条重要支流、干流流水河段、支流与干流的入汇口段。

通过统筹实施两个层面的栖息地保护规划,点面结合、互为补充,构建雅砻江干流中下游水产种质资源保护区,雅砻江流域鱼类多样性可得到有效保护和维持。

（5）过鱼措施

梯级开发将影响河流连续性,从而对鱼类生活、繁殖等造成不利影响,而过鱼设施是河流连通性恢复的主要措施。雅砻江公司根据不同大坝工程参数、坝址地形条件、大坝建设后环境条件以及鱼类行为习性,对鱼道、仿自然通道、鱼闸、升鱼机、集运鱼系统等不同过鱼设施类型与运行方式进行总体规划布局。目前,各在建梯级均考虑设置过鱼设施,纳入了主体设计。两河口、杨房沟等高坝大库拟采用升鱼机、集运鱼系统,牙根一级等坝高相对较小的工程拟采用鱼道过鱼,各项目因地制宜,多措并举,保证过鱼措施的有效性和可靠性。

2. 陆生生态保护措施

雅砻江河谷为西南干热河谷地区,蒸发量大于降水量,水分缺乏,植被生长困难,绿化工作难度大。雅砻江公司结合项目实际情况,对雅砻江流域各已建、在建及筹建项目整个项目区的陆生生态恢复进行了总体规划,先后开展了"锦屏水电站生态补偿（植被恢复）工程规划设计技术研究"、"锦屏渣场植被恢复试验"、"雅砻江流域水电工程高陡边坡生态恢复研究"、"高原高寒地区生态恢复技术及植物保护研究"等多项绿化研究工作,为整个工程的生态恢复提供技术支撑。其中，针对二滩水库区河段两岸山高坡陡、土层瘠薄、岩基疏松、雨季泥石流灾害频繁的问题，为增加库岸附近水土保持能力，雅砻江公司委托设计院开展了专题研究设计工作，在库周共成功营造示范林 240.3 hm²，平均成活率达到 90%以上，有力地改善了库区生态环境，解决了库周各县营林的技术难题，有效推广、促进了地方的植树造林工作。

3. 水土保持措施

雅砻江公司高度重视水土保持工作，采取了多方面的措施，减少工程开挖等过程中造成的水土流失。一方面全面落实实施主体工程中边坡防护工程等具有水保功能的项目，使其发挥良好的水土保持功能；另一方面规范工程各渣场的防护设计，落实框格梁护坡、浆砌石护坡、钢筋石笼护脚等水保专项措施，及时对开挖边坡等区域进行绿化。同时加强弃渣的综合监管，做到"先挡后弃"、"规范弃渣"。其中，锦屏一级水电站在渣场防护中采取了土工格栅边坡防护这项新材料和新技术，既能适应边坡的变形又具有整体性，同时利于固土进行植被恢复，是环境友好型的综合护坡材料，经过几年运行，生态效益日益显现。

（三）节能减排

水电作为清洁的可再生能源，对于替代石化燃料等不可再生能源具有重要的推动作用。雅砻江水能资源蕴藏丰富，其干流水能蕴藏量占四川全省的24%，约占全国的 5%。以雅砻江流域水电站运行寿命 100 年计，可替代标准煤约 50 亿 t，对于改善我国能源结构，减少非再生的矿物资源消耗，实现可持续发展具有重要的作用。

雅砻江干流技术可开发容量约 3000 万 kW，年发电量约 1500 亿 kW·h，同时由于梯级补偿效益还将增加下游长江干流上梯级电站年电量约 150 亿 kW·h。1650 亿 kW·h 的电量相当于每年减少 5445 万 t 标准煤的燃烧，可减少二氧化碳排放量约 1.36 亿 t，减少二氧化硫排放量约 104 万 t，对于节能减排、促进低碳经济的发展，有显著效益。

截至 2013 年 5 月底，雅砻江流域已投运电站（二滩、官地、锦屏二级）的累积发电量达 2000 亿 kW·h，相当于节约标准煤 6600 万 t，减排温室气体约 1.65 亿 t，减少二氧化硫排放量约 126 万 t。

（四）环保科技创新

雅砻江公司注重环保科研工作的创新和可持续发展，站在流域统筹的高度，统筹实施环保科研工作，通过技术攻关及时解决现场各项环保问题，同时也通过科技创新带动环保工作水平不断提高。

公司与清华大学、上海交通大学等著名高校确立了长期科研合作关系,同时经国家人事部批准,成立了雅砻江公司博士后工作站,为推进雅砻江流域环保科研工作奠定了坚实的技术基础。2005年,公司与国家自然基金委共同设立了雅砻江水电开发研究基金,对雅砻江开发中包括环境保护与管理在内的一系列重大科研课题进行创造性的研究工作。其中,基于雅砻江梯级水电开发生态环境效益的研究工作所取得的相关成果已获得"大禹水利科学技术奖二等奖"。环保科技创新的不断推进,已成为雅砻江流域环境管理工作的有力技术支撑,同时也为水电行业相关课题研究和问题解决提供了有益参考。

(五)取得的成绩

作为流域可持续发展战略的率先探索者,二滩水电站建成运行至今,一方面,水电站带来了航运、旅游、发电等社会效益;另一方面,电站环境保护工作也取得了令人瞩目的成绩,积累了值得借鉴的成功经验,受到世界银行与国内同行的高度评价,成为中国水电开发史上一个成功范例。水电站建成后,原本干热的局部气候得到了明显改善,库区周边生物资源量和多样性均优于工程建设前。目前,二滩库区植被葱郁、山水相映,区域生态环境质量较建库前明显改善,总体上已进入良性循环,并成为了四川省省级森林公园、攀枝花市风景名胜区。2006年,因出色的环境保护效益,二滩水电站获得了我国建设项目环境保护的最高奖项——"国家环境友好工程"荣誉称号,成为入选该奖项的唯一的水电项目,也是我国西南地区唯一的获奖项目,成为绿色水电精品工程的典范之一。

三、水电工程安全建设

水电项目工程区一般位于深山峡谷地区,岸坡陡峻、地质条件复杂,安全风险较高。雅砻江公司高度重视工程安全建设,始终坚持"安全第一,预防为主,综合治理"的安全生产方针,认真落实安全管理责任,不断完善安全管理体系,以技术安全管理为基础,以安全生产标准化建设为抓手,逐步形成了"业主单位主导,监理单位监督,设计及施工单位主体负责"的安全生产齐抓共管机制。

(一)安全管理体系建设

1. 流域安全管理机构

与流域环保管理机构类似,雅砻江公司安全管理实行全公司归口管理、分项目具体实施的树状管理体系。公司安全生产组织机构健全,总部成立了公司总经理担任主任的安全管理委员会,设立了归口管理部门——安全监察部,各电厂和各建设管理局分别设立安全生产技术部和安全环保部,并配置专职安全管理人员。公司定期召开安委会会议,检查、总结和考评安全生产、文明施工管理工作目标的执行情况,研究解决安全生产工作和制度体系执行落实中出现的问题。

2. 安全管理制度建设

雅砻江公司一方面不断完善安全管理制度,相继制订颁布了《安全生产管理办法》、《安全生产费用管理办法》、《安全生产工作信用评价管理办法》等23项制度,确保了公司的安全生产行为有章可循;一方面切实落实安全生产责任,以安全生产责任制作为安全管理制度的核心和公司最基本的一项管理制度,借由年度安全生产工作会议与各建设管理局签订安全生产责任书,按照安全绩效考核评价体系,逐级签订责任书,严格实行目标奖惩兑现,确保公司年度安全生产目标的实现;同时建立了完备的突发事件应急救援体系。公司结合电力生产和工程建设并重的实际情况,编制了公司突发事件总体应急预案和16个配套的专项预案,着重强化公司总部的应急指挥职能和各单位现场应急处置的主体责任。

(二) 技术安全管理

大中型水电工程投资大、技术难度高、建设周期长,且对流域和工程所属区域的社会、经济和生态环境带来一定影响。为此,确保"设计安全、技术可靠"的技术安全管理成为工程安全建设的必要条件之一。

雅砻江公司从外部咨询审查、内部咨询管控、科研攻关创新三方面入手,开展设计管理工作,充分发挥设计的"龙头"作用,确保设计安全可靠。在工程开工建设前,开展充分的论证工作,通过对河流资源情况深入调查拟定合理的开发方案,通过对工程地质等情况的详细勘察论证工程可行性,优化建设方案;在工程建设中,依据现场情况,随着勘测设计深度的推进,不断优化调整设计方案,确保工程建设安全可控。一方面依据相关法规及时上报各项设计方案和报告通过相关行业主管部门组织的外部专业咨询审查,并成立由国内顶尖水电设计、施工等领域的院士、专家组成的锦屏水电站工程特别咨询团,与中国水利水电建设工程咨询公司合作开展锦屏现场咨询,委托 AMBERG、AGN、MWH 等多家国际知名咨询公司开展国际咨询,充分发挥外部咨询审查的专业向导作用;一方面公司汇集各项目建设现场的资深工程管理专家组织成立咨询委员会,对各重大设计方案进行内部咨询管控;与此同时,加大科技攻关力度,以科技支撑,确保工程的安全建设[1]。以雅砻江公司与国家自然科学基金会共同成立的国家级科研平台——雅砻江水电开发联合研究基金为基础,组织全国优秀科研力量,开展完成了雅砻江流域水电开发过程中需要解决的包括工程技术、经营管理和环境保护等方面的重大课题研究;成立博士后科研工作站并依托国内重点高校及科研院所开展进行专项关键技术科研攻关研究;整合国内水电科技领域顶尖科研力量,成立雅砻江公司雅砻江虚拟研究中心,作为我国水电行业首家"产、学、研"结合的科技创新虚拟平台,解决企业发展管理和流域水电开发面临的关键科技问题,开辟了我国水电科研模式的先例。

由此,通过多措并举,构建了涵盖水电规划、项目预可行性研究、项目可行性研究、招标和施工图设计全阶段的技术安全管理体系,为工程安全建设提供了强大的技术支撑。

(三) 工程建设安全管理

针对工程建设安全管理,雅砻江公司一方面加强施工质量管理,构建了完整的质量管理体系,配套颁布一系列施工质量管理办法,保证施工活动的高效、高质开展,以质量促安全;一方面强力推进安全生产标准化建设,从源头确保工程安全建设运行。两者有机结合、统筹实施,确保雅砻江公司至今未发生一起重大生产安全事故。

雅砻江公司从 2009 年开始推行安全生产标准化建设。其中,电力生产单位推行 NOSA 五星安健环管理体系建设和安全生产标准化建设;工程建设项目依据《电力工程建设项目安全生产标准化规范及达标评级标准(试行)》和《雅砻江流域水电站工程建设安全生产标准化规范》,全面推行安全生产标准化建设工作。其中,《雅砻江流域水电站工程建设安全生产标准化规范》(以下简称《规范》)为公司以国家安全生产标准化相关文件为指导,融合与水电站工程建设相关的法律法规、技术标准要求,贴合公司水电站工程建设实际编制而成[2]。《规范》系统全面,包括安全管理标准化、施工安全技术标准化、设备设施标准化、岗位作业标准化、安全文明施工标准化五方面内容。通过努力,安全生产标准化建设已取得良好成绩。二滩水力发电厂于 2012 年底通过了电力安全生产标准化国家一级企业认证和南非 NOSCAR 认证;两河口建设管理局(筹)和桐子林建设管理局通过了职业健康安全管理体系认证;锦屏建设管理局和桐子林建设管理局拟于 2013 年底通过安全生产标准化二级标准评审。

(四) 取得的成绩

雅砻江公司每年组织"安全生产月"和"安康杯"等安全生产教育活动,并连续多年荣获"全国安全生产月活动优秀单位"、"全国'安康杯'竞赛优胜单位"和"中央在川和省属重点企业安全生产先进单位"等荣誉称号。与此同时,公司安全生产取得了显著成绩。2008 年以来,各项目工程建设安全生产事故逐年下降,安全生产管理水平持续提高。公司制定的企业标准《卷扬机提升系统安全技术管理规定》,在管理措施上降低了竖井施工过程中的安全风险,现已上升为四川省地方标准。同时,公司已有 4 家单位相继获得了四川省"省级安全文化建设示范企业"荣誉称号。2012 年,雅砻江公司被国家安全生产监督管理总局授予"全国安全文化示范企业"荣誉称号,标志着雅砻江流域水电安全开发步入了一个新的更高台阶。

四、结论与建议

水电可持续发展的内涵包括技术、经济、社会、环境的和谐发展[3]。雅砻江公司是目前国内唯一一家由一个主体完整开发一个流域的企业。作为雅砻江流域的唯一开发主体,在总结已建项目取得的成功经验基础上,不断提高公司的安全、环保意识和技术水平,积极探索和创建绿色、和谐的开发方式,充分发挥"一个主体开发一条江"的流域统筹优势,坚持"在开发中保护,在保护中开发",本着"流域、滚动、梯级、综合"的发展原则,在水能资源安全开发的同时,实现社会、经济、生态效益的有机统一,探索出一条技术可靠、经济可行、环境友好、社会和谐的水电发展模式,促进了雅砻江流域水电可持续发展,也为水电行业安全建设、环保工作提供了有益借鉴与示范。

为确保水电开发安全、健康可持续发展,建议研究制定长期且系统的生态跟踪观测规划和气象观测系统,构建流域生态监测体系和流域生态环境数据库,进一步加强流域水电开发的生态环境保护、监测和观测,以对采取的各项环保措施有效性进行跟踪评价,为优化调整环境保护措施提供技术支撑。同时,水电开发业主应依据水电项目实际情况,不断深化安全生产标准化建设,做到因地制宜、系统全面,促进水电开发安全、高效进行。

参考文献

[1] 吴世勇,曹薇,申满斌. 雅砻江流域水能资源开发进展[C]//水库大坝建设与管理中的技术进展——中国大坝协会 2012 学术年会论文集,2012.

[2] 李丹锋. 二滩公司水电站工程建设安全生产的标准化[J]. 安全,2012(6):28-31.

[3] 杨桐鹤,禹雪中,冯时. 水电可持续发展的概念、内容及评价[J]. 中国水能及电气化,2010(8):9-14.

稳河势、提水质、促生态——辽河保护区
生态治理实践

李忠国

辽宁省辽河保护区管理局

　　摘要:辽河流域水污染治理取得突破性进展,辽河干流水质继 2009 年 COD 消灭劣 Ⅴ 类后,目前按地表水五项主要指标(COD、NH_3-N、BOD_5、DO、pH)检测,达到Ⅳ类水质并相对稳定,鱼类已恢复到 40 种,具有标志性的河刀鱼已重现。辽河干流实现休养生息,再现生机。辽宁省划定辽河保护区,成立保护区管理局,这是国内成立的第一个以流域综合管理与行政区域管理相结合的河流管理机构,在全国河流治理与保护方面开创了先河,为治理保护辽宁人民的母亲河而实施的多目标集成与多措并举提供体制保障。本文概要介绍辽河划区设局以来实施的主要生态治理技术方法和实践经验,对于落实"大力推进生态文明建设"的国家战略,实现经济社会和环境协调发展、人与自然和谐相处具有重要意义。

一、背景

　　辽河是全国七大江河之一,区域跨度较大,发源于河北省七老图山脉之光头山,流经河北、内蒙古、吉林、辽宁 4 省,至盘锦注入渤海,流域面积 21.96 万 km²,全长 1345 km,其中辽河干流由昌图福德店(东西辽河汇合处)至盘锦入海口全长 538 km。辽河干流有一级支流和排干 36 条,其中流域面积在 100 km² 以上的支流 22 条;辽河是季节性河流,降水多集中在 7 ~ 8 月,占全年降水量的 50% 以上;辽河水土流失严重,属多泥沙河流,主要泥沙来源为西辽河、秀水河、养息牧河、柳河和绕阳河等支流河,而且干流位于辽河平原,比降小,淤积严重,河道摆动剧烈;辽河作为重度污染河流,早在"九五"时期就被国家确定为重点治污的三河(辽河、淮河、海河)三湖(滇池、太湖、巢湖)之一。辽河治污取得重大突破,2008 年时,辽河干流沿程 8 个干流监测断面中 7 个为劣 Ⅴ 类水质,氨氮、生化需氧量、化学需氧量、高锰酸盐指数 4 项指标超标 0.1 ~ 2.2 倍,且支流河为污染物的主要来源。辽宁省政府加大辽河整治力度,综合采用结构减排、管理减排、工

程减排手段,通过淘汰造纸等污染严重产业、建设 99 座污水处理厂等措施,使辽河水质明显改善。2009 年完成国家辽河治理的"十一五"规划目标,即辽河干流化学需氧量(COD)消灭劣 V 类(GB 3838—2002)。但污水处理厂出水执行 1 级 A 和 1 级 B 标准(GB 18918—2002),仍不能满足地表水 V 类水质标准要求,且支流水量有多有少,河道有长有短,支流河道自净能力有限,导致干流水质污染仍较严重,急需加强河流水质的深度净化。同时,由于水资源开发利用过度以及河道疏于管理,导致辽河河道缺水、河水缺质、植被缺失、管理缺位等问题突出,河流的生态系统遭到严重损害。

国外发达国家较早就开始研究河流生态治理与保护。美国提出了基于流域尺度的"流域方法",威拉米特河(Willamette)是在流域尺度下进行生态修复的典型。欧洲从 20 世纪 60 年代起实施有效的污染控制措施,80 年代开始认识到河流治理不但要符合工程设计原理,也要符合自然(水文和地貌学)原理。例如,德国、瑞士等提出"重新自然化"概念,将河流恢复到接近自然的程度;荷兰强调河流生态修复与防洪的结合,提出了"给河流以空间"的理念[1-3]。近年来,我国关于河流生态修复方面的研究和应用也已经展开[4],一些河流也进行了生态治理的尝试,且经过漫长的过程,如国内苏州河用了 24 年使水质达到国家地表水 V 类标准;国外莱茵河用了 62 年,泰晤士河用了 150 年,塞纳河用了 48 年,芝加哥河用了 120 年。

如何巩固辽河干流治污成果,如何用生态理念治理辽河,稳定辽河河势、提升辽河水质、促进辽河生态恢复,实现可持续发展的长远目标,成为摆在全省人民面前的重要难题。2010 年初,辽宁省委、省政府借鉴国内外先进的治河理念和实践,划定辽河保护区,设立辽河保护区管理局、辽河保护区公安局,通过地方立法将保护区内的水利、环保、国土、交通、农业、林业、渔业等行政职能授权辽河保护区管理局统一行使。辽河保护区始于东西辽河交汇处(昌图福德店),流经铁岭、沈阳、鞍山、盘锦 4 城,终于盘锦入海口,面积为 1869.2 km^2。

辽河保护区成立后,以"3644"工作法为指导,开展生态治河。其中,"36"即确保 36 条支流水质达标,并发挥支流口湿地和干流河道水质最后一道防线作用;第一个"4",即保护区边界线(堤防)、"1050"线(主行洪保障区边界)、中水治导线和底水保障线 4 条线,在其相应的空间内采取适当的措施治险、治污、治乱;第二个"4",即统筹上下游、左右岸,四市联动,建立了"专职专责、群管群护"的综合管理体系。

二、辽河保护区生态治理实践

(一)建立四道防线,综合实施多目标集成治理

辽河是游荡型季节性河流,保护区成立之前,辽河治理以安澜为主,划区设

局后实施安澜、水质、生态、景观等多目标集成治理,确立了中水治导线、河流生态系统恢复保障线(主行洪保障区)、保护区边界线以及底水保障线[4]。

1. 划定中水治导线

中水治导线即为河道经过整治以后需要实现的在造床流量下的平面轮廓线,也是布置整治建筑物的重要依据。保护区成立之初,辽河干流泥沙多,洪水条件下河道演变剧烈,河势摆动频繁,水流冲兑堤脚,形成 112 处险工,险长 110 km,部分险工严重危及大堤安全。在辽河保护区生态治理中,辽河干流在全国大江大河中首次规划并全河段实施了中水治导线,统筹考虑了上下游、左右岸,从全局着眼,遵循因势利导,充分利用已有控导工程和较难冲刷的河岸,依据河床演变规律及水沙运动特性等综合确定了中水治导线。辽河干流在河道中水治导线的控制和指导下,综合应用削坡整形、石笼护坡、植物网垫护坡、生态袋护坡、石笼和抛石护脚等岸坎治理技术,及石笼丁坝等险工治理技术,综合整治河道 353 km,重点治理 167 km,实现了全河段生态河岸修复,建成了平顺清晰绿色的河岸线,部分河段具备了旅游通航条件,基本保障了中水条件下的河势稳定。图 1 至图 7 为岸坎治理断面效果图。

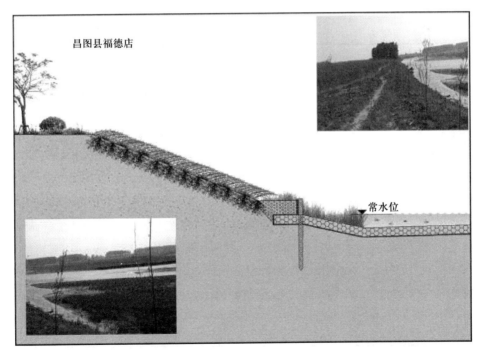

图1　梢料层护坡 + 松木桩、铅丝石笼护脚治理形式效果图

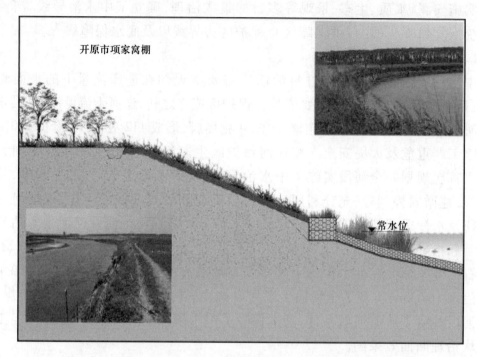

图2 植被网垫护坡+铅丝石笼护脚治理形式效果图

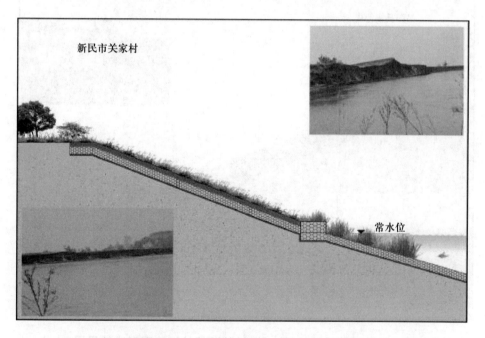

图3 铅丝石笼护坡+铅丝石笼护脚+坡面覆土治理形式效果图

图 4　生态袋护坡 + 铅丝石笼护脚治理形式效果图

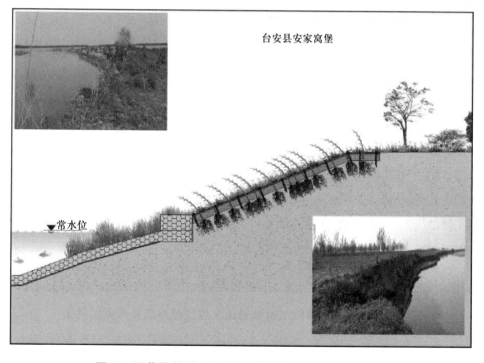

图 5　稻草垫护坡 + 铅丝石笼护脚治理形式效果图

常水位

图6　辽河干流重点弯道岸坎削坡整型＋水下工程护脚断面效果图

常水位

图7　辽河干流一般陡坎削坡整型＋坡脚简单防护断面效果图

以辽河铁岭蔡牛段为例,在治理之前,河道摆动严重危及大堤安全,在河道中水治导线的控制和指导下,通过险工治理、河道清淤、湿地恢复、生态岛建设等有机结合,最大限度稳定了河势,恢复自然原生态。

2. 设定"1050"线

保护区成立之初,辽河滩地上种植大面积高秆作物,部分河段有成片乔木,存在着大量的套堤、大棚及管理房等违章建筑,以及居民房屋和其他建筑物,这不仅导致阻水严重、河道行洪断面被大幅缩窄,洪水下泄缓慢,行洪不畅,发生中小洪水就危及堤防安全(图8),例如 2010 年的洪水仅为 5 年一遇,但洪水流动缓慢,在河道内滞留时间长,内外涝严重,给沿线造成严重损失(图9);而且种植业的化肥农药残留直接污染河水,同时河流系统内生物链网中断或破损,生态系统自我调节能力削弱,从而降低了系统的稳定性和有序性,使河流湿地系统等生物减少。

图 8　辽河滩地上种植的高秆作物

针对以上问题,在辽河保护区生态治理中,在国内大江大河中首次综合河道行洪、生境尺度和生态空间理念划定主行洪保障区生态廊道(图10)。2011 年以来,辽河保护区实施了 65 万亩河滩地退耕还河、全面封育,形成 500 km 生态廊道,主行洪保障区内拆除套堤 173 km,清除违建 284 处,大棚 7 万 m^2,123 处非法采砂点全部取缔,搬迁居民 130 户等。通过以上措施,给行洪及河流生态恢复提供了空间。

3. 严守保护区边界线

辽河大堤是建立在民堤基础上的,辽河干流石佛寺以上现状防洪标准仅 30 年一遇,没有达到规定的 50 年一遇防洪标准和 II 级堤防标准,石佛寺以下至盘山闸段堤防未达到 I 级堤防标准,尚有 241 km 砂基砂堤和 105 处穿堤建筑物存

图9　辽河铁岭段 2010 年洪水淹没区

图10　辽河主行洪保障区建设断面图

在严重的防洪安全隐患。

　　针对以上问题,规划堤防标准化建设主要开展堤防达标建设、无堤段贯通建设、堤顶路面建设及护堤林建设等四方面建设内容。对 634. 16 km 有堤段堤防断面不足的堤段进行加高或加宽培厚;对抗冲刷能力弱和透水性大的 241. 215 km 砂堤砂基迎水坡采用堤坡土工膜外覆盖种植土和草皮防护的治理措施;对 95. 43 km 无堤段进行连通;在 23 条支流入汇口架设交通桥;贯通后的堤防拟按照三级路标准建设 8 m 宽堤顶路面,路面硬化采用沥青覆盖,路面两侧设路缘石;堤防两侧护堤林,在不影响河道行洪的前提下,迎水侧护堤林由现状的 30 ~ 50 m 增加到 100 m,背水侧堤脚向内 20 m 栽植护堤林,护堤林以耐涝、耐寒的乔木为主,使辽河干流堤防成为集防洪保障、抢险交通、生态景观线为一体的交通干线,达到规定的行洪标准,有效的保障辽河沿岸人民的生命财产安全。

　　在辽河大堤背水面 20 m 至迎水面生态封育区范围内,在控制不再出现乱占、乱建、乱采、乱挖、乱排、乱倒基础上,逐步清除违建、违占等问题,逐步引导调整种植结构,改变生产方式。

　　4. 设立低水保障线

　　在季节性河流同时水资源利用率较高的流域内,保证枯水期内必要的生态水流量对于水质和生态安全至关重要。结合几年的经验数据,辽河干流低于 50 个流量,其 Ⅳ 类水质和生态系统健康就会受到影响。连续两年以不低于 50 个流量的标准实施应急调水这一措施正在深入研究论证中。

(二)全面开展水污染控制,保障辽河干流水质安全

保护区成立之前,辽河流域水资源利用率已超过 70%,远远超过了国际公认 40% 警戒线;同时,虽然辽河干流化学需氧量(COD)已消灭劣 Ⅴ 类,但支流河污染仍然较重,大多为劣 Ⅴ 类水体,导致辽河水量性和水质性缺水问题严重,生态用水不足,生态系统严重损坏,已成为辽河生态治理的重点之一。因此针对这些问题,辽河治理全面开展干支流水污染控制,充分发挥最后一道防线作用,保障干流水质安全[5,6]。

1. 支流河口湿地建设

2010 年,辽河 36 条一级支流中,长河、招苏台河、谷家和付家排干等多条支流河仍为中度/重度污染支流,对辽河的水质构成了严重威胁。为保障辽河支流水质达标,本着因地制宜的原则,以支流汇入口为核心,根据各支流污染状况、河口地形、河漫滩大小与流量,设计建设不同类型的湿地项目,包括表流湿地、河心州湿地、库塘湿地、河道湿地、沼泽湿地等多种类型多种功能的湿地。

1)对于流量较大的大型一级支流,通过在支流河口建设橡胶坝或钢坝闸,一方面可以起到生态蓄水的作用,另一方面,在橡胶坝或钢坝闸运行时,使坝(闸)前水位升高、水体面积增大,进而增强水体复氧能力,同时,水流速度变缓,形成生态湿地,进而强化污染物的沉降和降解作用。以招苏台河为例,在汇入口建设一座 40 m 长,2.5 m 高的钢坝闸,蓄水量达到 80 万 m³,形成湿地面积 744 亩(图 11),湿地净化后水质稳定达到 Ⅳ 类标准。

2)对于流量较小,且河口处可利用土地面积较大的支流河,通过修建钢坝闸和溢流堰,充分利用滩地,形成大面积湿地,增加水源涵养和水质净化能力。以万泉河湿地(七星湿地)为例,通过支流河道 2 处钢坝闸和干流汇入口处溢流堰建设,形成湿地面积近 10 000 亩,蓄水量达到 1000 万 m³,水质为劣 Ⅴ 类的万泉河、长河水经过湿地净化后,能够稳定达到 Ⅳ 类,部分时段为 Ⅲ 类,同时形成省内知名的七星湿地景点(图 12、图 13)。

3)对于流量较小,且河口处可利用土地面积较小的支流河(排干),通过恢复河道自然弯曲形态,增加水力停留时间,并结合钢坝闸的建设,形成支流河口湿地,恢复河道自然良性生态系统的结构和功能。以谷家和付家排干为例,通过"S"形河道的建设,分别形成湿地面积 809 亩和 996 亩(图 14、图 15),劣 Ⅴ 类的河水经过湿地净化后,能够稳定达到 Ⅳ 类。

图 11 招苏台河口湿地建设布置图

图 12 辽河七星湿地

图 13 万泉河生态工程布置效果图

图14　付家排干生态工程布置效果图

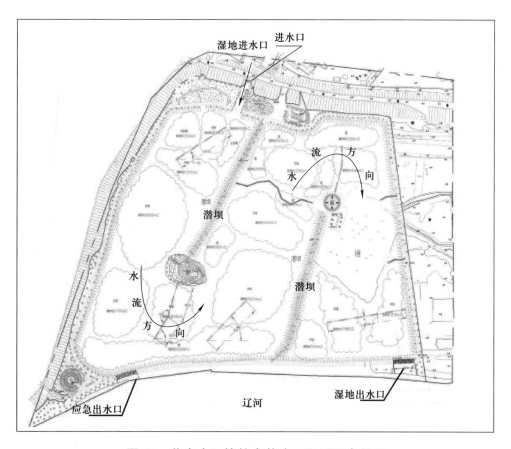

图15　谷家水环境综合整治工程平面布置图

2. 干流湿地建设

辽河干流上游由于长期挖沙,留有大量面积不等的沙坑,主要分布在清河口至马虎山段,沿途 100 km 左右河道上沙坑数量众多,很多已形成水面;同时,辽河干流上牛轭湖泥沙淤积形成坡度较缓的滩面具备建设湿地的先天条件。辽河保护区干流湿地建设总体为,一是以现有坑塘为基础,整体布局,结合辽河水系流向,通过坑-坑、坑-河水系联通技术,形成辽河干流连水面,构建坑塘湿地,湿地内水质优于干流水质;二是在防洪安全前提下疏通部分老河道,建设牛轭湖湿地,构建河心岛,其中在老河道众多河段形成大型牛轭湖湿地群。2012 年,辽河保护区建设干流湿地 16 处,形成湿地面积约 7 km² (图 16)。

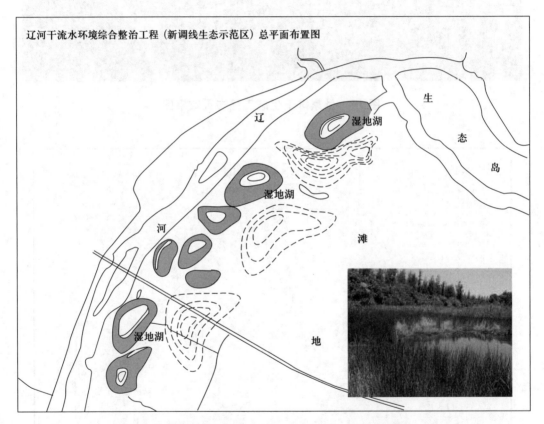

图 16 辽河干流新调线生态示范区平面布置图

3. 生态蓄水工程建设

辽河属平原河流,河道宽阔,高程相差不大,流速慢,平均水位低。为进一步进行水利调控,改善水质,增加生态蓄水量和湿地面积,补充地下水,涵养水源,彻底改善辽河干流生态环境,在辽河干流上修建 16 座辽生态蓄水工程。通过 16 座生态蓄水工程的建设,蓄水量达到 4460 万 m³,形成湿地面积达到 2475 万 m²。

可以说,已建成 16 座橡胶坝不仅是位于辽河干流上的 16 座"小水库",更是建设在辽河干流上的 16 座"生态净化区",深度净化了辽河干流水质。2011 年对大张桥橡胶坝回水区和坝下水质监测结果表明,橡胶坝对水质净化效果明显,上游的 Ⅳ 类水经过湿地净化后能够稳定达到 Ⅲ 类。同时,橡胶坝的建设,对于恢复生物多样性和保护河流湿地也具有重要意义。图 17 至图 20 为辽河干流生态蓄水工程建设效果图。

图 17 辽河干流法库和平生态枢纽效果图

图 18 辽河干流开原五棵树生态枢纽效果图

图 19 辽河干流铁岭平项堡生态枢纽效果图

图 20 辽河干流辽中本辽辽生态枢纽效果图

支流河口湿地,干流的坑塘湿地、牛轭湖湿地、库塘湿地等,与干流河道共同形成错落有致,结构功能多样的湿地网络,增加了辽河干流生态蓄水量和蓄水面积,增强了水体复氧能力,恢复了水生生态系统,充分发挥河流湿地对污染物的稀释、扩散、生物降解等物理、化学、生物净化的自然净化过程,改善了干流水质,同时还发挥了水源涵养、调洪蓄洪、气候调节和促进生物多样性恢复等多重作用。

(三)加强管理,减少人为干扰

1. 划区设局

2010 年,辽宁省借鉴国外河流管理经验,划定辽河保护区,设立辽河保护区管理局,在保护区范围内统一依法行使环保、水利、国土资源、交通、农业、林业、海洋与渔业等部门的监督管理和行政执法职责以及保护区建设职责,体现了流域综合管理的理念。这是我国七大江河首次进行"划区设局",是河流治理保护的思路创新和体制创新,在全国河流治理与保护方面开创了先河,标志着辽河治理和保护进入了全面整治、科学保护的新时期,辽河已进入休养生息的新阶段。

2. 建设围栏与管理路

在生态治理工程实施的同时,为加强管理和防护,减少人为干扰,针对重点生态封育区建设围栏。在人为活动较频繁、易对动植物生存环境产生影响的地区以及需要隔离动物种群的地方设置围栏,建设围栏总长度 1037 km,初步形成 435 km^2 的滩地草原,滩地植被覆盖率盘山闸以上达到 63%,盘山闸以下接近 100%。同时,建设辽河生态管理路,管理路起于铁岭市昌图县长发乡福德店东、西辽河交汇处,止于盘锦市盘山县盘山闸,左右岸管理路全面贯通,路线全长 780 km。

3. 建立综合管理体系

辽宁省委、省政府在辽河干流"划区设局",在搞好部门配合的同时,强调区域管理,强化基层建设,从而较好地解决了体制机制上的问题,将水利、环保、国土、交通、林业、农业、渔业等部门的相关工作职能集于一身,依据颁布实施的《辽宁省辽河保护区条例》,统一负责辽河保护区内的污染防治、资源保护和生态建设等工作,对保护区实施封闭管理,结束了"多龙治水、分段管理、条块分割"的传统管理模式,开创了"统筹规划、集中治理、全面保护"的全新局面,为治理保护工作奠定了组织基础。

目前,沿河 4 市 14 个县(市、区)都组建了辽河保护区管理局和辽河保护区公安局,建成了"省、市、县、站"四级管理体系,已做到机构到位、人员到位、责任到位。完成了沿河 61 个河道所隶属关系和工作职能调整,实现了"辽河治理保护办公在河边"的要求。将 11 个河道所改造升级成巡护站,成为辽河治理保护的前沿阵地。各地建立健全在县政府统一领导下,县辽河局长负总责,各巡护站(河道所)分工负责及乡镇长包片、村民组包段、任务落实到人头的管理网络,实施责任制、责任追究制和奖惩机制,初步建立了"专职专责与群防群治相结合"的综合管理体系。辽河的面貌彻底得到改变,已迈入常态化管理新阶段。

建立了省、市、县三级联动,管理局与公安局联动的综合执法体系,确保守住保护区边界线和"1050"主行洪保障区边界线,强化了对保护区生态环境的保护,有力地预防和打击了各类违法犯罪行为。

三、辽河保护区生态治理效果

通过辽河保护区生态治理工程的实施，辽河水质明显好转，2012 年底辽河干流按 21 项指标考核达到Ⅳ类水质标准，部分时段、区段达到了三类，一级支流水质全面消灭劣Ⅴ类，提前摘掉了重度污染帽子。形成了 500 km 的生态廊道，新增湿地 8 万亩，辽河保护区植被覆盖率由 13.7% 提高到 63%，410 km² 的滩地"草原"已初步形成。保护区内监测到植物 225 种，鱼类 40 种，鸟类 62 种，昆虫 87 种，浮游原生动物 42 种，哺乳动物 9 种，两栖与爬行动物 6 种等。作为辽河干流末端的入海口处，红海滩面积和斑海豹种群在逐步扩大，河刀鱼已开始回游，沙塘鳢、银鱼繁殖数量显著增加，辽河保护区生态已呈初级正向演替，一条生态廊道已经展现在全省人民面前。

四、结语

三年的实践证明，辽宁省首次依托大江大河实行"划区设局"全新的体制机制，率先落实了流域管理与区域管理相结合的河流管理体制，建立了高效协调，融治理、保护、监管为一体的创新型河流综合管理模式。首次以顶层设计理念，通过多学科理论方法的综合研究与应用，统筹河道整治与河流湿地恢复、环境污染控制、生态保护建设、生物多样性恢复和资源合理利用，多目标综合管理，实现安全、生态和经济等综合最大效益。在全国首次通过立法保障生态用水，并在大型跨流域调水工程和枯水期流量调控中实施。首次建立了我国大型河流保护区生态治理理论体系与技术体系，融合水利学、生态学、环境科学、景观学、经济学等学科理论与方法，研发了生态治河目标构建技术、土地利用与河流空间划分技术、生态系统修复技术、河道综合治理技术、生态示范区建设技术、保护能力建设技术等 6 项技术体系，形成河流湿地网建设技术、河道险工双侧综合治理技术、岸坎生态修复技术等 30 余项单项技术，并在辽河保护区全范围内进行工程实施。

通过工程的实施促进了生态恢复，进而保障了辽河干流水质，创几十年来最好水平，研究成果的应用对辽河摘掉重度污染帽子起到了关键性作用。在此基础上，辽宁省第十一次党代会做出了在辽河干流建设"生态带、旅游带、城镇带"的重大决策。2013 年 4 月，省辽河保护区管理局开始踏上统一抓、统一推进辽河流域"生态带、旅游带、城镇带"建设新征程。

参考文献

[1]　Brinke W T. 荷兰境内的莱茵河——一条被控制的河流[M]. 江恩惠,李军华,马颖,等,译. 郑州:黄河水利出版社,2009.

[2]　沈秀珍,张厚玉,裴明胜. 莱茵河治理与开发[M]. 郑州:黄河水利出版社,2004.

[3]　王光谦,王思远,张长春. 黄河流域生态环境演变与河道演变分析[M]. 郑州:黄河水利出版社,2006.

[4]　董哲仁. 莱茵河治理保护与国际合作[M]. 郑州:黄河水利出版社,2005.

[5]　Grambow M. 水资源综合管理[M]. 赫英臣,宋永会,许伟宁,译. 北京:中国环境科学出版社,2010.

[6]　王光谦,魏加华. 流域水量调控模型与应用[M]. 北京:科学出版社,2006.

生态文明建设的思考与实践创新

王殿武

辽宁省凌河保护区管理局

摘要：工业文明发展到今天，人口爆炸、资源短缺、环境恶化、生态失衡已成为 21 世纪的四大危机，而其本质都是生态危机。人类亟待一种新的文明来引导社会继续向前发展，这种新的文明就是生态文明。党的十八大把生态文明建设摆在突出位置，并纳入"五位一体"总体布局，已经把生态文明提高到民族前途命运的高度。生态文明产生有着深刻的历史背景及内涵，本文着重以辽西生态治理保护为例，阐述了生态治理保护的创新理念、实践的启示。

一、引言

建设生态文明，是我们党深入贯彻落实科学发展观，针对经济快速增长过程中资源环境代价过大的严峻现实而提出的重大战略思想和战略任务，党的十八大报告提出了全面建成小康社会奋斗目标的新要求，把生态文明建设摆在突出位置，并纳入"五位一体"总体布局，已经把生态文明提高到民族前途命运的高度。这既是对人类文明进入转型期的规律性把握，是对当代中国科学发展理念的实践性提升，也是我党执政兴国理念的新发展，是党的科学发展、和谐发展、执政理念的一次升华，是对广大人民群众谋福理念的重大体现。

"建设生态文明，实质上就是要建设以资源环境承载力为基础、以自然规律为准则、以可持续发展为目标的资源节约型、环境友好型社会"。生态文明，是中国特色社会主义发展的方向，它将给我们带来包括世界观、价值观和生产方式、生活方式的转变，从而形成一种新的维系社会和谐发展的力量。

二、生态文明产生的历史背景及内涵

（一）生态文明产生的历史背景

生态文明是人类社会继原始文明、农业文明、工业文明之后的又一文明形态。原始文明的人类社会持续了上百万年，以石器为代表，农业文明以铁器为代表,大约持续了一万年,工业文明以 18 世纪英国工业革命为代表,目前持续了300 年。现在已经形象地把农业文明比作黄色文明,工业文明比作黑色文明,生态文明比作绿色文明,从比喻中我们就可以看出生态文明对人类发展如此之重要。

在人类文明演进的历史长河中,其形态经由原始文明、农业文明而进入工业文明。工业文明与原始文明、农业文明的显著区别在于,前者凭借科学技术的发展获得了空前的干预自然的能力,人类对于自然从被动适应、主动反应发展为积极的干预、改造。工业文明在不到人类历史万分之一的时间里,创造了比过去一切时代总和还要多的物质财富,也创造出了更加丰富的文化与制度。工业文明在使人的主体性得到张扬的同时,无视自然的价值,使原本充满灵性的有机自然沉沦为机械的、僵死的被征服与掠夺的对象。

生态文明的提出,源于人们切身感受到的生态危机,实际上是人们对可持续发展问题认识深化的必然结果。从 20 世纪 60 年代起,以全球气候变暖、土地沙漠化、森林退化、臭氧层破坏、资源枯竭、生物多样性锐减等为特征的生态危机凸显,人类为了竞争性的增长而付出了沉重的代价,严酷的现实告诉我们,人与自然都是生态系统中不可或缺的重要组成部分。通过反思,人们意识到,只有建设新的文明形态才能实现经济社会的可持续发展[1]。20 世纪 80 年代以来,关于走出工业文明困境,探寻新的文明形态的努力开始在全球范围出现,一些西方发达国家开始注重于生态文明的建设。然而在中国,生态问题始终没有得到应有的重视,我们曾经高喊着“人定胜天”的口号,毁林垦荒、围湖造田,以破坏生态为代价来发展经济。随着社会主义现代化进程的加快和人们生态意识的提高,我国在 20 世纪 90 年代初提出了可持续发展战略;到党的十六大,提出了科学发展观,构建资源节约型、环境友好型社会;2007 年,党的十七大报告中正式将“生态文明”作为全面建设小康社会的目标提出,将生态文明写入党的报告;2012年,党的十八大报告进一步将生态文明纳入“五位一体”总体布局,已把生态文明提高到民族前途命运的高度。这标志着生态文明战略在我国已全面确立起来。

(二)生态文明的内涵

生态文明的含义可以从广义和狭义两个角度来理解。从广义角度来看,生态文明是人类社会继原始文明、农业文明、工业文明后的新型文明形态,它以人与自然协调发展为准则,要求实现经济、社会、自然环境的可持续发展。这种文明形态表现在物质、精神、政治等各个领域,并体现为人类取得的物质、精神、制度成果的总和。从狭义角度来看,生态文明是与物质文明、政治文明、精神文明、社会文明相并列的现实文明形态之一，着重强调人类在处理与自然关系时所达到的文明程度。

建设生态文明是指人们在遵循人类、自然、社会之间和谐发展基本规律的基础上，自觉确立人、经济、社会与自然全面协调可持续发展理念，科学设计人口增长、经济建设、社会发展与生态环境、资源能源相协调的制度体系，指导人们形成与生态平衡要求相一致的生产方式、生活方式和交往方式。它主要表现为以下三个方面的内容。

一是人类维护生态平衡观念的持续增强，即生态文明意识。这是人们正确对待生态环境的态度、理念，包括正确的生态心理、生态观念、生态道德、生态哲学等，它主要体现为尊重自然、爱护环境的意识，人与自然平等、和谐相处的价值取向。

二是保护生态环境行为的高度自觉，即生态文明行为：这是人们在生产、生活和交往中自觉保护生态环境的活动，包括发展循环经济、清洁生产、节能降耗、绿色 GDP 核算、植树种草、节约型消费，以及参与生态文明建设相关的教育、宣传、管理等，它体现了人们在生态文明观念指导下保护生态环境的自觉行为和能力、素质的提高。

三是维护生态安全的制度设计和实施机制不断完善，即生态文明制度。这是人们为保护生态环境制定并保证实施的制度体系，包括与生态文明建设要求配套的政治制度、法律法规和相关的技术规定、技术标准等，它体现国家对公民、法人依法保护生态环境的强制性要求。

三、生态文明建设的实践与创新

辽宁的基本省情是，山多地少水缺，区域经济发展不平衡。作为传统的老工业基地，辽宁省水资源、矿产资源的开发强度都很大，辽河流域水资源开发强度超过 70%，远远超过了 40% 的国际警戒线，矿产资源大规模、高强度开采严重破坏生态环境，长期得不到恢复，粗放式的经济发展方式导致环境欠账较多，一些长期积累的资源环境问题尚未从根本上解决。辽宁省委省政府审时度势，于"十一五"之初做出建设生态辽宁的战略决策，从辽宁的实际情况出发，提升经济社会发展质量，为老工业基地全面振兴腾出发展空间，形成新的竞争优势，从而推动节约发展、清洁发展、安全发展和全面协调可持续发展。2007 年，辽宁省已正式被列为全国生态省建设试点，制定了《辽宁生态省建设规划纲要》（以下简称"纲要"），以 2005 年为基准年，"纲要"将辽宁省生态省建设规划期限定为 20 年，分为起步、整体推进、完善提高 3 个阶段。到 2025 年，辽宁省将基本建设成为经济发达、生活富裕、环境优美、文化繁荣、社会和谐的生态省。"十一五"期间,辽宁已全面启动生态省建设,经过几年的生态恢复,辽河、大小凌河等江河流域治理初见成效,进一步完善了生态补偿机制,积极推行循环经济、低碳经济等绿色经济模式,不断探索出一条适合辽宁省情的生态文明建设之路,在全省生态恢复取得了很好成效的同时,也为全国其他地区生态文明建设积累了成功的经验。

(一) 生态文明发展理念的创新

理念的创新,是其他一切创新的思想基础,一个地方的生机和活力源于理念的创新,没有理念的创新,就没有改革的突破、环保的发展。辽宁在生态省创建过程中,提出了经济社会发展"既要金山银山,又要绿水青山",在全省范围内实施了"青山、碧水、蓝天"生态文明建设工程。这些创新理念已经上升为生态文明建设的指导思想和基本原则,为打造生态辽宁提供了良好的理论基础。

青山工程:主要是通过矿山生态治理等八项强有力的措施,对因开发建设活动造成的已破损山体进行植被恢复治理,对未破损山体实施严格保护,到"十二五"期末实现铁路、公路(一级以上)两侧,大中型水库库区、水源保护区、居民集中居住区可视范围内矿山及其他已破坏山体的生态环境基本得到治理,实现植物覆盖,让辽宁青山恢复生态。

碧水工程:一是以辽河、凌河等江河治理为重点的全省河流水环境综合整治工程;二是以大伙房水库为重点实施的全省城镇集中式饮用水源地生态保护与恢复工程;三是近岸海域环境保护工程,初步建立近岸海域"流域—海域"污染综合防控系统。

蓝天工程:到 2015 年,全省所有地级市和县级市(县城)环境空气质量达到或好于国家二级标准,确保全省人民看到蓝天白云,呼吸上干净、清新的空气。

政府和全社会共同努力,把山治好、把水治好、把大气治好,把青山绿水蓝天留给人民,留给子孙后代。

(二) 生态价值的创新

良好的生态环境是我们生存和发展的基础,也是经济社会科学发展的重要条件。环境是最稀缺的资源,生态是最宝贵的财富。在生态省创建过程中,树立环境是资源、是资本的观念,加强环境资本的运作,就可以使环境资源在开发利用中保值、增值、升值,实现生态的良性发展,为永续发展腾出更多空间。辽宁沈北新区蒲河水环境整治就是一个成功的典型,它以环境综合整治改善环境、提高城市的功能和价值,以城市增值盘活城市资产存量,从而高效聚集城市财富,并以城市丰厚的经济实力反哺城市与环境综合整治,从而实现环境与经济的良性循环,变环境优势为经济优势。因此,要充分发挥资源环境的后发比较优势,通过生态价值的提升,把环境优势转化为经济优势和发展优势。

(三) 生态文明建设体制机制的创新

管理体制是指管理系统的结构和组成方式,即采用怎样的组织形式以及如何将这些组织形式结合成为一个合理的有机系统,并以一定的手段、方法来实现管理的任务和目的。建立科学的生态文明建设体制,是建立在对生态资源统一开发、利用和管理的基础之上。体制具有长期性、稳定性,生态文明建设体制是否科学,关系到生态文明建设的效率和功能的发挥。先进的、符合实际的管理体制能促进生态文明建设;反之,将阻碍和滞缓生态文明前进的步伐。

辽宁省从 2010 年开始,陆续组建了辽河、凌河保护区并成立了管理局,对辽河干流及大、小凌河干支流河道全面系统的治理和保护,从根本上改变了"多龙治水、分段管理、条块分割"的传统模式,坚持政府主导、生态优先、民生优先、标本兼治,同时成立辽河、凌河保护区公安局进行专项执法。辽宁在河流治理保护的实践上进行了"划区设局"的体制创新,并探索初步形成了新体制下的运行管理机制,从而创造了生态河流治理保护的新模式。

2011 年,辽宁省政府又组建了辽宁省森利资源保护局,全面实施青山工程,主要是通过矿山生态治理等八项强有力的措施,让青山恢复生态。

大力实施蓝天工程。推进热电联产、集中供热,推广地源热泵。开展大气污染联防联控和全运会环境空气质量保障工程。到 2015 年,确保全省人民呼吸上清新的空气。

辽宁省积极探索,逐步在重要生态功能区、流域水环境保护和矿产资源开发等多个领域开展生态补偿试点。2007 年出台了对东部生态重点区域实施财政补偿的政策,对东部承担水源涵养林建设与管护和水环境保护的 16 个重点县(市)实行生态补偿。

2007 年,先后颁布了《辽宁省地质环境保护条例》和《辽宁省矿山环境恢复治理保证金管理暂行办法》,规定凡在辽宁省行政区域内开采矿产资源的采矿权人,必须依法履行矿山环境恢复治理的义务,与负责采矿许可登记的县级以上国土资源行政主管部门签订矿山环境恢复治理责任书,编制《矿山地质环境保护与综合治理方案》,并交存矿山环境恢复治理保证金。

2008 年,辽宁省颁布了《跨行政区域河流出市断面水质目标考核暂行办法》,规定市政府对辖区环境质量负有法定职责,根据国家、省水污染防治规划目标和省、市政府环境保护责任书目标要求,各省辖市行政区域内主要河流的出市界断面水质未达到考核目标值,应缴纳超标补偿资金,这笔补偿资金作为辽宁省水污染生态补偿专项资金,用于流域水污染综合整治、生态修复和污染减排工程。

生态文明建设的关键在于领导重视、体制机制健全、部门协作和社会参与。让生态环境更优美、人与自然关系更和谐,不仅是人民的共同愿望,更是各级政府、各部门和社会各界义不容辞的责任。通过流域机构协调监督,使地方政府责任主体、行业部门分工负责、社会广泛参与的生态文明建设体制得到健全完善,从而形成生态治理保护工作上下一盘棋的良好局面。

(四) 生态文明建设实践创新

生态文明是环境与社会经济协调发展,符合可持续发展要求,生态文明建设并不是单纯的环境保护和生态建设,而是涵盖了经济、政治、文化、社会等诸多方面。其内涵是"运用可持续发展理论和生态学与生态经济学原理,以促进经济增长方式的转变和改善环境质量为前提,抓住产业结构调整这一重要环节,充分发挥区域生态与资源优势,统筹规划和实施环境保护、社会发展与经济建设,基本实现区域社会经济的可持续发展"[2]。

辽宁在生态文明建设过程中,注重区域经济发展平衡,培育城市亮点,充分发挥地域优势,打造特色产业,发展生态经济,成效显著。辽宁许多城市正在按照生态要求,综合设计河流、湖塘、湿地、林带、草坪等,优化城市绿地系统建设,实现绿地空间从传统形象规划向功能规划的转型。其中,鞍山、阜新、抚顺、本溪等矿产资源型城市通过建设绿化隔离带,解决工业区与商业区、居住区、文教区交错布局的结构性问题,并充分利用本地物种,通过连贯的生态廊道网络,调节局部气候和疏通水文循环,将多样性的生物群落引入城市腹地。按照《辽宁生态省建设规划纲要》规划,到 2025 年,全省将有 80% 以上的市、县将建成国家生态市、县。同时,还将构建生态经济、资源支撑、环境安全、自然生态、生态人居和生态文化 6 大体系。重点建设辽东山地生态区、辽东半岛生态区、辽河平原生态区、辽西北沙地生态区、辽西丘陵生态区、近岸海域与岛屿生态区等 6 大生态区。这些亮点不仅成为辽宁生态文明建设的标志性工程,更成为生态经济发展的增长点。生态产业既可以改善区域环境质量,同时还可以获得经济效益,增强区域的造血功能,走出一条可持续的生态文明发展之路。

实施突破辽西北战略、支持辽西北地区加快发展,是辽宁省委、省政府坚持以科学发展观为指导,从区域协调发展的全局出发做出的重大战略决策。举全省之力推动锦州、朝阳、葫芦岛、阜新等辽西北欠发达地区加快发展,是深入贯彻落实科学发展观的重要实践,是全面振兴辽宁老工业基地的重大举措,也是构建和谐辽宁的迫切需要。长期以来,凌河流域洪旱害频繁,水土流失、生态环境退化等问题已经严重影响和制约辽西经济社会的和谐发展,"凌河不治,辽西不宁;凌河不清,辽西难兴。"凌河治理保护事关辽西整体发展,加快辽宁振兴战略的实现；事关改善辽西人民生活环境、提升辽西综合竞争力、建设文明富庶幸福新辽宁战略的实现；事关突破辽西北，辽宁经济社会均衡可持续发展，和谐社会建设战略的实现。

大小凌河流域面积 2.8 万 km²，在我省境内 2.5 万 km²，流域面积 100 km² 以上的河流有 68 条，凌河河道全长 3167 km，其中干流全长 728 km，流经辽西 5 市 23 个县（区），涉及近 1000 万人口。通过退田还河、生态封育、清淤疏浚、生态林带等强力生态治理保护，河道的行洪能力得到恢复、滩地沙化得到遏制、水质得以改善、生物多样性大幅增加。大小凌河水畅其流、鱼跃蛙鸣，沿河两岸郁郁葱葱，草长莺飞、万灵跳跃，景色宜人，一条水清、滩绿、景美、路通的绿色生态带已现雏形。

跨越世纪冰川，承载远古文明的大、小凌河具有极强的区域色彩和深厚的历史文化底蕴。上亿年的化石、15 万年前的古人类遗迹、3 万年前的旧石器时代晚期文化遗存、7000 年的文明历史沉淀、2000 年前的关外战国墓、上千年的佛教文化、近百年的现代发展演化历程，通过凌河治理保护，使沿河文物古迹和历史文化得到进一步的挖潜与弘扬，尤其是通过生态旅游景点的开发和旅游集聚区的建设，将使大小凌河穿起众多的古迹、景点和风景区，形成一系列具有凌河文化特色、民族特色、娱乐特色、生态特色的旅游集聚区，打造出一条人与历史融合、人与水相亲、人与自然和谐的旅游带。

凌河干流及主要支流穿过 12 个县级以上城市，仅在干流上就有 27 个乡镇。通过防洪工程综合整治、修建城区生态景观工程、滩地带状公园、加强污水处理等措施，改善城市河道生态环境，提高城市人居水平，进而带动城市生态文明建设和可持续发展。诸如朝阳等一些城市已经形成"千顷碧绿映红日，一面青山半城湖"的生态水城，不远的将来，沿河 12 个县级以上城市和十几个新市镇将形成显著提升城市品位和城市竞争力，有力促进区域经济发展的沿河城镇带。

十大措施（见表 1）使凌河治理保护的实践已取得了突破性进展，"生态带初步显现，旅游带呼之欲出，城镇带正在形成"[3]。

表 1　凌河治理保护十大措施

项目名称	主要内容
退田还河封育	1. 退田还河；2. 生态林建设；3. 绿化封育；4. 阻水林清除；5. 陆生动植物监测。
水质稳定达标	1. 污染源监管；2. 河长制；3. 水质（水生动植物）监测；4. 水环境工程；5. 垃圾清理。
采砂疏浚清障	1. 采砂监管；2. 河道疏浚；3. 尾矿治理；4. 违章占河构筑物清理。

续表

项目名称	主要内容
重点生态示范	1. 大凌河第一湾;2. 大凌河干流源;3. 小凌河第一湾;4. 朝阳环城人工湖;5. 义县万佛堂;6. 凌海高速桥;7. 锦州城区段;8. 北票凉水河;9. 细河阜新城区;10. 建平第二牤牛河;等。
源头治理保护	1. 大凌河源头区;2. 建昌小凌河源头区;3. 朝阳小凌河源头区;4. 重要饮用水源区。
中小河流治理	列入国家"十二五"规划的20条河流30个治理工程项目的实施。
城镇河段整治	结合列入国家独流入海"十二五"规划的大小凌河整治,全力推进"3市9县30镇"城区段防洪生态景观工程建设。
项目前期建管	1. 保护区总体规划;2. 凌河"三带"框架规划;3. 凌河生态带规划;4. 大小凌河河道治理保护规划;5. 凌河采砂规划;6. 凌河水污染防治规划;7. 中小河流治理工程初步设计;8. 各类治理保护项目可研、初设、实施方案及项目库等前期工作。"落实四制、保证四个安全"的建设项目管理。
管护体系建设	1. 堤防管护;2. 滨河管理路管护;3. 基层管护体系。
体制机制创新	1. 机构队伍建设;2. 条例配套制度;3. 相关厅局职能理顺;4. 行政与公安执法;5. 内部规范化管理;6. 目标绩效考核;7. 党建及文化建设;8. 信息宣传。

四、生态文明建设实践创新的体会

目前,全国各地创建生态市、生态工业示范园区、环保模范城市、生态乡镇村以及绿色学校、绿色社区的积极性十分高涨。应当肯定,系列生态创建,在进一步增加环保投入、加快环保基础设施建设、改善环境质量等方面发挥了积极作用,并对探索环境与经济可持续发展的演变规律、选择最佳技术路线十分有益。但也应该看到,各地在生态系列创建过程中,还存在着注重形式、忽视过程,注重招牌、忽视品牌,注重指标表象、忽视内涵特征等现象,以致有些创建典型好看不好学,缺乏全面推广、借鉴的价值。因此,生态系列创建应当更多地关注实践创新。在点上成功后,进一步向面去拓展,不断地把创建的成功典范尽快转化为有效的大范围行动,实现持续创新发展。每一个区域都有其独特的自然环境,地域文化也因此而千差万别,但其在作用、特征等方面是有共性可循的,在共性的问题上,是可以互相借鉴和学习的。通过凌河生态治理保护实践创新总结,有如下几点体会。

（一）生态文明建设必须创新理念和思路

思想是事业发展的航标,原则是事业发展的保障,方针是事业发展的根本,思路是事业发展的支柱,措施是事业发展的利器,目标是事业发展的动力,精神是事业发展的力量源泉。凌河治理保护形成了如下的理念和思路。

指导思想:以科学发展观为指导,全面贯彻落实省委、省政府的战略部署,紧紧围绕凌河治理保护的目标要求,紧密联系实际,坚持生态优先、民生优先,抢抓机遇、乘势而上,探索确权划界、生态林带、退耕封育、管护到位的治河新模式,实现岸线清晰、堤路结合、林护滩绿水清、河畔城镇景美,河与自然、河与人、河与文化、河与经济社会和谐的治河新目标。

工作原则:一是基于防洪规划,注重生态治理保护,确保防洪安全(防洪安全);二是基于水污染防治规划,注重纳污总量控制,实现水质达标(水质安全);三是基于水资源综合利用规划,注重优化配置调度,提高河道生态用水保证率(生态安全);四是基于沿河城镇建设规划,注重生态景观和乡村段治理,使重要干支流生态连线(协调统一);五是基于水土保持规划,注重源头区及行洪区治理保护,使山上山下连片(尊重自然);六是基于历史文化传承,注重文物古迹景区景点保护,打造形成若干个文化旅游集聚区(弘扬文化);七是基于"划区设局"新体制,注重创新河流治理保护新模式,建立完善的管护体系(水生态文明);八是基于河流流域理念,注重近远期结合,充分整合各种有利资源进行可持续治理保护(可持续发展)。

工作方针:立足地方,协调服务,依法治河。

主要措施与途径:一是防洪、生态、景观融为一体;二是封育、林带、采砂、清障综合治理;三是河湖、城镇、乡村珍珠项链相串,生态、旅游、城镇三带镶嵌。

治理保护目标:生态治河,最重要的是跳出河道治河道,修堤不见堤,碗变盘、硬变软、水变清、滩变绿、景要美、城要倩、路要通、民要富。既治岸,又修滩;要因河制宜,不要"硬、白、渠"。"硬"就是硬化,"白"就是白色,"渠"就是"渠化",这一生态治河理念已经深入人心。"一年初见成效,三年大见成效,五年基本完成"。让辽宁为凌河骄傲,让凌河感动中国,让凌河走向世界。全力打造凌河生态带、旅游带、城镇带,使之成为辽西地区经济社会发展的强有力支撑。

具体工作思路:防洪是前提,规划是基础,生态是核心,投入是关键,监管是支柱,人才是根本,执法是保障,"三带"是目标。

工作精神:创新、求是、拼搏、高效。

治理保护愿景:充分发挥"划区设局"凌河治理保护新体制新机制的优势,重点打造大凌河源头防洪生态保护区、干流源点(喀左)防洪生态区、朝阳市环城人工湖防洪生态区、义县古城防洪生态区、凌海滨河新城防洪生态区、小凌河源头生态防洪保护区、河口湿地防洪生态保护区、小凌河滨河新市镇防洪生态区、第二牤牛河建平防洪生态区、细河阜新防洪生态区共十大防洪生态区。通过生态长廊建设,使两岸景区景点及沿河城镇融合为一体,从而形成河、路、堤相连的生态带、旅游带、城镇带。到那时,封育区内草长莺飞,水清滩绿,鱼跃蛙鸣,一条回归自然、充满生机的绿色长廊将延绵千里;到那时,"四时烟雨醉凌河,两岸青山杨柳波"的五湖十城、三十新市镇、十大生态区,上百处景区景点将"城市农村相连,珍珠项链相串";到那时,开源与节流并举,生态与民生兼顾,凌河两岸将展现一幅人与水和谐相处,人与自然相融相亲的美好画卷。

　　总之,凌河治理保护要以规划的十大生态区为基础,发挥自然保护区优势,以打造水利风景区和湿地公园为支撑,创建 A 级旅游景区,争创人居环境奖,形成凌河生态文明示范区,这是必须努力的方向。在生态带上要创建水利风景区,湿地公园,森林公园。在旅游带上要发挥风景名胜区和各种文化的作用,创建各种景区。在城市带上要创建城市湿地公园,争创人居环境(范例)奖。

（二）生态文明建设的体制机制创新十分重要

　　建设生态文明,必须大力消除制度性障碍。按照党的十七大报告提出的要求,"完善有利于节约能源资源和保护生态环境的法律和政策,加快形成可持续发展的体制机制"。贯彻依法治国的基本方略,要求我们运用法律手段规范和治理生态环境,必须及时修订原有法律,制定新的法律,同时建立科学有效的执法机制。

　　建立各级政府目标责任制,不断加强完善立法。辽河、凌河治理保护采取地方政府负责制,各级政府是行洪区整治、防洪景观工程建设、河滩地自然封育和水质达标河长制的责任主体,开展绩效考评目标责任管理,将考评结果纳入各级政府绩效考核体系。辽宁省先后颁布了《辽宁省辽河保护区管理条例》、《辽宁省凌河保护区管理条例》和《辽宁省青山保护条例》来保障生态治理工程有法可依,有章可循。

　　辽河、凌河治理保护划区设局,开创了新的治河模式,解决了多龙治水、条块分割、互相推诿的不利因素,但同时也涉及职能的重新划分,通过工作实践来看,如何建立和完善新体制下的运行管理机制是需要解决的实际问题。一方面是与各级政府相关部门之间的职责关系需要理顺,另一方面是各级管理机构内部的管理模式也需要探索完善,运行流畅。保护区条例施行后,以"条例"为核心的法律法规体系以及综合执法的体制机制也需建立,各级保护区管理局和保护区公安局的行政执法与公安执法的运行模式也需要实践探索。

（三）生态文明建设的投入机制和政策导向更为关键

党和政府提出要建立健全资源有偿使用制度和生态环境补偿机制。各地必须牢固树立"资源有价"、"生态补偿"的观念,积极推动生态环境补偿机制建设,从制度层面加强对政府、企业及个人环保行为的激励,促进环境成本的内部化,实现经济与环境的协调发展。结合辽宁生态环境实际情况,按照"谁污染、谁治理,谁破坏、谁恢复,谁受益、谁补偿"和"政府主导,市场跟进,统筹规划,先易后难"的原则。补偿方式包括:上级政府以专项转移支付形式,支持各领域的生态补偿建设;建立国家和地方生态保护补偿基金,体现对生态保护行为奖励性的补偿,基金可采取多元化的筹资模式,以中央和省级财政投入做引导,吸纳企业和社会各类资金;对破坏生态的行为征收各种补偿性的税费;执行生态恢复抵押金制度。

五、结语

加快我国生态文明建设,是我国建设和谐社会的必然选择,也是从工业文明向生态文明转型、实现可持续发展的必然要求,然而必须认识到由于生态文明是一个复杂的社会系统建构进程,同时,也由于我国经济社会发展的特殊性,生态文明建设的任务极为艰巨。针对这些情况,我们要深入谋划,采取有效对策措施,彻底破解难题。

我国生态文明建设是个大工程,需要很长一段时间,会遇到很多困难。辽宁生态省建设,尤其是辽西凌河生态治理保护实践创新给提供了很多可以学习和借鉴的地方,只要每个人都参与进来,行动起来,全社会共同努力,我国生态文明建设就会走出一条有中国特色的发展道路,为全面建成惠及十几亿人口的更高水平的小康社会提供生态安全保障。

参考文献

[1]　周幸.加强生态文明建设 促进和谐社会发展[J].现代经济信息,2011(13):249.
[2]　辽宁省人民政府.辽宁生态省建设规划纲要(2006—2025)[R].2006.
[3]　辽宁省凌河保护区管理局.凌河治理保护的思考[R].2013.

从我国水电的遭遇看倡导生态文明的重要性

张博庭

中国水力发电工程学会

一、引言

党的十八大报告创造性地提出了"必须更加自觉地把全面协调可持续作为深入贯彻落实科学发展观的基本要求,全面落实经济建设、政治建设、文化建设、社会建设、生态文明建设'五位一体'总体布局"。生态文明的理念其实是在党的十七大就正式提出的,十七大报告提出,要"建设生态文明,基本形成节约能源资源和保护生态环境的产业结构、增长方式、消费模式",只不过那时把生态文明和精神文明、物质文明一起放到了务虚的部分。党的十八大把生态文明和经济、政治、文化、社会建设调整到了一个层次上,这样的提法显然是更科学的。

关于生态文明,党的十八大指出"面对资源约束趋紧、环境污染严重、生态系统退化的严峻形势,必须树立尊重自然、顺应自然、保护自然的生态文明理念,把生态文明建设放在突出地位,融入经济建设、政治建设、文化建设、社会建设各方面和全过程,努力建设美丽中国,实现中华民族永续发展。"

二、为何要提倡生态文明,而不是简单地强调加强生态保护?

面对环境污染严重、生态系统退化的严峻形势,我们党为什么不提倡"加强生态保护",而提出了必须树立尊重自然、顺应自然、保护自然的生态文明理念呢? 显然,生态文明要求必须要"尊重自然、顺应自然、保护自然",而不是简单地提倡保护自然生态。请注意,自然生态与环境是有区别的,我们提倡保护环境是毫无问题的,但是,当我们把保护环境换成了保护自然生态,这种提法就有可能产生某种歧义了。

与对环境必须保护的态度不同,对于自然生态,首先要强调尊重、顺应,然后才谈得上保护。如果不谈尊重、不谈适应,只谈保护,则有可能会产生不利于自然生态的相反结果。为此,人们研究生态学的目的也是努力维持各种生态因素的平衡,而这种平衡绝对是动态的、相对的,因为自然界的进化不可阻挡,一切既定平衡都不可能永恒。辩证地看,自然的进化一定要打破一切原有的平衡,不断地淘汰旧物种并催生新的物种。正是自然界中的这种维持和进化的矛盾，维护着我们的生态平衡。显然，如果我们尊重、顺应自然生态，我们当然不会去反对自然生态的进化，但是如果我们只谈保护，则完全有可能会陷入阻碍生态的自然进化的误区，甚至走到反对社会发展的错误方向上去。

因为，生态系统不是从来就有的，也不会永远不变，当然也不会永远存在。人类之前的地球也是生机勃勃的世界，相继灭绝的几百万种生物，也构成过丰富多彩的生态系统。不同生物的生灭更替，也演绎出了与今天不同的生态平衡和进化发展。假设没有类似小行星撞击地球的灾难，很多强大的物种就不会突然灭绝，没有地球的自然变化，哺乳动物就不能占据进化优势，人类可能也就不会出现，更得不到后来的高度发展，地球的生物史就将会是另外的样子。

显然，如果没有生态系统的进化，就没有我们人类社会，因此，我们维护生态系统的平衡，就应该首先尊重和顺应自然界的进化规律。然而，当我们把"维护生态系统平衡"的口号发展为"保护生态"的时候，就难免产生了一个可能出现的歧义，因为生态系统可能包含很多子系统。强调对某些子系统的生态保护，很可能是与包括人在内的整个生态系统的进化相矛盾的。因此，单纯提倡保护某种生物的生态就难免会站到了整个生态系统进化的对立面。所以，严格地说，保护生态的提法不够科学，有时候甚至会演变成一种反对社会进步的口号。

在这一点上，我国水电开发也许是最好的例证。当前，社会上最典型的一种说法是，水电开发虽然不会破坏环境，但是，会破坏生态。这种说法当然不无道理。目前，全世界几乎所有的水电站建成之后，都会形成一个环境优美的人工湿地风景区，因此，水电开发不会破坏环境，是人人都能见到的客观现象。同时，水电开发中的大坝建设，也必然会阻断河流中鱼类回游的通道，对水生生态系统常常会构成某种不利的影响或者说是威胁和破坏。所以，要保护河流中的水生生态，最简单的办法当然是阻止水电开发。

但是，当我们把生态系统的范畴从河流的局部扩大到了包括人类社会在内的整个生态系统的时候，我们就会发现，人类社会的进化，必须要解决水资源调控的矛盾。因此，对河流中鱼类生态系统的影响和改变都是我们必须要接受的。只有接受改变并妥善地处理好种种矛盾，才是对包括人在内的整个生态系统的构成真正保护。

由此可见，在包括人在内的整个社会的生态系统中考虑保护生态与水电开发并没有矛盾。但是，如果我们把生态保护的范畴仅仅局限到河流中的某些水生生物，甚至是某种具体的鱼类的时候，水电开发与这种生态的保护，就难免产生不可调和的矛盾。

三、"十一五"期间，我国的水电开发受阻造成的生态难题

我国"十一五"规划纲要中提出要"在保护生态基础上有序开发水电"，这个提法看起来并没有任何问题。但是，经过"十一五"期间实践，结果却十分不理想。"十一五"规划中计划开工建设的水电项目，很多都没有能完成。其中，还发生了在保护生态的口号下，金沙江水电开发被叫停、怒江的水电开发被搁置等极不正常的现象。这些行为虽然达到了对某些河流中某些鱼类的暂时保护的目的，但是，却严重影响了中国的水电发展。由于中国的社会经济发展和能源需求既不能被叫停，也不能被搁置，因此，一批大型水电开发被搁置、叫停的结果，必然刺激了我国火电建设和煤炭需求的快速增速。以致于那些年我国的火电比重增速过快，能源结构严重恶化，并带来了一系列严重的问题。

在国内，有一段时间由于火电厂的增速过快，煤炭供不应求、价格飞涨、矿难频发、煤电矛盾突出。由于能源结构严重恶化，我们国家煤炭的消耗量，早已远远超过了实际的开采和运输能力。特别是 2008 年全球经济危机前的那一阶段，我国遭遇了严重的煤电危机。

在那一段时间，管制电价必然出现电荒，放开电价必然出现煤荒。在这种情况下，2008 年初的冰雪灾害期间，国家曾一度鼓励遍布全国的小煤窑加紧生产，以渡过能源紧缺的难关。在我国煤电矛盾最突出的时刻，我国小煤窑的生产事故也达到了顶峰。据统计，仅 2008 年 9 月 4 日到 21 日短短的 17 天时间里，就发生了 9 次矿难，372 人死亡，50 多人失踪。17 天中，矿难的实际死亡人数达到四百多人。平均不到两天就发生一次矿难，一次矿难平均死人 40 ~ 50 人。很难想象，如果不是随后全球经济危机爆发，我国这种煤炭供应极度紧张的局面，持续到了冬季与社会公众的冬季采暖问题交织在一起，还将会产生什么样的严重后果？

2008 年 10 月全球经济危机的爆发，意外地缓解了我们的能源严重短缺的困境。然而，虽然现在煤炭价格已经大幅度下降，但是，社会用电量也急剧下降，我国能源结构不合理的矛盾并没有得到缓解。用电量的下降，导致大量新投产火电机组必然会成为利用率极低的不良资产。如果社会用电量上升，煤价飞涨，反之用电量下降，设备闲置。恶化的能源结构，让我国的电力工业陷入了进退两难的恶性循环，历来都是国家利税大户的国有电力企业，一度面临全面巨额亏损。煤、电之争，矛盾重重，如果不改变能源结构，我国整个能源、电力行业的发展前景令人堪忧。

四、水电发展滞后,来自国际社会的生态压力

由于过多地发展火电,排放了与我们的发展水平不相适应的温室气体。在哥本哈根世界气候大会上,我们遭遇到全球的批评。以前由于受到经济能力的局限,我国水电的建设虽然进展缓慢。但是,那种由于整体经济能力不足无能开发利用水电的情况在全世界非常普遍。同时也是由于经济发展水平不高,社会的能源需求量也限,因此,水电开发程度低的现象在欠发展国家中,似乎也并不会造成太大的问题。但是,当一个国家的经济腾飞以后,如果仍然不能及时地开发利用水电和其他清洁能源,那么其快速增长的能源需求,必然要靠燃烧更多的化石能源来解决。难免会带来一系列严重的生态环境问题。

正是由于我国的水电在经济发展的腾飞时期严重受阻,所以,我们的水电开发利用程度远远不能适应我国的经济发展水平。最近几年在全球的发达国家都积极地致力于减排的时候,我们却以每年两三亿吨的绝对增量不断刷新着温室气体排放强度的新纪录。大量的煤炭开采和燃烧不仅引发了我国一系列严重的社会、经济和生态环境问题,也使得我们国家的经济发展与能源供应矛盾要比其他发达国家尖锐得多。为适应国际社会的减排温室气体的需要,缓解国际压力,2009 年我们国家已经向全世界做出承诺,要在 2020 年把单位 GDP 能耗降低40% ~45%,让我国非化石能源的比重达到 15%。

减排温室气体是当前最重要的生态保护。根据科学家的预测,今后若干年,人类社会如果不能把温度上升的范围控制在 2 ℃之内,将有可能带来海平面上涨、气候异常等一系列危险的后果。特别是当地球的温升达到 6 ℃之后,科学家预计,地球上可能将有一半的物种濒临灭绝。显然,从宏观上看,我们打着保护怒江、金沙江鱼类小生态的旗号而反对水电开发的结果,不仅是破坏了全球的整个生态,而且,最终也会反过来影响到怒江和金沙江的物种和生态。

五、"十二五"规划的修正,为何没有收到预期的效果?

面对"十一五"期间我国水电开发受阻所带来的惨痛教训,很多有识之士纷纷提出要特别重视和加速水电的开发和利用。因此,在《中共中央关于制定国民经济和社会发展第十二个五年规划的建议》中就将"十一五"提出的"在保护生态的基础上,有序开发水电",改为"在保护生态的前提下积极发展水电"。很多人都认为,是"十一五"规划中的"有序开发水电"的提法不够科学,所以,造成了我国"十一五"期间的水电开发受阻,因此,才要把"十二五"规划中把"有序开发水电"改称为"积极发展水电"。

然而,目前"十二五"已经过去了一半,但是,我国"十二五"规划的水电开工

目标还没有完成 1/4。也就是说我国"十二五"水电规划的完成和执行情况,并没有比"十一五"有所好转。这不能不引起我们的反思,或许"有序开发"与"积极发展"之间的差别可能不是最重要的。

要求"有序开发水电"其实并没有任何的问题。水电开发中最合法、最重要的"序",当然是执行国家的"十一五"规划。然而,我们当年没有完成"十一五"规划的结果,实际上就是违背了"有序开发水电"的最基本要求。所以,错得不是"有序开发水电"。"十二五"期间,为了避免重蹈"十一五"水电受阻的覆辙,我们把"有序开发"的提法,改成了"积极发展水电"。但是,目前看来实际结果还是一样,我国的水电发展仍然是困难重重。由此可见,"十一五"我国水电发展受阻的原因,并不是出在了发展方式、发展态度上,而很可能是出在了"保护生态"的提法不够科学,容易让人产生误解上。

六、"保护生态"的提法有何不严谨的欠缺?

要搞清这个问题,我们先要看看何为环境(Environment)?

根据孙儒泳先生编著的《动物生态学原理》(北京师范大学出版社出版),环境一般是指生物有机体周围的一切的总和,它包括空间以及其中可以直接或间接影响有机体生活和发展的各种因素,包括物理化学环境和生物环境。人们在使用环境这个术语时,心目中总有一个主体或中心,如人类在谈论环境时,往往指的是人类环境,是以人作为主体的。实际上,环境科学中所指的环境都是以人类为主体的。环境科学中的环境是指围绕人群周围的一切。这与生物学中的"环境",和生态学中的"环境"内涵是不同的。所以,离开了主体的环境是没有内容的、没有意义的,环境的概念是具体的、相对的。环境包含了有机(生物)环境和无机(非生物)环境。

再看生态(Ecology),它的原意是"研究有机体与它的环境之间的关系的学科"。生态学研究的生物组织层次有个体、种群、群落、生态(子系统)等。在不同层次的子系统中、生态中,环境的内涵是大不相同的。

生态学中的环境内涵是根据所研究的目标来确定的。因此,当人们把包括人在内的整个地球作为一个生态系统来考虑问题时,与研究人员针对某一具体研究目标的局部生态子系统时,生态中环境的内涵和范畴可能是完全不同的。如个体水平,所研究的目标个体周围的一切生物和非生物因素都是这个目标个体的环境。种群层次,而不包含种群内部的个体了,其他物种的种群和非生物环境就构成了这个目标种群的环境了。群落层次,研究的目标是群落内所有物种种群的集合体(包括动物、植物、微生物等),所以这个时候的环境就只有非生物环境了。生态系统层次,研究目标是包含生物和非生物(群落加非生物环境)的一个系统，所以环境的内涵就是其他的生态系统了。

保护生态的口号，当指向包括人在内的整个自然界生态系统时，当然毫无问题，但是，当我们把这个口号局限到保护某一个子生态系统的时候，就可能出现保护的结果与整个人类发展进化相矛盾的问题。我国水电的遭遇，就是因为有人缺乏整体的生态大局观念，把保护生态的理念用到了某一个子系统上。用保护某一条鱼、某一棵草的理由，反对整个的社会进化。以至于形成了我们抱着保护生态的目的阻碍水电的开发，却得到了破坏生态环境的最终效果。

七、保护生态的提法，最初来自保护环境

生态环境（Ecological Environment，Eco-environment），这个术语具有极强的中国特色，在国际生态学词典里几乎找不到这个术语。所以，尽管国内很多学者经常使用这个术语，但至今在国家科技名词委员会发布的《生态学名词》中，还没有收录这个术语。

据考证，这个术语最初是已故中国科学院院士黄秉维（第五届全国人民代表大会常务委员会委员）在全国人大讨论宪法草案时，针对草案中"保护生态平衡"这一说法提出来的。他当时认为"保护生态平衡"的表述不够确切，建议改为"保护生态环境"。他的建议在政府报告和宪法中都被采用后，"生态环境"就成为一个法定名词。但之后，黄秉维院士也发现这个提法不当，并曾在自己的文章中明确地说"顾名思义，生态环境就是环境，污染和其他的环境问题都应包括在内，不应该分开，所以我这个提法是错误的。我觉得我国自然科学名词委员会应该考虑这个问题，它有权改变这个东西。"

笔者认为，当初黄院士对"保护生态平衡"提出的异议是有一定道理的。平衡不应该去保护，而应该是维持或者说维护，但是，环境是必须要保护的。所以，他建议把"保护生态平衡"改为"保护生态环境"。实际上就是把生态环境等同于了环境。把生态环境当成环境一样使用，在某些情况下是完全可行的。如前面《动物生态学原理》中所述"人们在使用环境这个术语时，心目中总有一个主体或中心，如人类在谈论环境时，往往指的人类环境，以人作为主体的。实际上，环境科学中所指的环境都是以人类为主体的"。可见，对于包括整个人类社会在内的整体生态系统来说，表述生态环境与环境的差别是不大的。但是，当我们考虑某一个不包含人的局部的子生态系统的时候，"保护生态"的说法就不如"维持子生态系统平衡"的说法更为准确。

也就是说，如果当初黄院士要是建议改成"维护生态平衡"的话，也许就不会造成后来这一系列矛盾了。虽然黄院士自己后来也意识到这个修辞上疏忽，可能会造成某些问题，已经并建议过我国自然科学名词委员会予以更正。但是，

由于宪法是国家的根本大法,在宪法中出现的名词,即使自然科学名词委员会不收录这个名词,但是,它还是不可避免地要在社会上广泛传播。此后,在我国的《中华人民共和国环境保护法》、《中华人民共和国水土保持法》、《中华人民共和国水污染防治法》、《中华人民共和国土地管理法》、《中华人民共和国海洋环境保护法》、《中华人民共和国大气污染防治法》、《中华人民共和国渔业法》、《中华人民共和国防沙治沙法》、《中华人民共和国水法》、《中华人民共和国农业法》、《中华人民共和国草原法》、《中华人民共和国农村土地承包法》等10多部与生态和环境有关的法律中,沿用了这一“生态环境”的提法。

因此,“保护生态环境”的提法,就在我国广泛的流行起来了。尽管开创这个名词的黄院士的本意,是指要保护环境,但是,还是有不少人想当然地会把“保护生态环境”也简化理解成“保护生态”。随后,当人们把“保护生态”的口号,运用到某个子生态系统的时候,就产生了保护了小的生态系统,却不免破坏了大的生态系统的矛盾问题。近年来,我国水电发展的遭遇,就是一个为了保护局部的小生态系统,而破坏人类社会整体大生态系统的典型事例。

多年来,我国一直都有关于“生态环境”和“生态与环境”的学术争论,但是,关于“保护生态”的这一不够严谨的提法可能带来的问题,却始终没能引起学术界足够的重视。在这种情况下,党中央提出的“生态文明”的口号,用以取代以往“保护生态”的不准确、不严谨说法,无疑将是一个巨大的社会进步。

八、生态文明才是生态环境保护与科学发展的辩证统一

在国际上,生态文明水平即生态效率(Eco-efficiency,缩写为EEI),其概念源自20世纪90年代OECE(经济发展与合作组织)和世界可持续发展商业委员会的研究和政策中,通常作为企业和地区提高竞争力的有效途径。广义来看,生态文明水平就是指生态资源用于满足人类需要的效率,其本质就是以更少的生态成本获得更大的经济产出。需要注意到,文明的反义词并不是唯一的。“野蛮”和“愚昧”都是与文明相矛盾的状态。

人类文明从制造和使用石器工具开始,到现在发明和使用的一系列高科技手段,都是为了同自然进行抗争,并在这场斗争中取得更大的主动权,有利于自身的生存发展。由此可见,对于人类来说,生态的文明首先就是要通过人对自然环境的反抗,创造一个适应人类生存的生态环境,而不能是一味地强调要顺从自然生态的“保守”。

进入近代工业文明时期以来,随着技术的进步和生产力的提高,人类对自然的利用和改造达到了前所未有的高度,创造了灿烂的物质文化。但同时,人类对自然的干扰也超过了自然的承受能力,引起了严峻的生态和环境问题。当前我

们党提出把"生态文明"作为全面建设小康社会目标的新要，不仅是要防止不科学发展所造成的生态野蛮，包括治理污染、修复生态。而且也要注意到一些欠发达国家和地区，生态不文明的威胁，主要来自于发展不足的"生态愚昧"，而不是"生态野蛮"。

1972 年发布的《联合国人类环境宣言》第四条就曾指出："在发展中的国家中，环境问题大半是由于发展不足造成的。千百万人的生活仍然远远低于像样的生活所需要的最低水平。他们无法取得充足的食物和衣服、住房和教育、保健和卫生设备。因此，发展中的国家必须致力于发展工作，牢记他们优先任务和保护及改善环境的必要。"

可见在有人生存的现实社会，一味地强调保护原生态并不能代表生态文明，而极有可能是一种生态愚昧。因为，只要有人生存，就要向周围的环境进行索取。如果你不能科学地、能动地改造自然和利用自然，必然就会自发地、无序地、被动地影响和破坏自然生态。

例如在我国的怒江，如果我们无视怒江几十万人生存多年，砍伐林木、陡坡耕种，水土流失严重，地质灾害频发，河谷地带生态环境已经遭到极大破坏的现实，不让怒江人民发挥资源优势科学发展，绝不是在搞生态文明，而是一种在保护口号掩盖下的放纵无序的破坏自然的生态愚昧。显而易见，"生态文明"与传统的"生态保护"的区别就在于，是否提倡人们"科学合理地改造、利用自然"。

总之，环境必须要保护，但生态则不能只是保护，而更需要维持其必要的平衡，包括生态系统的发展和进化。由于我国地大物博、人口众多，各地的经济社会发展极不平衡，当前我国的一些地区已经进入了后现代化，污染治理、生态修复的任务极为紧迫；而另一些地区还非常贫困，甚至还处在刀耕火种的半原始状态，亟待科学发展。为了避免让不严谨的"保护生态"的口号成为阻碍科学发展和社会进化的一种理由，我们应该意识到"生态环境"与"生态"一词的差别，慎用"保护生态"的提法。用生态文明的理念，取代不科学、不严谨的"保护生态"的口号。

贵州水利建设生态建设石漠化治理综合规划对全省水文情势的影响研究

夏　豪　等

中国水电顾问集团贵阳勘测设计研究院

摘要：贵州省水利建设生态建设石漠化治理综合规划共包括各类水库工程 432 座,分布在贵州全省 411 条河流上,规划水库总库容 106.4 亿 m^3,占全省年径流量 1062 亿 m^3 的 10.02%。为研究综合规划实施对全省水文情势的影响,本研究将全省的河流分为八大水系、两大流域,在八大水系、两大流域、贵州全省三个层次上,紧扣规划实施对全省径流量时空分配的影响这一中心,从对各层次径流调配能力的变化、对枯期和汛期径流分配改变等角度入手,分层次阐明规划实施对全省水文情势造成的影响,得到了令人信服的结论,获得了环境保护部的认可。本研究所采用的技术方法对其他省份开展类似项目规划环境影响评价有较好的借鉴作用。

一、引言

2009 年 7 月至 2010 年 5 月,贵州省遭受了百年不遇的特大旱灾,为了尽快从根本上解决贵州长期制约发展的水利、生态和石漠化问题,贵州省制定了《贵州省水利建设生态建设石漠化治理综合规划》(以下简称综合规划)。综合规划包括水利建设规划、生态建设规划和石漠化治理规划等 3 部分,其中水利建设规划共包括水库工程 432 座,其中大型水库工程 4 座、中型水库 142 座、小 I 型水库 222 座、小 II 型水库 64 座,分近期(2015 年)和远期(2020 年)实施,分布在贵州全省 411 条河流上,覆盖全省 17.62 万 km^2 国土面积,规划水库总库容 106.4 亿 m^3,占全省年径流量 1062 亿 m^3 的 10.02%。如此大规模的蓄水工程建设必将改变涉及各河流的径流时空分配,从而对全省水文情势产生影响。

二、贵州省水文水资源概况

贵州省内河流可分为八大水系,分属长江流域和珠江流域。以中部苗岭山脉为分水岭，北属长江流域的有乌江、沅江、牛栏江横江、赤水河綦江四大水系，流域面积 115 747 km²，占全省面积的 65.7%；南属珠江流域的有南盘江、北盘江、红水河、柳江四大水系，流域面积 60 420 km²，占全省面积的 34.3%。贵州全省多年平均径流量 1062 亿 m³，其中长江流域 678.0 亿 m³，开发利用率 10.9%；珠江流域 382.0 亿 m³，开发利用率 4.62%。贵州省径流的年内分配极不均匀，汛期水量大且集中，枯水期水量小且平缓；多年平均最大连续 4 个月占全年径流量的 56% ~73%，由东向西递减；径流的年际变化相对较小。

三、综合规划对贵州省水文情势的影响

综合规划影响范围广，涉及河流 411 条。为了从宏观角度分析综合规划实施对全省水文情势的影响，本研究按照全省河流的流域隶属关系，将全省的河流分为八大水系、两大流域，在八大水系、两大流域、贵州全省 3 个层次上，紧扣综合规划实施对全省径流量时空分配的影响这一中心，从以下 4 方面分析综合规划实施对全省水文情势造成的影响。

1）从规划水库总兴利库容占全省、各流域、各水系年径流量的比例来分析综合规划实施对地表径流调节能力的影响。

2）综合规划的大部分水库工程是位于季节性支沟上的中小型水库，一般是在汛期拦蓄洪水，从规划水库总兴利库容占全省、各流域、各水系汛期径流量的比例来分析综合规划实施对地表径流调节能力的影响。

3）贵州省八大水系干流及主要支流的水利水电工程基本建设完毕，这些水利水电工程中有许多具有水库总库容和调节库容规模大、调节性能高等特点，例如乌江水系上的洪家渡水库、沅江水系上的三板溪水库、北盘江水系上的光照水库、南盘江上的天生桥水库、红水河水系上的龙滩水库等。研究中根据综合规划水库的规模和调节性能，对比贵州省八大水系上已建水库规模和调节性能，进行累加性和对比性分析。

4）综合规划的 432 座水库中，除 4 座大型水库外，其余 428 座水库均分布在贵州省八大水系的二、三级支流上，其中大部分分布在季节性支沟上。根据各水系的水库数量和规模，以及季节性支沟水库的数量、规模和调节性能，从宏观角度分析综合规划实施对各水系水文情势的影响。

（一）对贵州省八大水系水文情势的影响

根据综合规划水库规模、建设时序及供水规模等数据，得出对贵州省八大水系水文情势的影响情况，详见表 1。

表 1　综合规划对贵州省八大水系水文情势影响评价表

项目		乌江	赤水河、綦江	牛栏江、横江	沅江	北盘江	南盘江	红水河	柳江
年径流量/亿 m³	年均	386.8	71.1	19.5	202.6	127.8	52.3	94.5	107.4
汛期径流量/亿 m³	年均	299.4	55.7	10.9	147.9	89.5	44.6	66.2	78.4
汛期径流量/年径流量/%	年均	77.4	78.3	56	73	70	85.2	70	73
干流及主要支流已建水库兴利库容/亿 m³	年均	102.5	13.65	1.52	39.2	46.03	59.9	117.63	22.1
规划水库总兴利库容/亿 m³	2015 年	18.84	1.12	0.24	3.96	2.73	2.15	2.96	0.80
	2020 年	20.79	1.59	0.54	4.87	3.80	3.90	2.96	0.92
总兴利库容/年径流量/%	2015 年	4.87	1.57	1.22	1.96	2.13	4.10	3.13	0.74
	2020 年	5.37	2.24	2.78	2.41	2.98	7.46	3.13	0.86
总兴利库容/汛期径流量/%	2015 年	6.29	2.01	2.18	2.68	3.05	4.81	4.47	1.02
	2020 年	6.94	2.86	4.98	3.29	4.25	8.75	4.47	1.18
总兴利库容/已建水库兴利库容/%	2015 年	18.38	8.20	15.61	10.11	5.92	3.58	2.52	3.62
	2020 年	20.28	11.67	35.70	12.43	8.26	6.51	2.52	4.18
规划水库年总供水量/亿 m³	2015 年	10.31	0.75	0.15	2.61	1.95	0.7	1	0.53
	2020 年	12.19	1.17	0.41	3.14	2.64	1.59	1	0.62
年总供水量/年径流量/%	2015 年	2.67	1.05	0.77	1.29	1.53	1.34	1.06	0.49
	2020 年	3.15	1.65	2.10	1.55	2.07	3.04	1.06	0.58
规划水库总数/座	2015 年	185	25	8	41	45	8	21	18
	2020 年	223	34	9	50	60	16	21	19
季节性支沟水库数量/座	2015 年	155	23	7	33	40	4	15	14
	2020 年	165	25	8	34	42	5	16	14
季节性支沟水库数量/规划水库总数/%	2015 年	83.78	92.00	87.50	80.49	88.89	50.00	71.43	77.78
	2020 年	73.99	73.53	88.89	68.00	70.00	31.25	76.19	73.68

综合规划水库总兴利库容占所在水系年径流量的比例:近期(2015 年)为

0.74% ~4.87%,远期(2020年)为0.86% ~7.46%。

综合规划水库总兴利库容占所在水系汛期径流量的比例:近期(2015年)为1.02% ~6.29%,远期(2020年)为1.18% ~8.75%。

综合规划水库总兴利库容占各大水系已建水库兴利库容的比例:近期(2015年)为2.52% ~18.38%,远期(2020年)为2.52% ~35.7%。

综合规划水库中季节性支沟水库数量占各大水系中规划水库数量的比例:近期(2015年)为50% ~88.89%,远期(2020年)为31.25% ~88.89%。

从以上数据分析得知,综合规划实施对贵州省八大水系整体的调节能力有一定影响,其中影响最大的是牛栏江横江水系,但总体上讲,综合规划实施后各水系的径流调节分配仍主要受控于各水系已建水库。

(二)对贵州省两大流域水文情势的影响

根据综合规划水库规模、建设时序及供水规模等数据,得出对贵州省境内长江流域和珠江流域水文情势的影响情况,详见表2。

表2　综合规划对贵州省境内长江流域和珠江流域水系水文情势影响评价表

流域	项目	近期(2015年)	远期(2020年)
长江流域	年径流量/亿 m³	680	
	汛期径流量/年径流量/%	75.57	
	汛期径流量/亿 m³	513.9	
	综合规划水库总兴利库容/亿 m³	24.16	27.8
	总兴利库容/贵州境内长江流域年径流量/%	3.55	4.09
	总兴利库容/汛期径流量/%	4.70	5.41
	规划水库年总供水量/亿 m³	13.82	16.91
	年总供水量/贵州境内长江流域年径流量/%	2.03	2.49
	规划水库总数/座	259	316
	季节性支沟水库数量/座	218	232
	季节性支沟数量/水库总数/%	84.17	73.42
珠江流域	年径流量/亿 m³	382	
	汛期径流量/年径流量/%	72.96	
	汛期径流量/亿 m³	278.7	

续表

流域	项目	近期(2015 年)	远期(2020 年)
	综合规划水库总兴利库容/亿 m^3	8.63	11.59
	总兴利库容/贵州境内珠江流域年径流量/%	2.26	3.03
	总兴利库容/汛期径流量/%	3.10	4.16
珠江流域	规划水库年总供水量/亿 m^3	4.18	5.85
	年总供水量/贵州境内珠江流域年径流量/%	1.09	1.53
	规划水库总数/座	92	116
	季节性支沟水库数量/座	73	77
	季节性支沟数量/水库总数/%	79.35	66.38

综合规划水库总兴利库容占各流域汛期径流量的比例:近期(2015 年),长江流域为 4.70%,珠江流域为 3.10%;远期(2020 年),长江流域为 5.41%,珠江流域为 4.16%。

综合规划水库总供水量占各流域年径流量的比例:近期(2015 年),长江流域为 2.03%,珠江流域为 1.09%;远期(2020 年),长江流域为 2.49%,珠江流域为 1.53%。

综合规划水库中季节性支沟水库数量占各流域中规划水库数量的比例:近期(2015 年),长江流域为 84.17%,珠江流域为 79.35%;远期(2020 年),长江流域为 73.42%,珠江流域为 66.38%。

以上数据表明:综合规划水库总兴利库容占贵州省境内长江流域和珠江流域地表径流量、汛期地表径流量的比例较低,年总供水量占各流域年径流量的比例也很低,说明综合规划对贵州省境内长江流域和珠江流域水文情势的影响较小。

(三) 对贵州省水文情势的影响

贵州省年径流量 1062 亿 m^3,其中汛期地表径流量 774.2 亿 m^3,截至 2009 年底,贵州省中型以上供水水库兴利库容 6.6 亿 m^3,占贵州省年径流量的 0.62%,占汛期地表径流量的 0.96%。

根据综合规划水库规模、建设时序及供水规模等数据,得出对贵州全省水文情势的影响情况,详见表 3。

表3 综合规划对贵州全省水文情势评价表

项目	近期(2015 年)	远期(2020 年)
年径流量/亿 m³	1062	
汛期径流量/亿 m³	774.2	
汛期径流量/地表年径流量/%	72.9	
综合规划水库总兴利库容/亿 m³	32.79	39.39
总兴利库容/年径流量/%	3.09	3.71
总兴利库容/汛期径流量/%	4.24	5.09
综合规划水库总数/座	351	432
季节性支沟水库数量/座	291	309
季节性支沟水库数量/综合规划水库总数/%	82.91	71.53

综合规划水库总兴利库容占全省年径流量的比例:近期(2015 年)为 3.09%,远期(2020 年)为 3.71%。

综合规划水库总兴利库容占全省汛期径流量的比例:近期(2015 年)为 4.24%,远期(2020 年)为 5.09%。

综合规划水库中季节性支沟水库数量占规划水库数量的比例:近期(2015 年)为 82.91%,远期(2020 年)为 71.53%。

以上数据说明,综合规划水库总兴利库容占贵州省年径流量及汛期径流量的比例较低,说明综合规划对贵州省水资源的时空分配影响较小,对全省水文情势影响很小。

四、结语

贵州省水利建设生态建设石漠化治理综合规划对全省水文情势的影响主要体现在水库工程,从宏观角度分析,综合规划对全省水文情势的影响主要体现在对全省地表径流的调配能力的影响上。本研究通过大量数据表明:综合规划实施后对贵州省八大水系、两大流域以及全省地表径流的调配能力较小,说明对贵州省水文情势的影响较小。这一结论经环境保护部组织专家论证后得到了肯定。

近年来我国频繁发生严重水旱灾害,为加快水利发展,增强水利支撑保障能力,党中央国务院下发了《中共中央国务院关于加快水利改革发展的决定》,要求加快水利工程建设,解决工程性缺水问题,多个省份均出台了各自的水利建设规划。在全省份范围内开展大规模水利建设,必将对区域水文情势产生影响,这也是规划环境影响研究的重点之一。本研究从贵州省八大水系、两大流域以及全省范围 3 个层次上,用一系列数据阐明规划实施对水文情势造成的影响,丰富了我国的规划环境影响评价技术方法,对其他省份开展类似项目规划环境影响评价有较好的借鉴作用。

参考文献

[1]   中国水电顾问集团贵阳勘测设计研究院. 2010. 贵州省水利建设生态建设石漠化治理综合规划环境影响报告书[R].

[2]   贵州省水利水电勘测设计研究院. 2010. 贵州省水利建设生态建设石漠化治理综合规划报告[R].

贵州乌江干流梯级电站联合生态调度
可行性及总体思路研究

夏 豪 等

中国水电顾问集团贵阳勘测设计研究院

摘要:乌江是我国第一条实施"流域、梯级、滚动、综合"开发的大型河流,本文在阐明贵州乌江干流目前出现的生态环境问题的基础上,分析了实施贵州乌江干流梯级电站联合生态调度的可行性,针对乌江干流现有主要生态环境问题以及生态环境特点,提出了贵州乌江干流梯级电站联合生态调度的主要内容及具体研究思路,为贵州乌江干流梯级电站联合生态调度下一步研究和实施提供参考。

一、引言

乌江是长江上游右岸的最大支流,也是贵州境内最大的河流。乌江是国家确定的十三大水电基地之一,也是我国第一条实行"流域、梯级、滚动、综合"开发的大型河流,主要的开发任务为发电,其次为航运,兼顾防洪及其他。目前贵州境内乌江干流上已建成的电站有洪家渡水电站(600 MW)、普定水电站(75 MW)、引子渡水电站(360 MW)、东风水电站(695 MW)、索风营水电站(600 MW)、乌江渡水电站(1250 MW),思林水电站(1040 MW)和构皮滩水电站(3000 MW)已投产发电,最末一级沙沱水电站(1000 MW)计划于 2013 年 4 月底蓄水,贵州境内梯级开发即将全部完成。

乌江干流梯级电站均采用堤坝式开发,各梯级中除洪家渡、构皮滩梯级具有年调节以上调节能力以外,其余电站仅具有季调节或日调节能力,全河段可实现多年调节。各梯级电站的调度运行方式是根据电网要求而动态变化的,没有一个固定的模式。各梯级电站设置调节库容时,主要考虑对区间径流进行调节,但均考虑了下游的生态需水量,如乌江渡梯级因为考虑下游航运的需要,设置了航运基荷,即下泄流量不能小于 75 m³/s。各梯级电站均不会出现全部机组停机的情况,不会导致坝下河道断流。

2008 年中国华电集团公司组织开展了贵州乌江水电开发环境影响后评价工作,研究人员在贵州乌江干流选取了 4 个代表性的断面,采用 Tennant 法和综合法对这 4 个断面的生态需水量进行了计算,并与实际径流过程进行对比。结果表明[1]:所选取的 4 个断面实际流量都能满足其最小生态需水要求,目前各梯级电站所采取的调度方式能满足贵州乌江干流生态基本健康所需的生态流量。

二、贵州乌江干流梯级电站调度方式现存环境问题

尽管乌江干流各梯级电站均采取或设计了生态流量下放措施,能够保证下游河段基本的生态用水需求,但这些措施是建立在发电效益最大化基础上的,未能从贵州乌江干流生态环境系统对水文过程的特殊要求进行调度。根据长期的监测和调查,目前贵州乌江干流出现了以下几方面的生态环境问题:① 水库的低温水下泄现象明显,监测表明:乌江干流上的洪家渡、构皮滩电站下泄水温与天然河道水温的年平均差值已经超过了 2 ℃,对下游河道的生态环境存在较大影响;② 库区河段总氮和总磷污染严重,水库富营养化现象突出,除洪家渡外其余梯级都处于较高的营养水平;③ 鱼类物种数量趋于减少,鱼类小型化;长期的监测和研究表明:梯级电站阻隔、干流河段湖泊化、水库低温水影响、水文情势变化频繁是造成这种现象的主要因素[1]。

三、"生态调度"的含义

从国内外学术界的定义看来,所谓"生态调度"是指兼顾生态的水库综合调度方式。广义的"生态调度"可包括:在强调水利水电工程经济效益与社会效益的同时,将生态效益提高到应有的位置;保护流域生态系统健康,对筑坝、给河流带来的生态环境影响进行补偿;考虑河流水质的变化;以保证下游河道的生态环境需水量为准则等[2]。Griphin[3]在文献中提到,生态调度是水库既要满足人类对水资源需求又要尽量满足生态系统的需水要求。汪恕诚[4]认为,生态调度是水库在发挥各种经济效益、社会效益的同时发挥最优的生态效益,它是针对宏观的水资源配置和调度中的生态问题而言的。董哲仁、孙东亚[5]提出了"水库多目标生态调度",即水库在实现防洪、发电、供水、灌溉、航运等社会经济多种目标的前提下,兼顾河流生态系统需求的调度方式。蔡其华[6]提出,在满足坝下游生态保护和库区水环境保护要求的基础上,充分发挥水库的防洪、发电、灌溉、供水、航运、旅游等各项功能,使水库对坝下游生态和库区水环境造成的负面影响控制在可承受的范围内,并逐步修复生态与环境系统。

由此不难得出,生态调度核心内容是指将生态因素纳入到现行的水电站调度中去,根据具体的工程特点制定相应的生态调度方案。生态调度是水库调度

发展的最新阶段,并自始至终贯穿着生态与环境问题,以满足流域水资源优化调度和河流生态健康为目标[7]。

四、贵州乌江干流梯级电站联合生态调度的可行性

(一)贵州乌江干流梯级电站调节性能好,分布合理

乌江干流贵州境内长 879.6 km(南源源头起),共建有 9 座梯级水电站。其中南源三岔河上有普定、引子渡梯级,均具备季调节性能;北源六冲河上有洪家渡梯级,为乌江干流的龙头梯级,具备多年调节性能;中游的 4 座梯级水电站中,东风梯级和乌江渡梯级具备季调节性能,索风营梯级具备日、周调节性能,构皮滩梯级单独运行时具备年调节能力,与上游水库联合运行时有多年调节性能;下游的思林和沙沱梯级均具备日、周调节(见表 1)。从贵州乌江干流整体分析,在贵州乌江干流的上游及中游各有一座调节性能很好的水电站,分布较合理,在这两个梯级的调节下,干流河段可以实现多年调节,有利于从保护生态环境的角度对干流各梯级进行联合调度。

表 1 贵州乌江干流各梯级电站调节性能一览表

梯级名称	普定	引子渡	洪家渡	东风	索风营	乌江渡	构皮滩	思林	沙沱
调节性能	季	季	多年	季	日、周	季	多年	日、周	日、周
分布河段	上游	上游	上游	中游	中游	中游	中游	下游	下游

(二)实现贵州乌江干流梯级电站联合调度的基本条件已具备

2005 年 5 月,乌江公司水电站远程集控中心正式成立,其主要职能是负责乌江流域梯级水电站水库和机组的远程控制以及联合优化调度。2006 年 6 月乌江流域梯级水电站远程集控中心计算机系统正式投入使用,其设计管理和监控的水电站共计 7 个,分别为洪家渡、东风、索风营、乌江渡、构皮滩、思林、沙沱,可实现对各梯级水电站的联合调度管理功能,为贵州乌江干流梯级电站联合生态调度提供了有力的技术支持和可靠保障[8]。

(三)贵州乌江流域环境基础信息丰富

贵州乌江干流各梯级电站均开展了环境影响评价和环境保护设计工作,对流域生态环境基础信息的调查较为全面;2008 年中国华电集团公司组织开展了

贵州乌江水电开发环境影响后评价研究工作,该研究同时被国家环保部列为环境影响后评价试点。通过后评价研究,对乌江流域经济、社会、生态环境等各方面的环境现状都做了深入、翔实的调查,对乌江干流生态环境系统所需的特定水文过程有深入研究,可以有针对性地制定贵州乌江干流联合生态调度的环境目标。

五、贵州乌江干流梯级电站联合生态调度内容

贵州乌江干流梯级电站联合生态调度应以可持续的科学发展观为指导,统筹生态、发电、防洪、航运,运用先进的调度技术和手段,在满足贵州乌江干流生态保护和库区水环境保护要求的基础上,充分发挥水库的发电、防洪、航运等各项功能,使因梯级水电站开发以及人类活动对乌江干流生态和库区水环境造成的负面影响控制在可承受的范围内,并逐步修复生态与环境系统。根据目前乌江干流出现的主要生态环境问题以及生态环境特点,贵州乌江干流梯级电站联合生态调度应包括以下5方面内容。

1)生态需水调度。以满足贵州乌江干流基本生态需水量为目的,维持干流水生生态环境基本稳定所必需的水量。根据乌江水电开发环境影响后评价研究成果,目前各梯级电站所采取的调度方式能满足贵州乌江干流生态基本健康所需的生态流量,但这仅仅是最基本的生态调度方式。

2)生态水文情势调度。目前乌江干流各梯级电站的调度方式使得河流水文过程均一化,失去了自然的水文情势,需要改变现行水库调度中水文过程均一化的倾向,模拟自然水文情势的水库泄流方式,为河流重要生物繁殖、产卵和生长创造适宜的水文学和水力学条件。比如根据鱼类的繁殖生物学习性,结合来水的水文情势,形成有利于鱼类生长的"人造洪峰",使之接近建坝前的水文情势,恢复鱼类产卵条件等。

3)生态因子调度。如水温、流速、流量等生态因子调度。以水温为例,洪家渡、构皮滩梯级存在明显的水温分层现象,水库低温水的下泄对大坝下游河段鱼类的产卵、繁殖和生长有较大影响;可根据水库水温垂直分布结构,结合取水用途和鱼类产卵、繁殖习性,通过下泄方式和时段的调整,以提高下泄水的水温,满足坝下游鱼类产卵、繁殖的需求。

4)水质调度。主要是为防止或减轻突发水质污染事故、水体富营养化而进行的生态调度。目前贵州乌江干流除洪家渡梯级外,其余梯级都存在不同程度的富营养化,以乌江渡梯级最为严重。可以通过改变水库的调度运行方式,在一定的时段降低坝前蓄水位,缓和对于库岔、库湾水位顶托的压力,使缓流区的水体流速加大,破坏水体富营养化的条件;也可以考虑在一定时段内加大水库下泄

量，带动库区内水体的流动，达到防止水体富营养化的目的。

5）综合调度。结合贵州乌江干流梯级水电开发任务，实施包含生态环境保护、发电、防洪、航运等多目标的综合优化调度。

六、贵州乌江干流梯级电站联合生态调度总体思路

1）生态环境现状调查及生态环境问题分析。这是贵州乌江干流联合生态调度研究的基础步骤，目的在于调查清楚贵州乌江干流梯级电站开发造成的生态环境影响，包括对干流水文情势、水温、库区水质、干流主要水生生物的影响，以便合理确定梯级电站联合生态调度的生态环境目标，有针对性地制定联合生态调度措施。

2）贵州乌江干流生态健康指标体系及环境保护指标体系构建。在第一步工作的基础上，确定贵州乌江干流梯级电站联合生态调度的生态环境目标。生态环境目标需要用一系列的指标体系来反映，明确需要改变的主要生态环境因子，按照目前贵州乌江干流呈现出的生态环境问题，可对应的建立生态健康指标体系及环境保护指标体系。生态健康指标主要包括水流、水质、河岸带、水生生物和物理结构等五个方面；环境保护指标体系主要包括水温、水质、富营养化等。

3）贵州乌江干流生态环境模型建立。针对第二步建立的指标体系，用生态环境模型模拟各种调度方案下所能达到的环境目标，主要包括水文水质模型、水温模型、富营养化模型、鱼类及水生生物生长模型、纳污能力计算模型。

4）贵州乌江干流生态水文过程研究。综合考虑乌江干流水电站下游水质达标、富营养化控制、控制低温水下泄以及鱼类生长繁殖的要求，通过资料分析及模型计算，研究乌江干流已建成的洪家渡、普定、引子渡、东风、索风营、乌江渡、构皮滩、思林、沙沱等各梯级调度方式对干流最小生态环境需水量及特定的需水过程的满足程度，指出需对哪些调度措施进行调整。

5）贵州乌江干流梯级电站联合生态调度方案制定及目标可达性分析。在以上工作的基础上，制定贵州乌江干流梯级电站联合生态调度方案，调度方案应在贵州乌江干流各梯级现有的联合优化调度策略上，加入生态环境保护约束条件，以满足第四条所论述的几方面的需求。联合调度方案制定后，利用第三步中的生态环境模型，对干流生态环境状况进行模拟分析计算，分析生态环境目标可达性；如不满足目标，则应对联合调度方案进行优化调整，直至满足生态环境目标。

7）建立贵州乌江干流生态环境监测体系，评估反馈联合生态调度实施效果。建立包括水文、水质、水温、水生生态等有关信息的监测系统，对梯级电站联合生态调度的效果进行评估，把相关信息反馈给决策管理部门，以持续改进完善

联合生态调度系统。

七、结语

乌江是我国重点开发的十三大水电基地之一,实施贵州乌江干流梯级电站联合生态调度对于维持乌江健康,保障乌江生态系统的良性循环,实现乌江水资源、生态环境和社会经济协调发展具有重要意义,必将产生巨大的生态社会经济效益。贵州乌江干流梯级电站联合生态调度目前已具备实施的可行性,作为我国第一条实施"流域、梯级、滚动、综合"开发的大型河流,乌江有责任也有条件率先开展河流梯级电站联合生态调度的探索和尝试。但全面实施河流梯级电站联合生态调度是一个复杂的系统工程,本文提出了贵州乌江干流梯级联合生态调度的总体思路,其中诸多理论和技术问题需要深入研究,建议尽快开展此研究工作。

参考文献

[1]　夏豪,金泽华,邹建国,等. 乌江干流梯级电站生态调度现状分析[J]. 四川环境,2010,29(5):14 – 18.

[2]　黄云燕. 水库生态调度方法研究[D]. 武汉:华中科技大学,2008:1 – 2.

[3]　Symphorian G R, Madamombe E, van der Zaag P. Dam operation for environmental water releases:the case of osborne dam[J]. Physics and Chemistry of the Earth,2003,28(20):985 – 993.

[4]　汪恕诚. 纵论生态调度[N]. 中国水利报,2006 – 11 – 14(1).

[5]　董哲仁,孙东亚,赵进勇. 水库多目标生态调度[J]. 水利水电技术,2007,38(1):28 – 32.

[6]　蔡其华. 充分考虑河流生态系统保护因素完善水库调度方式[J]. 中国水利,2006(2):14 – 17.

[7]　王远坤,夏自强,王桂华. 水库调度的新阶段——生态调度[J]. 水文,2008,28(1):7 – 9.

[8]　田华,梁卫,简永明. 乌江流域梯级水电站联合优化调度的探讨[J]. 贵州水力发电,2009,23(1):11 – 17.

黄河泥沙资源利用整体架构及时空效应

江恩慧　等

黄河水利科学研究院

摘要:泥沙是黄河问题的根源。本文针对天然情况下黄河泥沙的分布特点,首先论述了目前黄河水利委员会(简称黄委)在泥沙综合处理方面的策略与实施效果;鉴于未来黄河水少沙多的矛盾将更加突出、现有泥沙处理策略无法完全解决泥沙问题的现状,结合近期黄河泥沙资源利用技术、水库泥沙处理技术、泥沙输送技术的发展情况,以及沿黄经济社会发展对泥沙资源的需求,提出了逐步建立泥沙处理与利用有机结合的良性战略运行机制、实现黄河长治久安的泥沙处置思路,初步构建了基于泥沙资源利用的黄河泥沙处理整体架构,并从防洪安全、河流健康、经济社会发展等方面,对这种架构的时空效应进行了初步评价。

一、引言

黄河是世界上公认的最复杂难治的河流,难治的症结在于"水少、沙多、水沙关系不协调",其巨量泥沙造成河道萎缩,"二级悬河"形势日趋严峻。进入21世纪,在多年研究的基础上,结合小浪底水库的运用,黄河开展了大规模的基于水库群联合调度的调水调沙实践及标准化堤防建设,在泥沙处理与利用方面取得了一些新的突破与经验。

但是,研究表明[1,2],黄河在今后几十年内年均输沙量仍有 8 亿 ~ 10 亿 t,仍将是一条多泥沙河流,"水少、沙多,水沙关系不协调"的根本属性不可能短期内发生根本性改变。已建水库(包括拦泥库、淤地坝)拦沙库容的逐步消失,待建水库面临的淤积,水库向下游排沙造成下游河道持续抬高,这些因素都使黄河下游的防洪形势更加严峻,防洪任务不断加重。要实现黄河的长治久安,保证沿黄国民经济的持续健康发展,要求我们必须通过科学规划与治理,更加合理地处理好泥沙的空间分布,利用好源源不断而来的泥沙资源,将黄河泥沙输送到适宜场所,实现泥沙处理与利用的有机结合,改善面临的严峻局面。

二、黄河水沙基本情况

黄河是世界上输沙量最大、含沙量最高的河流。据 1919—1999 年实测资料

统计,下游控制站四站(龙门、华县、河津、状头四站之和,简称四站)天然水量为
504.9 亿 m^3、沙量 16.14 亿 t,入海代表站利津站天然水量为 567.2 亿 m^3。水沙
关系呈水少沙多、年内分布和年际分布不均、水沙不完全同步、水沙异源等特
点[3]。

　　随着气候变化和人类活动对下垫面的影响,以及经济社会的快速发展、工农
业生产和城乡生活用水大幅度增加,河道内水量明显减少,加上水库工程的调蓄
作用,使黄河水沙关系发生了明显的变化。在来水方面,四站以上和利津以上流
域经济社会用水和下垫面变化耗用河川径流量呈持续增长的趋势,2008—2010
年已使四站水量减少 278.2 亿 m^3,使利津水量减少 435.3 亿 m^3。根据 1987 年
国务院批复的黄河水资源配置方案,四站以上约 200 亿 m^3,全河 370 亿 m^3。现
状与国务院要求的配置方案相比,经济社会用水和下垫面变化使河川径流减少
量,2008—2010 年四站以上多 78.2 亿 m^3,利津以上多 65.3 亿 m^3。在来沙方面,
20 世纪 70 年代以后水利水保措施减沙明显见效后,各个时段减沙量变化不大,
多年平均减沙量为 4.21 亿 ~ 4.36 亿 t。

　　根据李文家等[4]的研究,未来即使实行最严格水资源管理制度,经济社会用
水仍呈持续增长的趋势。今后多年平均径流量,四站最多为 226.7 亿 m^3,入海
水量最多为 131.9 亿 m^3。在实施最大可能节水的前提下,到 2030 年,黄河上中
游地区缺水仍将达 100 亿 m^3。在来沙方面,水土规划顺利实施后,到 2020 年和
2030 年,四站输沙量为 11 亿 t 左右和 10 亿 t 左右;2050 年逐步减少,2070 年以
后长期维持在 12 亿 t 左右。也就是说,未来随着经济社会发展,黄河径流量将
逐渐减少,而沙量将始终维持在 12 亿 t 左右,水少沙多的矛盾更加突出。

三、泥沙的二重性

　　泥沙是指在流体中运动或受水流、风力、波浪、冰川及重力作用移动后沉积
下来的固体颗粒碎屑。河流泥沙来源于流域内的土壤侵蚀,通过侵蚀、搬运和沉
积过程,最后输送入海。泥沙淤积造成水库淤积,我国年平均水库库容损失率达
2.3%,不仅影响水库兴利效益的发挥,严重威胁水库寿命,而且带来一系列环境
问题。泥沙淤积造成河道洪水位上升,是加剧江河洪灾的根本原因之一,长期以
来,泥沙灾害给社会经济发展带来巨大的损失,使人们对泥沙的灾害属性认识非
常深刻。

　　泥沙作为一种自然界中的物质,也有其有利的一面。随着社会经济的发展,
泥沙利用与人民生活愈加密切,泥沙的资源属性也逐步被认识和接受。流域泥
沙蚀高淤低,造就了河流中下游大片的平原低地。河流泥沙从上游搬运来大量
矿物元素和有机质,对改良土壤结构、提高土壤肥力有显著作用。黄土高原流失

的每吨泥土中含氨 0.8~1.5 kg、全磷 1.5 kg,全钾 20 kg,黄河下游地区通过淤改、稻改和浑水灌溉,改良了数百万亩的土地,将低产盐碱荒地变成粮棉生产基地。黄河下游还利用丰富的泥沙资源进行了淤临淤背建设。

可见,泥沙具有二重性。一方面,它淤积在河道内,抬高河床,壅高水位,威胁堤防和沿岸人民群众的生命财产安全;另一方面,泥沙又有其自身的使用价值,是一种天然的可再生资源。其有害的一面为泥沙灾害,而有利的一面称之为泥沙资源。

四、黄河泥沙综合治理战略演变历程及实施效果

(一)黄河泥沙综合治理战略演变历程

新中国成立后,随着对黄河泥沙问题认识的逐步深入和泥沙处理工程实践的不断发展,特别是龙羊峡、刘家峡、三门峡、小浪底等黄河干支流大中型水库相继投入运用,泥沙调控与处理的手段与能力也在不断升华,其发展过程大体为:20 世纪 50 年代初期,提出"除害兴利、蓄水拦沙",以"达到综合性开发目的"的治河方略;1964 年,通过三门峡工程的实践,明确提出"上拦下排"的治河思想;在 1969 年的"四省会议"上,首次总结出了"拦、排、放"相结合的泥沙处理原则,并在 1975—1977 年的治黄规划修订中得到体现;在 1990 年进行的治理黄河规划修订工作中,规划提出"拦、排、放、调"综合治理的治黄方略;随着 20 世纪 90 年代"挖河固堤"工程的启动,在 1997 年、1999 年的《黄河治理开发规划纲要》、《黄河的重大问题和决策》中提出了"拦、排、放、调、挖"综合治理措施处理和利用泥沙;小浪底水库的投入运用,使"调"的工作取得了突破性进展,2010 年完成的《黄河流域综合规划》,将以前的"拦、排、放、调、挖"修编为"拦、调、排、放、挖",同时更加明确地提出了"泥沙资源利用"[5]。

(二)黄河泥沙综合治理战略实施效果

通过人民治黄 60 年的辛勤努力,在黄河泥沙综合治理战略实施下,初步建立了完善的水沙调控体系,确保黄河下游 60 多年不决口。黄河中游地区的多沙支流治理得到了加强。中游地区的重要多沙支流有 20 多条,它们是向黄河输沙的主要通道。仅无定河、黄埔川、三川河、窟野河、孤山川和秃尾河 6 条多沙支流,每年输沙量就达 4 亿多吨。20 世纪 80 年代开始,选择这些支流作为黄河多沙支流的治理重点,通过水保和面上治沙措施,有效控制了水土流失,取得了明显效果,年均减少入黄泥沙 3.5 亿~4.5 亿 t。

从 2002 年开始,黄河水利委员会进行调水调沙试验与生产运行,经过连续

10年(13次)的实践,使进入黄河下游水沙关系更加协调,下游河道主河槽得到全面冲刷,共冲刷3.90亿t,河道过流能力明显提高。

从2003年开始开展的黄河标准化堤防一期建设,提高防洪安全的同时,改善了生态环境。为了改变下游两岸农业生产面貌,从20世纪50年代开始引黄放淤改土。既为处理泥沙找到了出路,又充分利用黄河泥沙肥分高的条件,将沙荒盐碱地改造为良田。黄河泥沙填海造陆造就了黄河三角洲,目前黄河三角洲自然保护区所辖的接近230万亩土地,只有50多年的历史。近年来黄河仍每年填海造陆1万亩左右。

五、泥沙处理与利用有机结合的必要性及战略意义

(一)黄河多沙属性长期存在

泥沙是黄河问题的根源。研究表明,在今后几十年内,黄河干流的年均输沙量仍有8亿~10亿t/年,黄河仍将是一条多泥沙河流。

黄河下游是我国重要的工农业生产基地,人口密集,是黄河防洪的重中之重,泥沙处理不仅关系到防洪安全、供水安全、粮食安全,而且关系到经济安全、生态安全和国家安全。黄河难治的症结在于"水少、沙多、水沙关系不协调",巨量泥沙造成河道萎缩,"二级悬河"日趋严峻,严重威胁黄河防洪安全。新中国成立以来,党和政府高度重视,投入大量的物力、财力治理黄河,建设水库、修筑堤防,确保了黄河的安全;但由于黄河的泥沙问题一直无法根治,下游河床不断抬高的趋势无法根本扭转,泥沙问题随时威胁着黄河下游的安全。

从长远防洪形势上分析,由于黄河的多沙属性将长期存在,要实现黄河长治久安,必须解决海量泥沙的处理与利用问题。

(二)单纯依靠河道输沙无法完全解决泥沙问题

调水调沙实践虽然已取得了巨大成效,但其输沙入海的能力不是无限的,未来调水调沙作用与效果将受一定制约。

随着经济社会的发展,黄河流域水资源紧缺的状况将更加严峻,1980年以来,黄河流域用水量从343.0亿 m^3 增加到2006年的422.7亿 m^3,工业生活用水的比重由11.7%提高到25.1%。

随着工业化和城市化进程加快,尤其是黄河流域能源重化工基地的快速发展,到2030年,黄河流域经济社会发展和生态环境改善对水资源的需求也将呈刚性增长,水资源供需矛盾日益突出,生产、生活用水的不足导致其严重挤占河道内输沙、生态环境用水,输沙用水的水量不可能出现大幅增长,甚至有可能减

少。期望通过调水调沙将黄河泥沙全部输送入海是不现实的。

(三)泥沙资源利用技术正逐步成熟与完善

长期以来,科技人员一直致力于黄河泥沙的资源化利用研究,除多年来黄河上普遍采用的淤背固堤、淤填堤河等技术外,黄河水利科学研究院根据黄河泥沙颗粒细、含泥量大的特点,研发了专用环保型固化剂,使黄河泥沙砖能够保持结构致密、强度高,提出了泥沙蒸养砖、泥沙烧结砖的生产工艺,并进行了样品制作与性能检验,研制出黄河抢险用大块石,取得了一定的综合利用黄河泥沙的经验。目前,黄河泥沙综合利用方面已经开发的产品主要有:黄河泥沙烧结内燃砖、黄河泥沙灰砂实心砖、黄河泥沙烧结空心砖、黄河泥沙烧结多孔砖(承重空心砖)、黄河泥沙建筑瓦和琉璃瓦、黄河泥沙墙地砖、黄河淤泥黑陶、彩陶制品等,这些产品大多是国家基本建设中应用量大、面广的建筑材料。

此外,黄委科研人员通过理论分析和室内试验,近期又设计研发了拓扑互锁结构砖、免蒸加气混凝土砌块技术,并在利用黄河泥沙烧制陶粒、制备微晶玻璃、制作型砂、提纯加工高附加值的化学工业用原材料等方面进行了探索。

上述研究取得了良好的社会效益、经济效益和生态效益,为黄河泥沙资源持续利用的进一步研究打下了基础。

(四)为泥沙资源利用提供保障的泥沙输送技术近期取得较大进展

黄河流域主要采用管道进行长距离输沙,黄河上的管道输沙技术自 20 世纪 70 年代以来,经过 40 多年的不断研究、创新、提高,也已经成为一项相对较为成熟的实用技术。管道输沙的动力已由以前的以柴油机为主发展为以高压动力电为主,由单级输沙到多级接力配合输沙,输沙距离由最初的 1000 m 左右发展到 12 000 m 以上,单船日输沙能力最大达到 5000 m³ 以上。

在水库泥沙向下游输送方面,近几年来,黄河水利科学研究院通过国内外调研和各种渠道对深水水库的高效排沙和清淤技术进行了一定的探讨。江恩惠等根据小浪底水库淤积特征、输沙规律和运用特点,在借鉴国内外清淤疏浚等有关成果的基础上,分别对自吸式管道排沙系统与射流冲吸式清淤系统在深水水库应用的可行性进行了论证、比选和整合。研究认为:采用管道式的方案进行小浪底库区的清淤作业具有一定的可行性,初步估算的综合清淤成本约为 1 元/t;射流冲吸式清淤技术在各种机械清淤技术中,是一种较为经济适用的方式,在最大作业水深 80 m 时,其排沙单价约为 3 元/t。耿明全等根据在黄河下游滩区放淤中管道输沙技术的应用经验,提出潜吸式扰沙船在水库坝前进行扰沙、抽沙,依据虹吸原理将淤积在库内的细颗粒泥沙排出库外;该方案在不改造小浪底枢纽现有布置和结构建筑物条件下,最大作业水深 70 m 以上,年清淤 1 亿 m³,排沙单价约为 3.8 元/m³,初始投资约 2 亿元,可延长小浪底死库容使用年限 10 年以上。

综上所述,黄河多泥沙的属性将长期存在,对黄河泥沙的处理,关系着水库使用寿命、防洪发电等各种水库功能的调度运用方式,以及下游河道减淤等黄河治理的各个方面,需要从战略的角度进行关注。以前,人们将泥沙作为负担,认为它是一切灾害的制造者;随着经济社会发展需求的增多,以及泥沙资源利用技术的发展,黄河泥沙作为一种资源会逐渐被越来越广泛地利用,而且目前的国力、技术手段都可以实现泥沙的大规模资源利用,使泥沙变害为利,这就要求我们换一个角度,重新审视黄河泥沙的处理,逐步建立处理与利用有机结合的良性战略运行机制,实现黄河的长治久安。黄河泥沙资源利用作为黄河泥沙处理的落脚点,也是黄河泥沙处理的升华和最终出路,不仅是维持黄河健康生命、实现黄河长治久安的需要,同时也符合国家的产业政策,具有重大的社会、经济、环境、生态、民生意义。

六、黄河泥沙资源利用整体架构

(一) 泥沙资源时空分布特点及利用模式

从泥沙的时间分布来看,年内泥沙主要集中在汛期,特别是洪水期,年际间变化主要靠水库的调节。从泥沙的空间分布来看,中游主要是泥沙的来源区,三门峡和小浪底水库拦蓄了较多泥沙,包括粗中细,黄河下游从上到下呈现上粗下细的空间分布。

根据泥沙的时空分布特点,采用相应的利用模式。对于洪水期泥沙,多采用引洪放淤的方式;非汛期采用多种资源利用模式,如挖河固堤、采砂、沟壑及低洼地回填等;根据不同河段泥沙特性(粗细)进行分级利用结合管道输沙技术,进行泥沙分散配置。

(二) 泥沙资源利用方向

泥沙资源利用方向按作用分为黄河防洪、放淤改土与生态重建、河口造陆及湿地水生态维持和建筑与工业材料四个方面,按利用方式可分为直接利用和转型利用两个方面。

其中黄河防洪方面的泥沙利用包括放淤固堤、淤填堤河、二级悬河治理、方向抢险材料制备等;放淤改土与生态重建方面的利用包括放淤改土、修复采煤沉陷区、治理水体污染等;河口造陆及湿地水生态维持方面的利用包括填海造陆和湿地水生态维持；建筑与工业材料方面包括建筑用沙、干混砂浆、泥沙免烧免蒸养砖、砼砌块、烧制陶粒、陶瓷酒瓶、新型工业原材料、型砂、陶冶金属、制备微晶玻璃等。建筑与工业材料多为转型利用，其他为直接利用。

（三）水库泥沙的处理与利用

水库是泥沙的天然水力分选场所，对水库淤积泥沙的资源利用，可以根据泥沙粒径的不同分别利用：库尾粗泥沙——直接采用挖沙船挖出，直接作为建筑材料应用；中间中粗泥沙——采用射流冲吸式排沙或自吸式管道排沙技术，通过管（渠）道输沙输送到合适场地沉沙、分选，粗泥沙直接作为建材运用，细泥沙淤田改良土壤，其他泥沙制作蒸养砖、拓扑互锁结构砖、防汛大块石等；库首细泥沙——采用人工塑造异重流的方法排沙出库，直接输送至大海或淤田改良土壤，为水生物输送养分。

（四）下游河道泥沙的处理与利用

对河道泥沙的处理，除传统的淤背固堤、淤填堤河等防洪应用外，根据沿黄经济社会发展需求和泥沙资源利用技术、管道输沙技术发展情况，可以采取以下途径：粗泥沙——直接采砂作为建筑材料应用或加工为型砂应用；中粗泥沙——制作蒸养砖、拓扑互锁结构砖、防汛大块石等；细泥沙——低洼地及沉陷区回填、淤田改良土壤等。

（五）泥沙资源利用整体架构

黄河中下游干流泥沙资源利用在不同位置存在不同的利用方式：中游——采取林草、淤地坝、梯田等措施，达到减少入黄泥沙的目的，同时促进中游地区的固沙保肥、沟壑造地；水库——利用水库拦沙，达到防洪减淤的目的，同时水库为泥沙分选提供了绝佳场所，为泥沙的分级利用创造了条件；下游——通过调水调沙，利用河道输沙入海，达到增大河道排洪输沙能力的目的，同时通过引洪放淤、挖河固堤等方法，根据不同河段泥沙特性进行资源利用；河口——通过河口造陆，扩大国土面积，改良盐碱地，维持湿地生态。

设想黄河中下游干流泥沙资源利用整体架构如下：基于提高水库和下游防洪效益，作为公益性工程之一，国家应先期投入部分资金作为启动基金；基于延长水库的使用寿命，作为企业应从发电增加的效益中返还一定比例资金，维持工程的持续推进；另外，从水库和下游河道中抽取的泥沙，可以通过管（渠）道输沙输送到需要的地方，用于黄河大堤淤临淤背、二级悬河治理、淤田改良土壤、制作建材或防汛石料、陶冶含金属泥沙等，还可以将泥沙堆放到紧邻黄河岸边的一些城郊沟壑,为城市发展提供建设用地,提取相应资金,弥补从事该项工程员工的正常开支。这样,就形成了黄河中下游泥沙资源利用的有效运行机制,黄河泥沙利用的规模将随着经济社会的发展而越来越大,泥沙利用到一定规模,将有望从根本上改变下游河道持续淤积的状况。

七、黄河泥沙资源利用时空效应

（一）黄河泥沙资源利用在防洪安全方面的效应

按照"以河治河"的理念,因地制宜地就近利用黄河泥沙,加固了两岸大堤,改善了河道泄流状况,提高了黄河防洪能力,保障了黄河防洪安全。另外,黄河泥沙资源利用在防汛抢险中也取得了成功,利用黄河泥沙制造防汛石材,代替天然石材。

（二）黄河流域泥沙资源利用在河流健康方面的效应

黄河泥沙资源利用将是"维持黄河健康生命"的重要举措。衡量"黄河健康生命"的主要标志就是水利部对黄河治理开发与管理提出的"四不"目标,即"堤防不决口,河道不断流,污染不超标,河床不抬高"。其中"河床不抬高",就是要通过综合措施解决泥沙问题,黄河泥沙资源利用为黄河泥沙找到了新出路,未来通过泥沙资源的有计划持续利用,有望实现"河床不抬高"的目标,同时减缓水库有效库容的淤损速率,提高防洪、发电等效益。

（三）黄河流域泥沙资源利用在经济社会发展方面的效应

黄河泥沙作为一种资源有着悠久的历史。从黄淮海平原的形成,黄河滩土地的利用,到泥沙制作陶瓷业的发展。近年来,黄河泥沙作为一种宝贵的资源得以利用受到越来越多的关注,进行了一系列的实践,从黄河的大堤加固、二级悬河治理、淤筑村台、供水引沙、放淤改土、新材料以及黄河泥沙高附加值制品等,都体现着黄河泥沙利用的民生效益、生态效益和社会经济效益。黄河泥沙的"用",有望进一步丰富黄河泥沙资源利用策略,即将"拦、调、排、放、挖"发展为"拦、调、排、放、挖、用",开辟治黄发展史上造福民生的新篇章。

八、结语

随着经济社会发展的需求增加,对黄河安全造成危害的泥沙在不久的将来将成为重要的资源。黄河泥沙利用作为黄河泥沙处理的落脚点,是黄河泥沙一个重要出路,不仅具有重大的社会、经济、环境、生态和民生意义,同时也是维持黄河健康生命、实现黄河长治久安的需要,是一项"以黄治黄",除"害"兴利,变"害"为宝,功在当代、利在千秋的战略性系统工程。

参考文献

[1] 钱宁. 钱宁论文集[M]. 北京:清华大学出版社,1990:574 – 586.

[2] 周文浩,曾庆华,赵华侠,等. 黄河下游河道输沙能力的分析[J]. 泥沙研究. 1994(3):1 – 11.

[3] 赵文林. 黄河泥沙[M]. 郑州:黄河水利出版社,1996.

[4] 李文家. 论黄河长治久安之三:黄河下游径流和泥沙[J/OL]. 黄河报·黄河网,2013 – 5 – 2.

[5] 水利部黄河水利委员会. 人民治理黄河六十年[M]. 郑州:黄河水利出版社,2006.

[6] 江恩惠,曹永涛,郜国明,等. 实施黄河泥沙处理与利用有机结合战略运行机制[J]. 河湖管理,2011(14):16 – 19,21.

[7] 申冠卿,尚红霞,李小平. 黄河小浪底水库异重流排沙效果分析及下游河道的响应[J]. 泥沙研究,2009(1):39 – 47.

[8] 李国英. 论黄河长治久安[J]. 人民黄河,2011(7):1 – 2.

基于可变模糊算法的塔里木河流域
干旱风险评估

孙　鹏　等

中山大学水资源与环境系

摘要：本文采用级差加权法确定 4 种干旱指标的权重系数,分析不同干旱指标对干旱的贡献,同时运用可变模糊法评价塔河流域各县市干旱等级并分析塔河流域干旱时空演变特征。研究结果表明:① 级差加权法确定的干旱指标权重系数中综合减产成数的权重系数最大,秋季降水距平权重最小;巴州地区的农业生产受春旱影响最大,和田地区夏旱对农业生产影响最大,塔河流域西南部克州地区、阿克苏地区和喀什地区部分县市秋旱对农业生产影响大;综合减产指数权重系数主要受播种面积的影响,播种面积大的地区综合减产指数权重系数大;② 天山南坡地区各县市轻度干旱、中度干旱发生频率高,巴州地区特大干旱发生频率高,但阿克苏地区重度干旱和特大干旱发生频率低;昆仑山北坡县市干旱程度变化恰好与天山南坡各县市变化相反,其轻度干旱、中度干旱发生频率低,重度干旱和特大干旱发生频率高,这主要是因为径流量增加不显著和水利工程的供水能力和渠道防渗率较低造成。

一、引言

干旱灾害是最复杂且是人们了解最少的自然灾害之一,它对人类生产与生活所造成的影响远超其他自然灾害,已引起广泛关注[1-3]。塔里木河流域(下文简称塔河流域)地处欧亚大陆腹地,是世界上少数极端干旱气候区之一。塔河流域是中国重要的植棉基地、甜菜基地、重要特种果品生产基地、商品粮基地和能源基地。塔河流域内农业是典型的灌溉农业,"荒漠绿洲、灌溉农业"是该区域农业的显著特点[4]。虽然西北气候由暖干向暖湿转型[5],但干旱仍是塔河流域农业最普遍、危害最严重的一种自然灾害,具有影响范围广、持续时间长、后果严重的特点。据统计[6,7],1978—2007 年新疆旱灾平均受灾面积和成灾面积分别为 27.76 万 hm^2 和 13.28 万 hm^2;而 2000—2007 年的旱灾平均受灾面积和成灾面积达到 36.06 万 hm^2 和 26.60 万 hm^2，旱灾影响范围和旱灾成灾面积呈逐年增加趋势。因此，正确客观地评估干旱对塔河流域农业的影响，准确有效地区划塔河流域农业干旱风险，具有十分重要的实践意义，为制定防灾减灾对策提供科学依据。

国内外对于自然灾害风险评价的研究较多，Zhang[8]在农业气象指标基础上对松辽平原干旱风险进行评价和区划；Araya 等[9]根据灌溉需水量、农作物生长阶段的干旱情况对埃塞俄比亚的农业进行风险评价；Chen 等[10]运用模糊网络分析法对农业干旱进行风险评价；黄蕙等[11,12]对自然灾害风险评估国际计划的指标体系和评估方法进行述评，认为风险的时空分布、动态风险评估和案例研究是灾害风险评估的重点和关键；王春乙等[13]选取 6 个风险评估指标，构建了不考虑抗灾和考虑抗灾的华北地区冬小麦的干旱风险区划；陈守煜等[14]运用可变模糊分析法对衡阳农业旱灾脆弱性进行定量评估。虽然国内外关于干旱指标和干旱风险的研究较多，但是针对塔河流域干旱指标和干旱风险的研究甚少。以往的研究大多数比较重视干旱灾害事件实际发生概率，人类活动的抗灾减灾作用对干旱风险的影响并没有考虑。基于此，本文选取 4 个干旱指标，揭示不同指标在不同区域的权重，构建基于人类活动影响下的干旱风险指标和干旱风险评估模型，该研究为塔河地区抗灾减灾、农业生产规划和进行科学决策提供有价值的依据。

二、数据

本文所分析数据为塔河流域 21 个气象站 1960—2008 年的月降水量，数据由国家气象中心提供；另外还搜集 42 个县市 1990—2007 年的粮食播种面积、粮食产量、受旱面积、成灾面积和绝收面积资料，此资料由塔木流域管理局提供（图 1）。降水量的部分数据缺测，缺测资料不超过样本的 1%，具有较好代表性，本文选取该数据的前、后天的数据平均值作为该天的数据[15]。

三、方法

（一）可变模糊评价法

陈守煜教授[16,17]建立的可变模糊集理论与方法是工程模糊集理论与方法的进一步发展，作为其核心的相对隶属函数、相对差异函数与模糊可变集合的概念与定义是描述事物量变、质变时的数学语言和量化工具。该方法的具体计算可参考相关文献[16]。

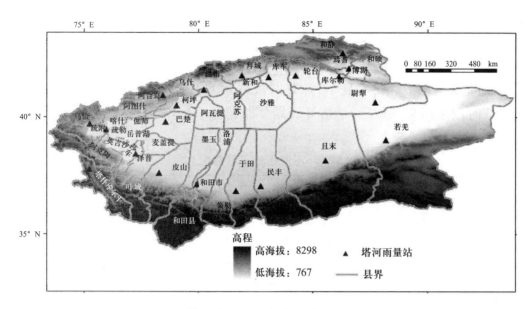

图 1　塔里木河流域气象站点位置示意图

（二）农业干旱指标确定

干旱指标的确定是个非常复杂的问题,在实践中,不同时间、不同地域有不同的干旱指标。从时间上划分有月、季、年等阶段性的干旱指标,从地域上划分有局地、区域、全区的干旱指标。用国家气候中心关于降水量的等级显然不能完全反应塔河流域的实际干旱情况,用河流径流量作为塔河的干旱指标比较切合实际,但是在分析以县级为单位的干旱风险评估,很多地方没有代表性的水文站。塔河流域的春旱是最严重的,发生的频率高,其次夏旱和秋旱也比较严重[6]。根据《干旱评估标准》规范和塔河的干旱特点,本文干旱指标分别采用降水量距平法和农业旱灾等级采用综合减产成数法。

1. 降水量距平法的计算公式

$$D_p = \frac{P - \bar{P}}{\bar{P}} \times 100\% \qquad (1)$$

式中,D_p 为计算期内降水量距平百分比,%;P 为计算期内降水量,mm;$\bar{P}$ 为计算期内多年平均降水量,mm。

计算期确定:应根据不同季节选择适当的计算期长度。夏季宜采用 1 个月,春、秋季宜采用连续 2 个月,冬季宜采用连续 3 个月。统计塔河流域 42 县市 18 年干旱发生的月份,2 ~ 11 月发生干旱的频率分别是:0.011、0.683、0.840、0.899、0.501、0.270、0.120、0.046、0.063 和 0.012,其中 5 月份干旱发生的频率最大,其次是 4 月份和 3 月份,2 月份干旱发生的频率最低,其次是 11 月份。从农牧业生产考虑,春旱是威胁最大的,特别是 5 月份正是农作物需水时期,河流仍处于枯水期,降水偏少会给农业生产带来极大的影响[6]。夏旱和秋旱对农业生产影响也较大。因此本文春季降水距平 $D_春$ 表示春旱,计算时段采用 4 ~ 5 月;夏季降水距平 $D_夏$ 表示夏旱,计算时段采用 6 月;秋季降水距平 $D_秋$ 表示秋旱,计算时段采用9 ~ 10 月,旱情等级划分如表1。

表1　不同指标干旱等级

指标	计算时段	轻度干旱	中度干旱	严重干旱	特大干旱
春旱(4 ~ 5 月)	2 个月	$-30 > D_p \geqslant -50$	$-50 > D_p \geqslant -65$	$-65 > D_p \geqslant -75$	$D_p < -75$
夏旱(6 月)	1 个月	$-20 > D_p \geqslant -40$	$-40 > D_p \geqslant -60$	$-60 > D_p \geqslant -80$	$D_p < -80$
秋旱(9 ~ 10 月)	2 个月	$-30 > D_p \geqslant -50$	$-50 > D_p \geqslant -65$	$-65 > D_p \geqslant -75$	$D_p < -75$
综合减产成数/%	12 个月	$-20 < C \leqslant -10$	$-30 < C \leqslant -20$	$-40 < C \leqslant -30$	$C < -40$
粮食减产率/%	12 个月	$0 < y_d \leqslant 10$	$10 < y_d \leqslant 20$	$20 < y_d \leqslant 30$	$y_d > 30$

2. 综合减产成数法评估计算公式

$$C = -[I_3 \times 90\% + (I_2 - I_3) \times 55\% + (I_1 - I_2) \times 20\%] \tag{2}$$

式中,C 为综合减产成数, % ;I_1 表示受灾(农作物减产大于10%)面积占播种面积的比例,用小数表示;I_2 表示成灾(农作物减产大于30%)面积占播种面积的比例,用小数表示;I_3 表示绝收(农作物减产大于80%)面积占播种面积的比例。因为降水距平是负值,为了便于计算研究,将综合减产成数的乘以 -1 ,转化成与降水距平指标一致,其旱灾等级划分见表1。

综合减产成数法是一个综合干旱指标,该指标充分考虑了人类活动(抗旱水平)在干旱风险区划中影响。农业抗旱能力受到自然、地域条件和人类活动等多方面因素的共同影响,塔河地区各县市抗旱能力也要从多方面综合判定,而受灾面积、成灾面积、绝收面积占播种面积的比例能很好地代表人类抗旱活动对于干旱风险评估的影响。

(三) 级差加权指数法

权重确定的方法很多,级差加权指数法能很好地反映不同干旱指标在干旱等级中的权重[18],本文采取级差加权指数法确定干旱指数的权重,具体步骤是:假设已有某时段的干旱资料,把各个子模式干旱等级统一为无旱、轻旱、中旱、重旱、严重干旱五个等级,并定量化为1、2、3、4、5。然后根据某时段逐年出现的干旱实况划定各年的相应的干旱级别,将各个子模式计算的各年干旱级别与实况

对照,并进行权重确定。权重计算的公式为:

$$w_i = \frac{1}{n-1}\left(1 - \frac{A_{ij}}{\sum\limits_{j=1}^{n} |A_{ij}|}\right) \tag{3}$$

式中,w_i 为权重;A_{ij} 为第 i 中干旱指标的模式在第 j 年计算的值与实测的值之差。假设某时段的干旱资料是 n 年,把各个干旱指数的干旱级别分别统计为无旱、轻度、中度、重度、特大干旱五个等级,并量化为 1、2、3、4、5。根据 n 年逐年出现干旱实况划定各年的相应的干旱级别,将各个干旱指标计算的各年干旱级别与实况对照,并进行权重的确定。

(四) 干旱程度的确定

干旱是影响塔河流域农作物生长的主要自然灾害,农作物的最终产量受到各种自然因素和非自然因素的综合影响,相互间的关系极其复杂,很难用定量的量化关系来表述。根据前人的研究结果将农作物产量分解为趋势产量、气象产量和随机产量三部分[19]。表达为:

$$y = y_t + y_w + \Delta y \tag{4}$$

式中,y 为粮食的实际产量,y_t 为粮食的趋势产量,y_w 为粮食产量的气象产量,Δy 为粮食产量的随机分量,单位均为 kg/hm^2,计算中一般都假定 Δy 可忽略不计。利用塔河流域各县市 1990—2007 年粮食产量资料进行分析,对趋势产量进行三次多项式模拟,计算 1990—2007 年各县市的趋势产量。塔河流域 88% 的县市的粮食产量曲线通过 95% 显著性检验。冬小麦减产率是采用逐年的实际产量偏离趋势产量的相对气象产量的负值,计算公式为:

$$y_d = \frac{y - y_t}{y_t} \times 100\% \tag{5}$$

式中,y_d 为粮食减产率,%;y 为粮食实际产量,kg/hm^2;y_t 为粮食趋势产量,kg/hm^2。根据表 1 粮食产量减产率定义 1990—2007 每年的干旱程度为无旱、轻度干旱、中度干旱、重度干旱、特大干旱。

四、塔河地区干旱风险评估模型

(一) 干旱指数权重系数确定

根据公式(3)计算出巴音郭楞蒙古自治州(简称巴州)、阿克苏地区、克孜勒苏柯尔克孜自治州(简称克州)、喀什地区和和田地区 5 个地级市的各县不同干旱指标的权重系数。图 2 是塔河流域各县市干旱指标的权重系数趋势图，站点编号 1～9、10～18、19～22、23～34、35～42 分别属于巴州、阿克苏地区、克州、喀什地区和和田地区。图 2（a）中可以看出不同县市的不同指标的权重系数是不同的，整体上看，全流域综合减产指数的权重系数最大，其次是春季降水距平和夏季降水距平，秋季降水距平权重是最小的。巴州的春季降水距平权重系数是塔河地区最大的，表示春旱对农业生产影响最大。图 2（b）是各县市 1990—2007 年不同季节发生干旱的频率，巴州春旱发生频率高的县市与夏旱发生频率高的县市相同；和田地区的夏季降水距平权重系数最大，其次夏季降水距平权重系数较大是巴州地区，夏季降水距平的权重系数最小区域主要是喀什地区；克州和喀什地区秋旱权重系数比巴州和阿克苏地区大，春旱和夏旱权重系数比巴州和阿克苏地区小，克州和喀什地区不同县市主要干旱类型不同。克州夏旱发生频率高于春旱发生频率，喀什地区和和田地区春旱发生频率高于夏旱发生频率。综合减产成数较低的县市主要有皮山县、柯坪县、阿合奇县，这些县市的农业播种面积较小，比如阿合奇县的播种面积仅 3000 多公顷，喀什地区农业播种面积是塔河流域最大的[20]，其对应的综合减产成数的权重系数高，因此其综合减产成数的权重系数大小受到播种面积的影响。

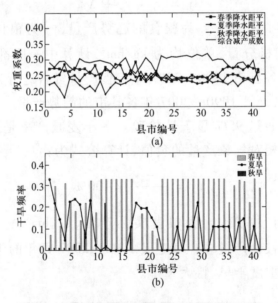

图 2　塔河流域干旱指标的权重系数图

（二）塔河流域干旱风险等级计算

参照指标标准值和塔河流域的实际干旱指标情况确定干旱可变模糊集合的

吸引(为主)域矩阵与范围域矩阵以及点值 M_{ih} 的矩阵如下。

$$I_{ab} = \begin{bmatrix} [-100, -75] & [-75, -65] & [-65, -50] & [-50, -30] \\ [-100, -80] & [-80, -60] & [-60, -40] & [-40, -20] \\ [-100, -75] & [-75, -65] & [-65, -50] & [-50, -30] \\ [-1.0, -0.4] & [-0.4, -0.3] & [-0.3, -0.2] & [-0.2, -0.1] \end{bmatrix}$$
$$= [a_{ih}, b_{ih}] \tag{6}$$

$$I_{cd} = \begin{bmatrix} [-100, -65] & [-100, -50] & [-75, -50] & [-65, -30] \\ [-100, -60] & [-100, -40] & [-80, -40] & [-60, -20] \\ [-100, -65] & [-100, -50] & [-75, -50] & [-60, -30] \\ [-1.0, -0.3] & [-1.0, -0.2] & [-0.4, -0.1] & [-0.3, -0.1] \end{bmatrix}$$
$$= [c_{ih}, d_{ih}] \tag{7}$$

$$M = \begin{bmatrix} -100, & -75, & -57.5, & -30 \\ -100, & -80, & -50, & -20 \\ -100, & -75, & -57.5, & -30 \\ -1.0, & -0.4, & -0.5, & -0.1 \end{bmatrix} = [M_{ih}] \tag{8}$$

　　根据干旱可变模糊集合的吸引(为主)域矩阵与范围域矩阵以及点值 M_{ih} 计算指标对不同等级干旱的相对隶属度。在基本模型的基础上通过变换参数(α 与 p)变化模型(本文为 4 个模型,包括 1 个线性模型,3 个非线性模型)进行评价,对多个评价结果进行比较分析,经过分析模型及参数变化后,各县市的 4 个模型的评价干旱等级基本稳定在一个较小的级别范围内,为了提高评价结果的精确性,本文采用可变模糊集的 4 个模型的平均结果来研究塔河流域干旱风险评估。

(三)综合评价结果分析

　　运用可变模糊评价法分别计算出塔河流域 42 县市 1990—2007 年的干旱等级,图 3 是塔河流域 1990—2007 年各县市的干旱等级时空分布图,由图 3 知塔河流域西北部地区(包括阿克苏河流域和渭干河流域)的库车、轮台、拜城、新和等县市的干旱等级和干旱次数小于其他地区,塔河流域南部地区(包括和田河流域)的和田、策勒、洛浦、于田和民丰等县市的干旱等级和干旱次数大于其他地区。塔河流域西南部地区(包括叶尔羌河流域)和塔河流域东北部地区(包括开孔河流域)干旱发生的次数小于塔河流域南部地区,但是发生干旱等级高于塔河流域西北部地区。

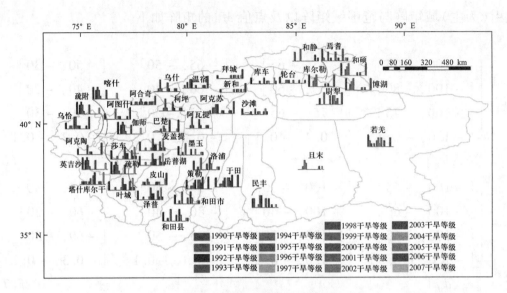

图3　塔河流域干旱等级时空分布图

　　统计塔河地区不同干旱等级发生的频率,得到塔河地区不同干旱等级风险分布图(图4),由图4(a)知:轻度干旱发生频率较高地区主要是阿克苏地区,巴州、喀什地区、和田地区和克州的轻度干旱发生频率最低。阿克苏地区的库车、沙雅和巴州的尉犁、若羌的中度干旱发生频率最高,阿克苏地区和巴州其他县市、克州的中度干旱发生频率最低,和田地区和喀什部分地区的中度干旱发生频率较高,见图4(b)。重度干旱发生频率高的地区主要分布在巴州,和田地区和喀什地区;重旱发生频率低的区域集中在巴州、阿克苏地区、喀什、和田地区和克州,见图4(c)。虽然巴州的库尔勒、和硕和博湖轻、中、重度干旱发生频率较低,但是该地区特大干旱发生的概率最高,和田地区、喀什地区和克州绝大部分地区特大干旱发生的概率较高,见图4(d)。阿克苏地区特大干旱发生的频率低于其他地区。本文充分考虑了人为减灾抗灾水平在干旱等级中的影响,塔河流域南部和西南部地区的部分县市的中度干旱、重度干旱和特大干旱发生率高,这与张强等研究南疆地区南部干旱历时和干旱强度轻微上升相一致[21]。

　　巴州东北部地区轻度干旱、中度干旱和重度干旱的风险度低,但是特大干旱的风险度高;和田地区轻度干旱的风险度低,中度干旱和特大干旱的风险度较高,重度干旱的风险度最高。克州地区轻度干旱和重度干旱风险度低,中度干旱和特大干旱风险度高;喀什地区中度干旱和特大干旱的风险度高于轻度干旱,除巴楚、皮山以外的喀什地区重度干旱风险度较低;阿克苏地区轻度干旱和重度干旱风险度较高,中度干旱和极端干旱的风险度较低。施雅风等认为塔河流域气候由暖干向暖湿转变,气温和降雨呈显著增加趋势[5,15,22,23],但是塔河流域不同

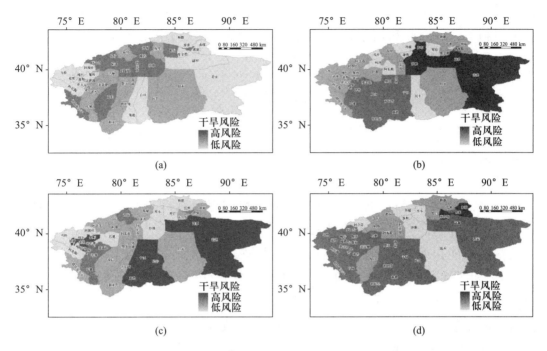

图 4　塔河流域干旱灾害风险空间分布图

区域的气温和降雨的变化差异不同,发源于天山南坡的河流年径流量增加显著,昆仑山北坡河流径流量变化不大或略减少[20]。巴州东北部地区的开都河发源于天山南坡,其轻度干旱发生的频率最低,尽管该地区渠首工程的现状供水能力和防渗率是塔河最高的,但是该地区的河流流域面积较小,拥有 5 座水库(库容 0.77 亿 m^3)低于其他主要河流,对于特大干旱不能进行有效的缓解,其特大干旱发生的频率是最高的,因此巴州东北部地区要提高抵御特大干旱的能力。

　　喀什地区的主要河流叶尔羌河是典型的冰雪融水补给河流,西北地区气温和降雨整体呈增加趋势,但是叶尔羌河年径流量线性增加趋势不显著[24]。叶尔羌河流域的农业灌溉面积是全疆最大的,且耕地面积也呈增加趋势,降雨量的增加并不能从根本上解决叶尔羌河的干旱问题,叶尔羌河流域拥有 37 座水库(库容 14.20 亿 m^3)大于其他地区,但是叶尔羌河流域的渠道防渗率仅 28.11%,远低于其他流域渠道防渗率[20],大量水资源在渠道中被消耗,这也会影响到干旱时期的抗旱效果,因此喀什地区轻度干旱和中度干旱发生的频率较低,重度干旱和特大干旱发生的频率较高。阿克苏地区的主要河流阿克苏河年际变化较小,水量稳定,严重旱涝灾害发生概率较低[20],因此阿克苏地区大部分地区轻度干旱发生频率较高,特大干旱发生的频率较低。平原区气温增加趋势大于山区气温增加趋势,和田河温度升高对径流增加有较大贡献,降水增加对年径流的影响较小[25],和田地区的主要河流和田河年径流量增加趋势不显著[20],耕地面积却呈增加趋势[26],因此和田地区轻度干旱发生频率较低,中度干旱和特大干旱发生较高,部分地区重度干旱发生频率高。

五、结语

本文采用级差加权法确定4种干旱指标的权重系数,运用可变模糊评价法计算塔河流域各县市干旱等级并分析干旱等级时空变化特征,得到以下有意义的结论。

1)级差加权法确定的干旱指标权重系数中综合减产指数的权重系数最大,其次是春季降水距平和夏季降水距平,秋季降水距平权重是最小的。干旱指标的权重系数能很好地反映不同地区干旱类型,巴州地区的农业生产受到春旱影响最大,和田地区的夏旱对农业生产的影响最大,塔河流域西南部的克州地区、阿克苏河和喀什地区部分县市秋旱对农业生产影响大。综合减产指数主要受播种面积的影响,播种面积大区域的综合减产指数权重系数大。

2)巴州东北部地区轻度干旱、中度干旱和重度干旱的风险度低,但是特大干旱的风险度高;和田地区轻度干旱的风险度低,中度干旱和特大干旱的风险度较高,重度干旱的风险度最高。克州地区轻度干旱和重度干旱风险度低,中度干旱和特大干旱风险度高;喀什地区中度干旱和特大干旱的风险度高于轻度干旱,除巴楚、皮山以外的喀什地区重度干旱风险度较低;阿克苏地区轻度干旱的重度干旱风险度较高,中度干旱和极端干旱的风险度较低。

参考文献

[1] Ashok K M, Singh V P. A review of drought concepts[J]. Journal of Hydrology, 2010, 391(1): 202 - 216.

[2] Zelenhasic E, Salvai A. A method of streamflow drought analysis[J]. Water Resource Research, 1987, 23(1): 156 - 168.

[3] Sun P, Zhang Q, Lu X X, et al. Changing properties of low flow of the Tarim River basin: possible causes and implications[J]. Quaternary International, 2012, 282: 78 - 86.

[4] 新疆维吾尔自治区地方志编纂委员会. 新疆通志:第十卷 气象志[M]. 乌鲁木齐:新疆人民出版社, 1995.

[5] 施雅风, 沈永平, 李栋梁, 等. 中国西北气候由暖干向暖湿转型的特征和趋势探讨[J]. 第四纪研究, 2003, 23(2): 152 - 163.

[6] 温克刚, 史玉光. 中国气象灾害大典:新疆卷[M]. 北京:气象出版社, 2006.

[7] 西北内陆河区水旱灾害编委会. 西北内陆河区水旱灾害[M]. 郑州:黄河水利出版社, 1999.

［8］　Zhang J Q. Risk assessment of drought disaster in the maize – growing region of Songliao Plain, China［J］. Agriculture, Ecosystems and Environment, 2004, 102: 133 – 153.

［9］　Araya A, Stroosnijder L. Assessing drought risk and irrigation need in northern Ethiopia ［J］. Agricultural and Forest Meteorology, 2011, 151: 425 – 436.

［10］　Chen J F, Yang Y. A fuzzy ANP – based approach to evaluate region agricultural drought risk［J］. Procedia Engineering, 2011, 23: 822 – 827.

［11］　黄蕙, 温家洪, 司瑞洁, 等. 自然灾害风险评估国际计划述评 I——指标体系［J］. 灾害学, 2008, 23(3): 112 – 116.

［12］　黄蕙, 温家洪, 司瑞洁, 等. 自然灾害风险评估国际计划述评 II——评估方法［J］. 灾害学, 2008, 23(3): 96 – 101.

［13］　吴东丽, 王春乙, 薛红喜, 等. 华北地区冬小麦干旱风险区划［J］. 生态学报, 2011, 31(3): 760 – 769.

［14］　邱林, 王文川, 陈守煜. 农业旱灾脆弱性定量评估的可变模糊分析法［J］. 农业工程学报, 2011, 27(增刊2): 61 – 65.

［15］　Zhang Q, Singh V P, Li J F, et al. Spatio – temporal variations of precipitation extremes in Xinjiang, China［J］. Journal of Hydrology, 2012, 434 – 435: 7 – 18.

［16］　陈守煜. 工程模糊集理论与应用［M］. 北京: 国防工业出版社, 1998.

［17］　陈守煜, 袁晶瑄. 可变模糊集模型及论可拓方法用于水科学的错误［J］. 水资源保护, 2007, 23(6): 1 – 6.

［18］　王春乙. 中国重大农业气象灾害研究［M］. 北京: 气象出版社, 2010.

［19］　朱自玺, 刘荣花, 方文松, 等. 华北地区冬小麦干旱评估指标研究［J］. 自然灾害学报, 2003(1): 145 – 150.

［20］　邓铭江. 中国塔里木河治水理论与实践［M］. 北京: 科学出版社, 2009.

［21］　李剑锋, 张强, 陈晓宏, 等. 基于标准降水指标的新疆干旱特征演变［J］. 应用气象学报, 2012, 23(3): 322 – 330.

［22］　Zhang Q, Li J F, Singh V P. Application of Archimedean Copulas in the analysis of the precipitation extremes: effects of precipitation changes［J］. Theoretical and Applied Climatology, 2012, 107(1 – 2): 255 – 264.

［23］　李剑锋, 张强, 白云岗, 等. 新疆地区最大连续降水事件时空变化特征［J］. 地理学报, 2012, 67(3): 312 – 320.

［24］　孙本国, 毛炜峄, 冯燕茹, 等. 叶尔羌河流域气温、降水及径流变化特征分析［J］. 干旱区研究, 2006, 23(2): 203 – 209.

［25］　木沙如孜, 白云岗, 雷晓云, 等. 塔里木河流域气候及径流变化特征研究［J］. 水土保持研究, 2012, 19(6): 122 – 126.

［26］　陈忠升, 陈亚宁, 李卫红, 等. 和田河流域土地利用变化及其生态环境效应分析［J］. 干旱区资源与环境, 2009, 23(3): 49 – 54.

黄河下游河道不抬高的可行性研究

齐 璞 等

黄河水利委员会水利科学研究院

摘要:黄河中上游水利工程的大量兴建,水土保持与灌溉的发展,使洪水发生的机会与洪峰流量大幅度减小,不再需要下游宽河漫滩削峰。近年来对黄河窄深河槽泄洪输沙机理、能力的认识有了新突破,下游河道具有极强的泄洪和输沙能力,为黄河下游河道的治理指明方向。三门峡水库改建后"蓄清排浑"运用的减淤作用已经使花园口以上河道基本不淤。小浪底水库投入运用 13 年,下游河道均发生强烈冲刷,平滩流量迅速增大,水位全程降低 1~2 m,但是游荡性河道依然宽浅散乱,亟须采用世界诸多河流通用的双岸整治,形成窄深、稳定河槽;通过小浪底峡谷水库的泥沙多年调节优化进入下游的水沙组合,尽量将泥沙调节到流量大于 3000 m³/s 洪宣泄,利用改造后新河槽输沙入海,可以控制河槽不抬高,并大幅度增加水库兴利。

一、引言

泥沙淤积是洪水在黄河下游危害的根源,千百年来人们都希望河床能不抬高。在建国初期的 1955 年,第一届全国人大第二次会议就通过了《关于根治黄河水害和开发黄河水利的综合规划的决议》,曾以"节节蓄水、分段拦泥"的规划原则,对黄河做了全面规划,企图使黄河变清,从治本上解决下游的洪水灾害。由于规划不符合国情,第一期重点工程三门峡水库被迫进行两次改建,改"蓄水拦沙"为"滞洪排沙"运用。但是,黄河下游泥沙淤积问题却没有得到解决。

针对 21 世纪黄河治理,水利部提出"堤防不决口、河道不断流、水质不超标、河床不抬高"宏观治理目标。其中最困难的是"河床不抬高"。泥沙随洪水而来,随洪水而去是最好的归宿。我们要改变传统靠拦沙治理下游的思路,应以调沙为主,充分利用洪水巨大输沙能力入海治河方略。

近年来对黄河下游河道泄洪输沙规律有了新认识,黄河的治理也有很大的进展。进入下游的水沙条件已发生巨大变化,防洪形势已有新的发展,下游河道治理方向更加明确[1]。近年对河道输沙能力认识的突破,对于窄深河槽具有很强的输沙潜力和过洪能力的深入研究,则为真正实现"河床不抬高"的目标提供了坚实理论基础和切为可行的技术保证。

由于黄河长期多沙,且水沙组合不合理,小水挟沙过多,形成有2‰到1‰的较陡河道,与淮河泄洪河道比降0.33‰、长江下游比降小于0.2‰的情况不同。黄河要比淮河、长江下游河道陡,洪水期流速可以达到3~4 m/s。在涨水期河床不断冲刷,水深、流速迅速增大,最大洪峰时河床最低,过流能力最大。黄河下游花园口站河床高程为90多米,长江武汉站的海拔高程只有20多米。优化来水来沙组合后,目前的河床比降利用洪水输送泥沙入海富富有余。

二、黄河中上游的治理引起防洪形势产生巨大变化

由于海河流域的治理,华北平原上的河流已经相继都变成只偶尔才会有洪水下泄的干河。黄河流域也属干旱、半干旱地区,上中游水利工程的大量兴建,灌溉农业与水土保持的发展,引起下垫面汇流条件的巨大变化,使黄河实测洪水大幅度减小。

黄河兰州站的径流量占黄河总水量的58%,1968年、1986年分别有刘家峡、龙羊峡水库投入使用,两座水库对水量的多年调节及工农业用水的增长,汛期进入下游的水量大幅度减少。据1994年统计,黄河干支流上已有的大中小型水利枢纽达600余座,总库容达700亿 m³,超过黄河的年水量。仅小浪底、三门峡、刘家峡、龙羊峡四库防洪库容就达156.2亿 m³,这相当于黄河千年一遇洪水12天的总量。

在黄河主要支流上也兴建许多大型水库,如防洪库容为6.77亿 m³的伊河陆浑水库和6.98亿 m³的洛河故县水库。使千年一遇洪水花园口站洪峰流量由42 300 m³/s 降为22 500 m³/s;百年一遇洪水的洪峰流量也由29 200 m³/s 降为15 700 m³/s;若发生1958年型22 300 m³/s 洪水,花园口站洪峰流量将降为9620 m³/s;自1982年发生15 300 m³/s 大洪水以来,近30年来花园口站洪峰流量没有大于8100 m³/s,小浪底水库投入运用以来没有出现大于5000 m³/s。这说明大洪水发生的机会大幅度减少,洪水已经基本上得到了有效控制。花园口站从1950—2008年历年实测最大洪峰流量变化过程见图1。

由龙羊峡、刘家峡水库的联合运用后花园口站各级日均流量出现的天数统计表明,自1987年龙羊峡水库投入运用以后花园口站没有日均流量大于7000 m³/s 大洪水发生。而在1986年以前经常会发生日均流量大于7000 m³/s 的漫滩洪水。洪峰流量的大幅减小,洪水造床作用减弱,水少沙多的矛盾更加突出。水库的防洪运用已代替天然洪水漫滩后滞洪、滞沙作用,大洪水漫滩机会减少,不会

经常发生 20 世纪五六十年代的大洪水，利用此资料分析得出的如宽河的滞洪堆沙作用的结论，对今后黄河下游河道的演变与治理研究失去意义。

　　黄河治理结果使洪峰流量的大幅度减小是不可逆转的变化，今后黄河下游只要河床不抬高，洪水灾害不难解决。

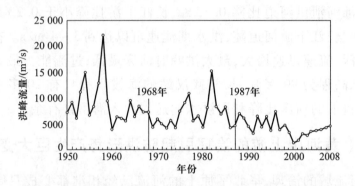

图 1　花园口站 1950—2008 年实测最大洪峰流量变化

三、小浪底水库投入运用 13 年，河床发生强烈冲刷

　　小浪底水库投入运用以后，使得河南河道、山东河道都发生了冲刷。从 1999 年 10 月至 2012 年 10 月，小浪底库区淤积量为 27 亿 m³，表明水库仍处于拦沙运用初期。因近年来入库年沙量明显偏小，导致水库实际淤积速度比原先预计的要慢。根据下游河道大断面测量成果计算，2000—2012 运用年，黄河下游利津以上共冲刷 16.45 亿 m³，黄河下游年平均冲刷 1.27 亿 m³。高村以上冲刷总量为 11.89 亿 m³，占冲刷总量的 72%。特别是夹河滩以上河段冲刷量，占冲刷总量的 60%，河道过流面积增加了 3590～5446 m²；夹河滩—高村河段冲刷总量 1.95 亿 m³，占冲刷总量的 11.87%，河道过流面积增加了 2700 m²，高村—艾山冲刷量 2.36 亿 m³，占冲刷总量的 14.3%，河道过流面积增加了 1138 m²；艾山—利津河段冲刷 2.19 亿 m³，占冲刷总量的 13.3%，河道过流面积增加了 766 m²。图 1 所示为 1999 年 10 月至 2012 年 10 月各河段过水面积的变化情况。其中，黄河前 9 次调水造峰期共计冲刷 3.4 亿 t，占相应时段总冲刷量的 28.5%。

　　小浪底水库运用后，与 2000 年汛后相比，2012 年汛后同流量（2000 m³/s）下游水位全程降低 2.20～1.25 m，详见表 1 给出的统计数据。水位下降幅度沿程变化具有两头大、中间小的特点，花园口、夹河滩、高村同流量（2000 m³/s）水位分别下降 1.88 m、2.20 m、2.20 m，艾山下降 1.25 m、利津下降 1.25 m。经过 13 年冲刷，下游河道排洪能力明显增大，与小浪底水库运用前相比，平滩流量分别增加了 1100～3200 m³/s。2012 年汛后下游各站平滩流量分别达到 4100～

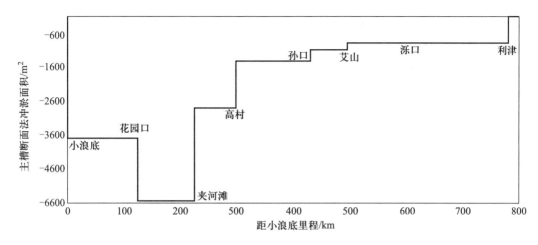

图2　1999年10月至2012年10月各河段主槽断面法冲淤面积

6900 m³/s,其中花园口站最大、艾山站最小。

表1　小浪底水库运用以来(2000年、2012年)下游河道同流量水位变化

站名	2000 m³/s 水位差/m	2000年平滩流量/(m³/s)	2012年平滩流量/(m³/s)	平滩流量增加值/(m³/s)
花园口	−1.88	3700	6900	3200
夹河滩	−2.20	3300	6500	6500
高　村	−2.20	2500	5400	2900
孙　口	−1.46	2500	4200	1700
艾　山	−1.25	3000	4100	1100
利　津	−1.25	3100	4500	1400

　　目前花园口站以上河段平滩流量大于7000 m³/s,夹河滩站以上河段平滩流量大于6000 m³/s,高村站以上平滩流量达5400 m³/s,加上高1.2~2.5 m生产堤的作用可过7000~9000 m³/s,平滩流量最小的孙口河段也有4200 m³/s,加上高1.5~2.5 m生产堤的作用也可过5000 m³/s,目前艾山到利津河段平滩流量也达到4100~4500 m³/s。今后小浪底水库还要进行泥沙多年调节,利用洪水排沙,河床还会向下冲刷,河段平滩流量还会增大。

四、黄河窄深河槽具有强大输沙泄洪潜力

(一)巨大输沙潜力

20 世纪 80 年代,对黄河干支流不同河段的高含沙洪水的输沙特性对比分析表明,窄深河槽有利于高含沙洪水输送,从图 3 给出的垂线含沙量分布特性随含沙量变化可知,适宜输送的含沙量是大于 200 kg/m³ 的高含沙水流,而不是低含沙量水流[2,3]。

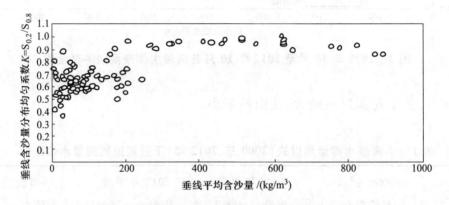

图 3　垂线含沙量分布特性随含沙量变化图

由图 4 给出的含沙量沿程变化可知,造成高含沙洪水在黄河下游河道中严重淤积及在输送过程中产生异常现象的根本原因,是极为宽浅的游荡河道不适合高含沙洪水的长距离输送[3]。

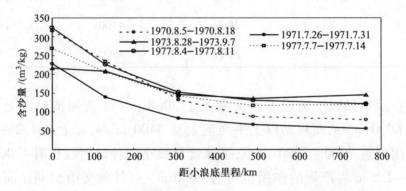

图 4　黄河下游含沙量最高的五次洪水的平均含沙量沿程变化

形成黄河窄深河道多来多排的机理:河床冲刷与淤积主要取决底砂的运动状况,与床面形态关系密切[4]。在低含沙水流时,当水流的流速达到 1.8 ~ 2 m/s,床面形态进入高输沙动平整输沙状态后;对高含沙水流而言,是因为黄河泥沙组

成比较细,含沙量增高后使流体的黏性增大,粗颗粒泥沙易浮不易沉。可利用曼宁公式进行水力计算,说明河床对水流的阻力并没有增加。适宜输送的是含沙量大于 200 kg/m³ 以上,800 kg/m³ 以下的高含沙水流[3],而不是低含沙量水流。

黄河下游艾山以下河道 1‰,表 2 给出的 1973 年、1977 年 3 场含沙量较高的洪水,艾山至利津 290 公里长的窄深河段的输沙情况表明,在流量 3000 m³/s 时,最大含沙量 200 kg/m³ 时,以水流中含沙浓度变化表示的河段排沙比为 0.97 ~ 1.04;洪峰前后 3000 m³/s 水位下降 0.02 ~ 0.46 m,表明上述洪水均可在此河段顺利输送而河床不淤。

表 2　艾山至利津河段较高含沙洪水输沙情况与河床冲淤情况

时段	站名	最大流量 /(m³/s)	平均流量 p/(m³/s)	最大含沙量/ (kg/m³)	平均含沙量/ (kg/m³)	河段含沙浓度比 ($S_下/S_上$)	河床冲淤面积 /m²	3000m³/s 水位差/m
1973.8.30—9.8	艾山	3880	3010	246	145	1.04	-54.1	+0.46
1973.9.1—9.10	利津	3680	2994	222	151		-174	-0.09
1977.7.9—8.5	艾山	5540	4490	218	121	1.02	-292	-0.02
1977.7.10—7.16	利津	5280	4160	196	124		-168	+0.36
1977.8.8—1.4	艾山	4600	3100	243	147	0.97	+20.8	+0.15
1977.8.9—8.15	利津	4100	2944	188	143		+62.4	-0.20

在三门峡水库中也表现出黄河高含沙洪水输移的高效输沙特性。在 1977 年 7 月、8 月的两场高含沙洪水,在库区水面宽 600 ~ 800 m,水库严重壅水的情况下,坝前 41.2 km 的范围水面比降分别为 0.27‰和 0.92‰,其中悬沙最粗的平均粒径达 0.105 mm,d_{90} 达到 0.35 mm,两场洪水的进出库的排沙比(以含沙量变化表示)分别达到 97% 和 99%,出库实测的最大含沙量分别达到 589 kg/m³ 和 911 kg/m³,详见表 3 给出的实测数据。说明粗颗粒泥沙在高含沙水流中也可以顺利输送。

表 3　三门峡水库在 1977 年 7 月、8 月的两场高含沙洪水排沙情况

时段	洪峰流量/ (m³/s)	平均流量/ (m³/s)	最大含沙量/ (kg/m³)	平均含沙量/ (kg/m³)	d_{50} /mm	库区比降/‰	水库排沙比/%	库区冲淤量/亿 t
7 月 6 ~ 9 日	13 600	5069	616	391	0.04 ~ 0.05	0.27	97	0.200
8 月 3 ~ 9 日	15 400	3908	911	369	0.06 ~ 0.10	0.92	99	0.104

在窄深河槽中随着流量的增大,水流流速增大,河道输沙特性由淤积变为冲刷,形成艾山以下窄深河道"多来多排"的输沙规律;黄河下游各河段输沙特性详见图5,图中的黑线代表河道排沙比100%输沙状态:高村以上宽浅河道的排沙比都小于100%,表现为"多来多排多淤",其中主河槽发生"多来多排",而边滩则产生"多来多淤"。黄河下游艾山以下河道实测洪水最大含沙量为达到200 kg/m³,河段排沙比都可以达到100%。根据对高含沙水流特性分析,目前的山东河道在流量2000~3000 m³/s,不仅可以输送实测含沙量小于200 kg/m³的洪水,待含沙量增加到500~600 kg/m³时,会更有利于输送。该段河道存在着巨大的输沙潜力[3]。

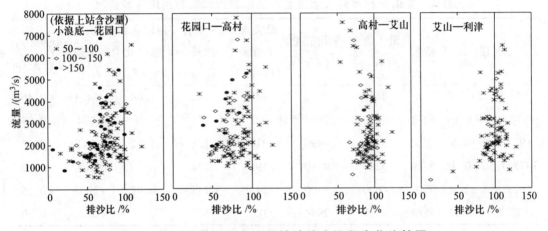

图5　黄河下游沿程各河段输沙能力沿程变化比较图

（二）极强的泄洪能力

造成窄深河槽过洪能力大的主要原因是河槽的过流能力与水深的5/3高次方成正比。洪水泄洪能力的增加主要是靠河床冲刷、水深迅速增大造成的[5]。

花园口站河道比降是2‰,在1977年经过7月和8月两场高含沙洪水塑造窄深河槽后,8月8日实测河道主槽宽分别为467 m和483 m,相应实测水深分别为5.4 m和5.3 m,平均流速分别为3.85 m/s和3.73 m/s,流量分别达到8980 m³/s和9540 m³/s(详见图6)。由此可知,要保持主槽很大的过流能力,只有保持较大的水深,从而泄洪要求的河宽并不是很大。

黄河下游艾山站河道比降是1‰。艾山站在1958年7月21日、22日,在河宽分别为476 m和468 m,平均水深分别为8.9 m和10.6 m的条件下,下泄流量分别为12 300 m³/s和12 500 m³/s洪水;泺口站在1958年7月22日、23日,主槽宽295 m,平均水深分别为10.6 m和13.1 m的条件下,通过的洪峰流量分别

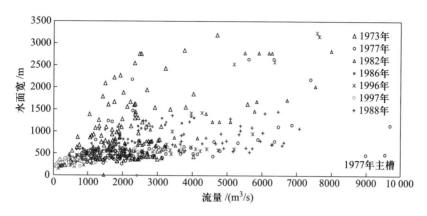

图6 花园口站历年流量与河宽的关系变化图

达到 10 100 m³/s 和 11 100 m³/s。

无论是高、低含沙量的洪水流过冲积河床时,随着洪峰流量的上涨,在水位上升时,河床不断刷深,使得河道的过流能力迅速增加。其河床刷深对过洪能力的影响往往比水位抬升的影响大,甚至由于河床剧烈地刷深,使得洪水位不涨反而大幅度降低。形成窄深河槽随着流量的增大,河床不断被冲深,水位的涨势趋缓机理,是因水深对泄流能力影响是高次方的作用结果。

河床的冲刷或淤积是由底沙的运动状况决定的,在涨水期作用在床面的剪力或功率不断增大,引起底沙输沙能力增强,使河床发生冲刷[5];反之在落水期作用在床面的剪力或功率不断减弱,使河床发生淤积。

由于底沙运动速度远小于洪水波的传播速度;及河流的调整,没有因比降的沿程变缓而使水流的流速降低,往往是比降变缓,河宽减小,水深增加,从而使流速不变,甚至沿程增大,能维持河流纵向输沙平衡,因此洪水在河道长度达几百公里、甚至上千公里,比降变化在 6‰至 0.6‰,相差甚至十倍的冲积河道中均可产生强烈冲刷,因此利用洪水排沙不必刻意拦粗排细,说明"粗颗粒"泥沙在洪水中也能顺利输送。

五、利用洪水排沙入海是黄河泥沙的主要出路

(一)水库多年调沙

三门峡水库的改建成功,创造了在多沙河流上长期保持水库有效库容的范例。然而三门峡水库的"蓄清排浑"运用方式经验有其局限性。其一是受潼关高程的限制,调沙库容小,不能对黄河泥沙进行多年调节,每年汛期不得不降低水位运用,往往使小水带大沙进入下游;其二是水位变幅小,不能产生强烈的溯

源冲刷,难以维持长历时,高含沙量的出库水沙条件,因而不能充分利用下游河道的输沙能力。

"拦、排、调、放、挖,以调为核心"的治河方略,也为下游形成窄深河槽提供了技术支撑。黄河的泥沙随中游洪水而来,输沙入海也要利用洪水。黄河洪水多,才来沙多,水库排沙机会多,为利用洪水处理泥沙形成良性循环。

小浪底是峡谷型水库,具有进行泥沙多年调节运用能力,会有更多的泥沙调节到洪水期输送,远大于三门峡水库的调节作用,为进一步整治游荡性河道创造了条件。

为充分利用下游河道在洪水期的输沙潜力,主槽过流能力要大,洪水漫滩机会要少,尽量保持洪水的造床和输沙入海的作用,将来黄河下游河道一般洪水不需要宽河削峰。

小浪底水库调沙,利用洪水输沙不仅有利于河口河段冲刷也利于河口治理,因高含沙洪水输沙到河口地区可形成异重流使泥沙在更大海域堆积,减少河口淤积对上游河道的影响。河口流路的规划应使泥沙在更大范围堆积,以便充分利用海洋动力将泥沙尽量输送至外海。

(二) 高含沙水流产生机理

水库在洪水期主动泄空,库水位迅速大幅降低,随着主槽强烈冲刷,河床高程的降低,滩槽高差增大,土体荷重增加。随之土体内发生超孔隙水压力,引发土体向主槽坍塌,为利用洪水排沙,高含沙水流形成创造了有利条件[6]。

小浪底水利枢纽的设计防洪库容 40.5 亿 m^3,相应的限制水位为 254 m。水库调水调沙可控制在库水位在 200 ~ 254 m 运行。衡量黄河水库调水调沙运用方式的优劣主要标准有两条:其一是有多少泥沙能够调到洪水期输送,其二是有多少水量通过水库的调节得到利用。

由分析计算结果可知,小浪底水库的淤积量大于 30 亿 m^3 后,才能利用洪水冲刷排沙。小浪底库区目前淤积量为 27 亿 m^3,表明水库仍处于拦沙运用期。相同的来水来沙条件,库区淤积量小,水库冲刷机会多,但冲刷效率低;当首次起冲量大时,库区淤积量多,冲刷效率高,但冲刷机会少。同样的来水条件和库区泄空水位,水库淤积量大时,冲刷效率高,出库的含沙量大。通过对小浪底水库泥沙多年调节系列年的计算, 可以使更多(70% ~ 90%)的泥沙调节到洪水期输送。

使进入下游的水沙为可供兴利的小流量清水和挟带大量泥沙的洪水。由于水库主动空库泄洪排沙,淤土滑塌所形成的调沙库容可以长期重复使用,为保证黄河下游河槽长期不淤创造了有利的来水来沙条件。

（三）水库多年调节综合效益

经过多年研究,当小浪底水库初期拦沙库容淤满后,通过水库泥沙多年调节,把泥沙调节到洪水时输送,可以控制主槽不抬高,甚至下切。因为每当发生高含沙量洪水时,主河槽都是冲的,洪水存在"涨冲落淤"的输沙特性。小浪底水库初期运用下泄清水,淤满拦沙库容以后,进行泥沙多年调节,相机利用洪水排沙,这两个组合起来,有可能使下游河床不抬高。如果黄河河床不抬高,或者平滩流量逐渐增大,漫滩机会少了,滩区人民的生活也就稳定了,黄河泥沙与洪水问题可以得到根本解决。

计算结果表明,采用水库泥沙多年调节后,水库的兴利指标大幅增加,输沙用水大量节省,多年平均年输沙用水量仅为 60 亿 m³ 左右,节省 2/3,且均安排在丰水年小浪底水库无法调节利用的洪水期[7];多年平均发电量比目前汛期低水位运用的初步设计年发电量要增加 20%,年均发电量由 50 亿 kW·h 增加到 60 亿 kW·h。同时有利于黄河水资源的合理利用,最大限度满足华北地区工农业用水的需求。

六、形成窄深稳定河槽是防洪输沙需要

黄河下游游荡型河道的特点是宽浅散乱。从防洪、高含沙量洪水输沙来说都需要形成一个稳定、窄深河槽[8]。沈怡在评述各家治河主张时就明确指出:"因为种种病象由河无定槽而起,所以如果要治河,必须首先使河槽稳定",并说"无论何人来治河,都必须这样做"。

为了保证防洪的安全就只有稳定主槽,形成窄深河槽;只有形成窄深河槽才能提高河道的输沙能力,充分利用下游河道在洪水期的输沙潜力多输沙入海。把游荡性河道改造成窄深、归顺、稳定的高效排洪输沙通道,既保护了滩区,也提高了河道的输沙能力,一举两得。治理目标是形成窄槽宽滩,窄槽用于排洪输沙,宽滩用于特大洪水时滞洪削峰。

游荡性河道具有比降陡、河槽极为宽浅和不稳定的特性,就像在比降陡的地形条件下没有兴建跌水的不稳定渠道,河槽宽浅对水流约束作用差,河势变化呈现随机性。由于不同水沙条件下河槽形态的变化是相互制约、相互破坏的,如汛期变窄深,非汛期变宽浅、高含沙洪水塑造的窄深河槽,在其他水沙作用下遭到破坏,河道总是宽浅形态。无法通过自动调整形成窄深河槽,为此游荡性河道需进行双岸整治,形成多来多排的窄深高效输沙排洪通道,为利用洪水排沙入海创造条件,并可有效控导河势,彻底解决游荡河道河势游荡而产生的众多防洪问题,为控制河床不抬高提供可能。

七、结语

1）今后不管黄河水沙如何变化,都要经过小浪底水库调节进入下游。暴雨多,洪水多,来沙多,水库排沙机会多;降雨少,洪水小,来沙少时,小浪底水库无排沙条件,则蓄水拦沙运用,调节径流供水、发电兴利。充分利用洪水排沙入海在黄河的治理中具有十分重要的战略意义。不仅可以解决河床淤积问题,还可大量节省输沙用水量,不必再从千里之遥的长江调水冲刷黄河下游泥沙,为国家节省大量建设资金。

2）以上的治理,解决了河床不抬高问题,主槽过流能力增大,洪水漫滩机会减少,不仅防洪的大问题解除了,河道内滩区的所有问题,也必将逐渐淡化。才能使黄河滩区人们与自然和谐相处,滩区189万群众得到解放,359万亩耕地得到充分利用,体现了以人为本的科学发展观对现今黄河下游河道治理的客观要求。

3）黄河经过今后若干年的治理开发,可以从一条灾害频繁的害河变为一条效益巨大的利河。黄河泥沙问题得到根本性解决,黄河将发生巨变——洪水不再泛滥,黄河的水资源得也到充分利用。

参考文献

[1] 齐璞,孙赞盈,齐宏海. 黄河下游泄洪输沙潜力和高效排洪通道构建[M]. 郑州:黄河水利出版社,2010:306 – 312.

[2] 赵文林,茹玉英. 渭河下游河道输沙特性与形成窄深河槽的原因[J]. 人民黄河,1994(3):1 – 4.

[3] 齐璞,余欣,孙赞盈,等. 黄河高含沙水流的高效输沙特性形成机理(黄河下游河道存在巨大的输沙潜力)[J]. 泥沙研究,2008(4):74 – 81.

[4] 齐璞,孙赞盈. 黄河下游冲积河流动床阻力、冲淤特性与输沙特性形成机理[J]. 泥沙研究,1994(2):1 – 10.

[5] 齐璞,孙赞盈,侯起秀,等. 黄河洪水的非恒定性对输沙及河床冲淤的影响[J]. 水利学报,2005(6):637 – 643.

[6] 齐璞,姬美秀,孙赞盈. 水库泄空冲刷高含沙水流形成机理[J]. 水利学报,2006(8):906 – 912.

[7] 齐璞,曲少军,孙赞盈. 优化小浪底水库运用方式的建议[J]. 人民黄河,2012(1):5 – 9.

[8] 齐璞,孙赞盈,齐宏海. 再论黄河下游游荡河道双向整治方案[J]. 泥沙研究,2011(3):1 – 9.

高面板堆石坝面板高应力区分布特性及
抗震措施研究

孔宪京　等

大连理工大学海岸与近海工程国家重点实验室

摘要:把握高面板堆石坝混凝土防渗面板在静、动力荷载作用下的高应力区分布特性及其规律,并采取合理的工程措施进而有效降低面板地震应力,保证强震时超高面板坝的安全运行,是面板坝跨越 200 m 级向更高坝发展亟待解决的关键技术问题之一。本文对不同坝高以及河谷岸坡比的典型高面板坝进行了三维有限元静、动力计算,重点分析面板顺坡向拉应力和坝轴向压应力的高应力区分布特性及其规律。在此基础上,提出在有效区域内设置永久水平缝以释放面板地震应力的工程措施,详细分析了水平缝设置高程及其长度对地震应力改善效果的影响,并建议了采用柔性加筋结构的组合措施。

一、引言

钢筋混凝土面板堆石坝(面板坝)是 20 世纪 70 年代后期发展起来的一种新坝型,其在实践中体现出安全性、经济性、施工方便和适应性良好的特点,深受坝工界的青睐。经过 40 多年的发展,以分层填筑、薄层振动碾压技术为标志的现代混凝土面板堆石坝日渐成熟,在我国相继建造了一批坝高大于 150 m 的高面板坝,目前最大坝高已突破 230 m(水布垭)[1]。并且随着大坝建设经验的积累以及设计水平的提高,面板坝的高度还在不断增加,古水、马吉、大石峡、茨哈峡等 250~300 m 级高面板坝也在规划或可研中[2]。然而,我国已建和拟建的高面板坝大多位于西部的高地震烈度区,强震下的高坝安全是水利枢纽的关键问题,这些高坝大库一旦因地震失事,其后果将是灾难性的。因此,对高面板坝静、动力条件下变形与面板应力特性的准确把握与预测,是实现高面板坝由 200 m 级向 300 m 级跨越的重要基础[3]。

混凝土面板作为大坝的主要防渗结构,其安全可靠性是坝工界一直关注的主要问题之一。大量的实际观测数据和数值研究成果均表明[4]:面板主要的破坏形式是竖缝间面板的挤压破坏以及水平结构性裂缝，而这两种破坏形式均与面板坝的应力和变形特性有关。

本文对高面板坝静、动力荷载作用下面板应力特性进行了详细研究。考虑坝高分别为 150 m、200 m、250 m、300 m，计算面板顺坡向拉应力及沿坝轴向压应力的高应力区范围分布特性及其规律，分析了坝体几何特征参数对面板高应力区分布的影响。在此基础上，建议了采用设置永久水平缝以释放面板地震应力的工程措施，通过对水平缝的设置位置（高程）及其长度进行计算比较，总结给出永久水平缝设置的合理、有效区域，便于工程实际应用，并建议在面板水平缝两侧垫层内采用柔性加筋辅助措施控制水平缝两侧面板的相对变形及错台。

二、计算模型及参数

本文采用自行开发的岩土工程非线性有限元分析程序 GEODYNA4.0（Geotechnical Dynamic Nonlinear Analysis）[5]，对典型面板堆石坝进行三维非线性有限元数值计算，详细分析了面板坝运行周期内防渗面板应力分布特性及其规律，并研究了水平缝的设置对面板应力的改善效果。所采用的本构模型、计算参数等介绍如下。

（一）堆石体计算本构模型

堆石体静力计算模型采用邓肯 $E - B$ 非线性弹性本构模型[6]，堆石体动力计算模型采用等效线性黏 - 弹性本构模型[7]，大坝地震永久变形分析采用基于等效结点力的应变势法[8]，所采用的残余体应变和残余剪应变的增量形式为残余变形经验模型[9, 10]。

（二）接缝模型以及面板与堆石体接触面模型

对于混凝土面板堆石坝，混凝土面板之间的竖缝，混凝土面板与趾板间的周边缝均设置止水片等连接材料。在三维有限元计算中，为模拟接缝止水连接材料的力学作用，设置了六面体连接单元。面板竖缝、周边缝以及面板与垫层接触面均采用无厚度 Goodman 单元[11]模拟，计算中采用双曲线模型[12]进行模拟。

（三）计算模型

计算采用典型的面板堆石坝模型，坝高分别取为 150 m、200 m、250 m 和 300 m，上游坝坡坡度为 1:1.4，下游坝坡取为 1:1.65（综合坝坡）。对称河谷，河谷岸坡坡度分别取为 1:0.5、1:1、1:1.5 三种工况以研究岸坡坡度的影响。大坝分 20 ~ 40 层填筑，面板分三期浇筑，蓄水至坝顶以下 10 m，面板厚度根据《混凝土面板堆石坝设计规范》(SL228—98)[13] 取为 $0.3+0.0035H$(H 为坝高)。面板下方设置垫层区和过渡区。

以 200 m 坝为例三维有限元网络如图 1 所示,共划分 73 648 个单元,71 892 个结点。面板和坝体采用六面体等参单元和少量退化的四面体单元。在面板与堆石体交界面、趾板与堆石体交界面设置 8 结点和少量 6 结点的空间 Goodman 接触面单元,面板竖缝、周边缝采用 8 结点空间接缝单元。面板接缝及分期的布置如图 2 所示。

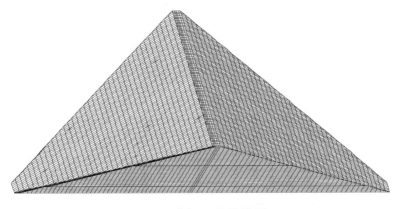

图 1   大坝三维网格图

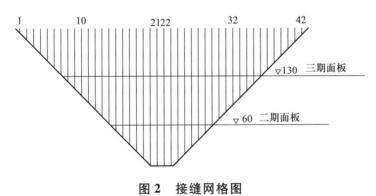

图 2   接缝网格图

(四)计算参数

筑坝材料静力和动力计算参数分别列入表 1 和表 2 中。孔宪京等[10] 根据国内外 8 座堆石坝包括堆石料、过渡料、垫层料在内的 13 种坝料的等效动剪切模量、等效阻尼比与动剪应变幅的依赖关系进行了统计分析,建议了归一化等效动剪切模量与动剪应变幅以及等效阻尼比与动剪应变幅关系的取值范围。本文堆石料、过渡料与垫层料的归一化动剪切模量和阻尼比与剪应变的关系均采用孔宪京等建议的平均值。

面板与垫层接触面采用河海大学试验成果[14]，材料参数分别为：$K=4800$，$n=0.56$，$R_f=0.74$，$\varphi=36.6°$。面板缝参数采用文献[15]建议值，其法向压缩刚度为 25 GPa/m，法向拉伸刚度为 5 MPa/m，切向刚度为 1 MPa/m。

根据已建面板坝工程实例[16]，面板采用 C30 混凝土，抗压强度取为 20 MPa，极限拉应变取为 0.0078%，混凝土弹性模量为 3×10^4 MPa，静力时混凝土极限拉伸变形对应的抗拉强度为 2.34 MPa[17]，《水工建筑物抗震设计规范》（DL5073—2000）规定[18]："混凝土动态强度和动态弹性模量的标准值可较其静态标准值提高 30%"，因此动力作用下混凝土抗拉强度取为 3 MPa。

表 1 静力模型参数

材料	$\rho/(\mathrm{kg/m^3})$	$\varphi_0/°$	$\Delta\varphi/°$	K	n	R_f	K_b	m
堆石料	2160	55	10.6	1089	0.33	0.79	965	-0.21
过渡料	2250	58	11.4	1085	0.38	0.75	1084	-0.09
垫层料	2300	58	10.7	1274	0.44	0.84	1276	-0.03

表 2 动力模型参数

材料	K	n
堆石料	2339	0.5

表 3 堆石料永久变形参数

材料	c_1	c_2	c_3	c_4	c_5
堆石料	0.0158	0.80	0	0.1100	0.77
垫层料	0.0070	0.69	0	0.0726	0.82

（五）地震动输入与计算工况

地震波是按现行水工建筑物抗震设计规范谱生成的人工波[15]，地震波时程曲线如图 3 所示。其中，顺河向与坝轴向输入地震动峰值为 0.2 g，竖向峰值加速度取为水平向峰值的 2/3，即 0.13 g。

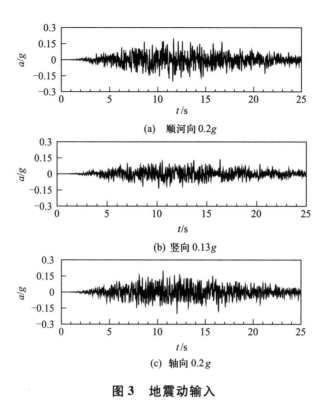

图3　地震动输入

三、典型工况计算结果

图4和图5分别给出了200 m面板坝在震前满蓄期、地震过程中以及地震结束后面板沿顺坡向和沿坝轴向的应力分布。

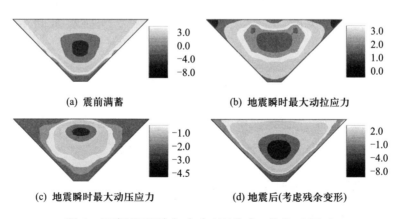

图4　面板沿顺坡向应力(压为负,单位:MPa)

对于面板沿顺坡向应力,震前满蓄期以压应力为主,仅在面板底部河床附近产生小范围拉应力。地震过程中,面板动应力在河谷中央(中部坝段)上方出现

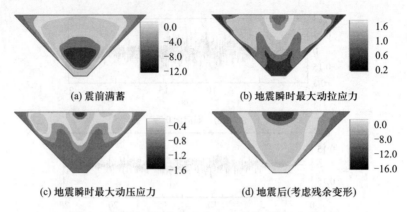

(a) 震前满蓄   (b) 地震瞬时最大动拉应力

(c) 地震瞬时最大动压应力   (d) 地震后(考虑残余变形)

图5　面板沿坝轴向应力(压为负,单位:MPa)

较大范围瞬时动拉应力,这是由于坝体放大效应,河谷中部坝段坝顶出现明显的"鞭梢效应"。计算结果同时表明,沿顺坡向瞬时动压应力相对于混凝土面板的抗压强度较小,可以不予考虑。另外,地震结束后的面板顺坡向应力分布与震前满蓄期基本一致,但出现拉应力区域的范围和应力值均有所减小,也不作为本文研究重点。

对于面板沿坝轴向应力,震前满蓄期整个面板以压应力为主,压应力最大值出现在河谷中部面板下部区域,在两岸坝肩局部存在较小值的拉应力。地震时,最大轴向动应力数值较小,不足以对面板安全产生重大威胁。地震结束后,由于大坝发生整体竖向和向下游侧的永久变形,在中部坝段面板上部区域出现较大范围的挤压应力,有可能发生面板的挤压破坏。

综合考虑,满蓄期及地震期的顺坡向应力、满蓄期及地震后面板的轴向应力对面板安全威胁最大,因此将上述几种工况作为本文中研究不同条件下面板应力分布规律的典型工况。

四、面板高应力区划定

坝体几何特征参数(坝高、河谷形状)对面板应力的分布有显著作用。随着坝高的增加,堆石体变形导致面板应力出现较大变化[19]。

(一)震前满蓄期面板高应力范围

1. 岸坡坡度对面板应力的影响

图6为坝高200 m的工况不同河谷坡度时满蓄期21#与22#竖缝(如图2所示)之间面板静应力的分布情况。由图6(a)可知,随着岸坡坡度变缓,即河谷宽高比增加,面板顺坡向压应力逐渐减小,但拉应力最大值及其范围逐渐增大。这

主要是因为随着河谷宽高比的增加,两侧岸坡岩体对坝体变形约束减弱,坝体变形增大,面板顺坡向拉应力随之增大。从图中还可以看出,当岸坡坡比大于1:1时,应力范围变化不大,且顺坡向高拉应力大致分布在 $0.1H$ 范围内。由图6(b)可知,随着岸坡坡度变缓,面板坝轴向挤压应力逐渐减小,且压应力最大值向面板下部(靠河谷底部)移动。这是由于随着河谷宽高比的增加,对面板的轴向挤压作用减弱,面板轴向挤压应力减小的同时最大值出现位置向面板下部移动。

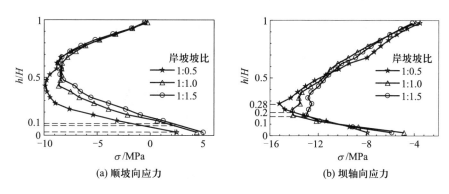

(a) 顺坡向应力　　　　　　(b) 坝轴向应力

图6　不同岸坡坡度条件下面板静应力(压为负)

2. 坝高对面板应力的影响

图7给出了河谷岸坡坡比为1:1时面板静应力沿高程的分布情况。从图7(a)可以看出,不仅面板顺坡向压应力随坝高的增加而逐渐增大,同时面板拉应力也在增大,出现高拉应力的范围基本一致,均位于 $0.1H$ 以下。从图7(b)可以看出,沿坝轴向压应力也随坝高的增加而逐渐增大,轴向压应力最大值出现的位置基本均位于 $0.2H$ 附近。

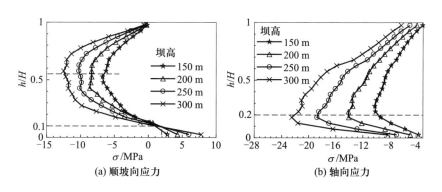

(a) 顺坡向应力　　　　　　(b) 轴向应力

图7　不同坝高面板静应力(压为负)

3. 震前满蓄期面板高应力区划定

综合图4(a)、图6(a)以及图7(a)静力条件下面板顺坡向拉应力分布,将面板尺寸归一化处理后,可最终得到如图8(a)所示的静力条件下面板顺坡向拉应力范围:河谷附近0.1H范围内,并以0.05H的宽度沿两侧岸坡向面板上部延伸至0.5H左右。

同理,可得到面板轴向挤压应力如图8(b)所示主要集中于河谷中部坝段面板的中下部,并在0.2H附近应力最大。

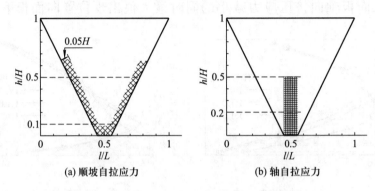

(a) 顺坡自拉应力　　　　　　　(b) 轴自拉应力

图8　静力状态下面板高应力区划分

(二) 地震过程中面板高应力区范围

计算结果表明,地震作用下河谷中部坝段坝顶地震惯性力较大,堆石体变形导致面板产生较大的瞬时动应力。当坝顶向下游位移最大时,面板顺坡向产生动拉应力最大。

1. 岸坡坡度对面板动拉应力的影响

以200 m面板坝为例,对不同岸坡坡度情况下面板最大顺坡向动拉应力进行整理,其分布规律绘制于图9中。从图中可以看出,高拉应力区的下缘基本位于0.6H附近,个别工况略向下部延伸,而上缘大致位于0.8H~0.9H。沿坝轴线方向,高拉应力区相对于河谷中央基本对称分布,范围约为0.2L。

2. 坝高对面板动拉应力的影响

以岸坡为1:1的工况为例,不同坝高条件下地震时面板最大顺坡向动拉应力的分布规律见图10。可以看出,随着坝高的增加,面板顺坡向最大动拉应力随之增大,但分布范围基本一致。沿坝高方向,各工况均在0.6H~0.8H范围内出现了高动拉应力,不同工况的高应力区边缘位置略有差别;沿坝轴线方向,高动拉应力区从面板中部对称向两岸延伸,其宽度大约也为0.2L。

3. 地震过程中顺坡向面板高拉应力区划定

根据上述分析可知,地震过程中顺坡向面板高动拉应力区域如图11所示。沿坝高方向,高动拉应力区的外包线沿坝坡方向为0.5H~0.9H,内包线为0.6H~

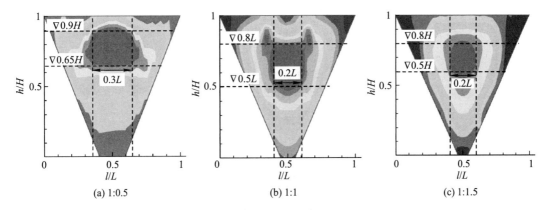

图 9　不同岸坡坡度面板动顺坡向高应力区域（中心区域为应力大于 3 MPa）

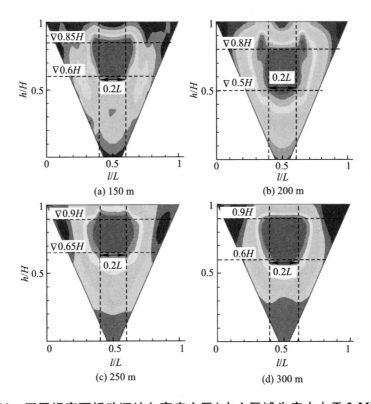

图 10　不同坝高面板动顺坡向高应力区（中心区域为应力大于 3 MPa）

0.8H；沿坝轴方向，顺坡向高动拉应力区基本对称分布于河谷中轴线处，宽度约为 0.2L。

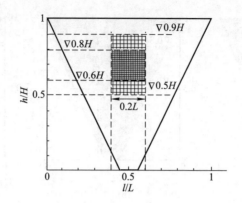

图 11　地震作用下顺坡向面板高拉应力区

（三）震后坝轴向面板高应力区范围

图 12（a）和图 12（b）分别为不同岸坡坡度和不同坝高条件下 21#与 22#（河谷中部）竖缝中间的面板沿坝轴线方向的应力沿坝高的分布情况。由图可知，地震结束后大坝发生整体沉陷，轴向压应力与满蓄期相比最大值明显增加且位置出现变化：除在 $0.2H$ 处挤压应力较大，在河谷中部坝段面板上部 $0.8H$ 至坝顶区域挤压应力再次明显增加，在坝顶处压应力值达到最大，且随着坝高的增加应力值逐渐增大。

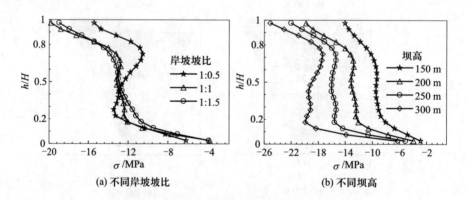

（a）不同岸坡坡比　　　　　　　　（b）不同坝高

图 12　震后面板沿轴向应力（压为负）

综合考虑静力满蓄期面板轴向高压应力区，如图 8（b）所示。震后面板轴向高压应力区为河床坝段全坝高（$0 \sim H$）范围，如图 13 所示。

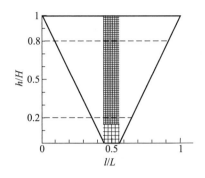

图 13　震后面板轴向高压应力区

五、改善面板应力的措施探讨

综上所述,不同几何特征参数(坝高、岸坡坡比)的面板坝防渗面板的高应力区分布范围相对集中,如图 8、图 11、图 13 所示。为了改善面板高应力区分布,本文探讨减小面板的顺坡向拉应力及轴向挤压应力的工程措施,以降低防渗面板破坏的可能性。

(一) 面板动应力改善措施分析

本文提出一种根据面板动应力响应特性确定最优高程设置永久水平缝及采用柔性加筋结构的组合抗震措施来有效降低面板地震应力的思路,并以坝高 300 m、河谷岸坡 1:1 的典型超高面板坝为基本工况,研究了其在顺河向地震加速度峰值为 0.3 g(竖向取 2/3)作用下永久水平缝设置高程、长度对面板地震应力改善效果的影响,为面板坝实现 200 m 级向 300 m 级的跨越提供理论支撑和技术支持,计算工况如表 4 和表 5 所示。

表 4　水平缝设置高程(H 为坝高)

工况	工况 1	工况 2	工况 3	工况 4
水平缝高程	无缝	0.9H	0.85H	0.8H

表 5　水平缝长度(L 为坝轴长)

工况	工况 3	工况 5	工况 6
水平缝长度	L	0.2L	0.3L

1. 水平缝设置高程

由图 14 和表 6 可以看出,地震作用下面板上部地震应力较大,不同计算工况面板中下部反应规律较一致,水平缝设置后,对面板上部顺坡向动应力的分布规律有较大影响。在 $0.85H$ 设置水平缝(工况 3)后该高程处面板的动拉应力比不设缝时(工况 1)降低了 36.8%,效果最为明显。分别在坝高 $0.9H$ 处(工况 2)和 $0.8H$ 处(工况 4)设置水平缝,同样可以看到面板动应力分布重新调整,最大值的高程下移或上移,调整后的面板动拉应力降幅均在 20% 以上,但不如工况 3减缓效果明显。

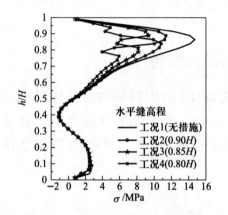

图 14 瞬时(拉应力最大)顺坡向动应力(压为负)

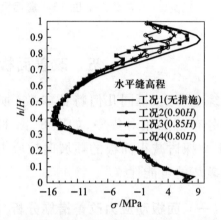

图 15 瞬时顺坡向最大动拉应力与静应力叠加后随高程的变化(压为负)

表 6 不同工况面板顺坡向瞬时最大拉应力比较

计算工况	水平缝设置高程	瞬时顺坡向动应力		
		最大拉应力值/MPa	应力降低值/MPa	降低百分比
工况 1	无	14.7	—	—
工况 2	$0.9H$	10.8	3.9	27.0%
工况 3	$0.85H$	9.4	5.3	36.8%
工况 4	$0.8H$	11.3	3.4	23.6%

图 15 和表 7 分别给出面板静应力和地震瞬时(动应力最大)动应力叠加后随高程的变化情况以及 4 种工况下顺坡向静、动应力叠加值。可以看出,设置水平缝后对面板静、动叠加后的顺坡向应力均有改善效果,且面板应力最大值的高程发生了变化,其中工况 2($0.9H$)和工况 3($0.85H$)对顺坡向面板应力的改善效果比较明显,降幅均超过了 45%。如果永久水平缝设置在面板顺坡向动拉应力

最大处之上,则重新调整后的面板动拉应力最大值高程下移,反之上移。

表7　面板顺坡向静应力与地震瞬时(拉应力最大)动应力叠加

工况	水平缝设置高程	顺坡向应力		
		最大应力值/MPa	应力降低值/MPa	降低百分比
工况 1	无	9.3	–	–
工况 2	0.9H	4.0	5.3	59%
工况 3	0.85H	5.0	4.3	46%
工况 4	0.8H	7.1	2.2	24%

不同坝高、不同河谷岸坡坡比条件下高面板坝顺坡向面板动拉应力最大值的高程位置列入表8。可以看出,地震时 150~300 m 面板堆石坝顺坡向动拉应力最大值发生高程大致在 0.75H~0.85H 范围内,可作为面板永久水平缝设置高程参考。如前所述,其有效范围可向上、下各延伸适当高度(建议为 0.05H)。

表8　面板瞬时顺坡向动拉应力最大值高程 H_0

坝高/m ＼ 岸坡坡比	1:0.5	1:1	1:1.5
150	0.80H	0.80H	0.75H
200	0.75H	0.75H	0.75H
250	0.80H	0.85H	0.80H
300	0.80H	0.85H	0.85H

2. 水平缝长度设置

面板顺坡向地震瞬时(拉应力最大)动应力呈准椭圆形分布,其最大值位于河谷中部坝段上部,且向两岸逐渐递减。因此,可以沿坝轴向在一定范围内设置水平缝,即可有效地减缓面板顺坡向动拉应力,保障面板的安全性。

图 16 给出在 0.85H 处分别设置长度为 0.2L、0.3L、L 的水平缝时,该高度处面板瞬时顺坡向动拉应力沿坝轴变化的情况,L 为坝轴长。可以看出,随着水平缝长度的增加,面板顺坡向动拉应力改善范围逐渐增大。当水平缝沿坝轴贯穿整个面板时,面板应力沿全断面改善十分明显,且应力变化光滑连续。当设置长度为 0.2L(工况 6)和 0.3L(工况 7)时,河谷中部坝段面板动拉应力改善也较明

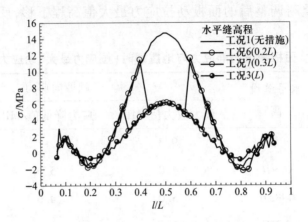

图16 水平缝长度对面板地震瞬时动拉应力影响

显且规律大体一致,即在水平缝两端处出现了应力突变。当缝长为 $0.3L$ 时,缝两端动拉应力值与河谷中线处相当,可见该水平缝发挥了最优的应力控制效果。

图 17 给出在面板 $0.85H$ 处设置长为 $0.3L$ 的永久水平缝时,面板顺坡向静应力与地震瞬时(拉应力最大)动应力叠加后面板的应力分布情况。可以看出,面板应力仍主要以压为主,仅在河谷中部坝段中上部区域以及岸坡附近出现了拉应力。

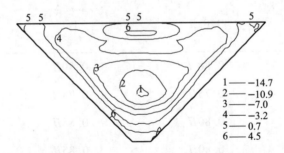

**图17 面板顺坡向静应力与地震瞬时最大动拉应力叠加
后顺坡向应力(压为负,单位:MPa)**

(二)面板轴向挤压应力改善措施

目前,对沿轴向面板挤压应力以及抗挤压破坏措施的研究已经有了进展[15, 20, 21],研究成果简要可以概括为 3 个方面:一是减小垫层与面板间摩擦系数以降低面板中下部堆石体变形所导致的较大轴向挤压应力(对减小顺坡向面板高拉应力同样有效);二是改善竖缝性质,在竖缝中用木板等柔性材料作填充料以减小缝两侧混凝土面板的挤压;三是适当增加竖缝宽度,预留轴向挤压间隙。

六、结论

本文采用三维静、动力有限元方法,以 150 ~ 300 m 级典型高面板堆石坝为对象,分析大坝震前满蓄期、地震过程中以及遭遇地震后面板的应力分布特性及其规律。在此基础上,建议了改善面板应力的工程措施。其主要结论如下。

1）计算分析表明:沿顺坡方向,震前满蓄期和震后在面板底部岸坡附近均出现小范围的拉应力区。地震时面板在河谷中部坝段坝高 4/5 ~ 2/3 的范围内将产生较大的顺坡向动拉应力。沿坝轴向方向,在震前满蓄期和地震时,河谷中线处面板均有可能承受较大的挤压应力。此外,地震时面板顺坡向最大动拉应力发生在河谷中部坝段面板的上部区域,呈椭圆形分布,如图 4(b)所示,其数值可能超过混凝土的抗拉强度,必须采取降低面板地震应力的有效工程措施。

2）建议根据面板坝地震响应分析结果,在面板顺坡向动拉应力最大(高程)处设置永久水平缝,其缝长取 0.3L(L 为坝轴长度)。300 m 级典型面板坝计算结果表明,本文建议的方法可使顺坡向面板拉应力(静、动叠加)降低 45% 以上。

3）尽管永久水平缝的最佳设置高程是面板顺坡向动拉应力最大(高程)处,但在其 ±0.05H(H 为坝高)的有效范围内设置均能获得较好的减缓效果,面板顺坡向拉应力的降幅超过 20%。此外,设置永久水平缝后面板动应力分布重新调整,最大值的高程上移或下移。

4）按文献[1]的建议,设置永久水平缝应垂直于面板坡度方向并采用张性缝的结构形式,缝内应埋设止水铜片。此外,为防止水平缝两侧面板不协调变形发生错台,在缝两侧一定范围可采用柔性加筋技术等。

本文计算中,没有考虑堆石体流变、不对称河谷等因素对面板高应力区分布特性的影响。

参考文献

[1] 宋文晶,孙役,李亮,等. 水布垭面板堆石坝第一期面板裂缝成因分析及处理[J]. 水力发电学报,2008(3):33 – 37.

[2] 杨泽艳,周建平,苏丽群,等. 300m 级高面板堆石坝适应性及对策研究综述[J]. 水力发电,2012(6):25 – 29.

[3] 徐泽平,贾金生. 高混凝土面板堆石坝建设的核心理念——变形控制与综合变形协调[C]//土石坝技术 2012 论文集. 北京:中国电力出版社,2012:25 – 34.

[4] 中国水力发电工程学会混凝土面板堆石坝专业委员会. 国际混凝土面板堆石坝的发展[C]//土石坝技术 2012 论文集. 北京:中国电力出版社,2012:17 – 24.

[5] 邹德高,孔宪京,徐斌. Geotechnical Dynamic Nonlinear Analysis – GEODYNA 使用说明[R]. 大连:大连理工大学土木水利学院,2003.

[6] 李广信. 高等土力学[M]. 北京:清华大学出版社,2004:50-56.

[7] Clough G W, Duncan J M. Finite element analysis of retaining wall behavior[J]. Journal of Soil Mechanics and Foundation Engineering, 1971, 97(12): 1657-1672.

[8] 孟凡伟. 沈珠江残余变形模型的改进及其应用研究[D]. 大连:大连理工大学,2007.

[9] 徐刚,沈珠江. 堆石料的动力变形特性[J]. 水利水运科学研究,1996(2):143-150.

[10] 孔宪京,娄树莲,邹德高,等. 筑坝堆石料的等效动剪切模量与等效阻尼比[J]. 水利学报,2001(8): 20-25.

[11] Goodman R E, Taylor R L, Brekke, et al. A model for the mechanics of jointed rock[J]. Journal of Soil Mechanics and Foundations Division, ASCE, 1968, 94(SM3): 637-659.

[12] 邹德高,孟凡伟,孔宪京,等. 堆石料残余变形特性研究[J]. 岩土工程学报,2008(6): 807-812.

[13] 中华人民共和国水利部.SL228—98 混凝土面板堆石坝设计规范[S]. 北京:中国水利水电出版社,1991.

[14] 顾淦臣,沈长松,岑威钧. 土石坝地震工程学[M]. 北京:中国水利水电出版社,2009, 243-247.

[15] 邹德高,尤华芳,孔宪京,等. 接缝简化模型及参数对面板堆石坝面板应力及接缝位移的影响研究[J]. 岩石力学与工程学报,2009 (S1): 3257-3263.

[16] 郦能惠. 中国高混凝土面板堆石坝安全监测[C]//混凝土面板堆石坝安全检测技术实践与进展. 北京:中国水利水电出版社,2010: 21-42.

[17] 中华人民共和国建设部,国家质量监督检验检疫总局.GB50010—2002 混凝土结构设计规范[S]. 北京:中国建筑工业出版社,2002.

[18] 中华人民共和国国家经济贸易委员会.DL5073—2000 水工建筑物抗震设计规范[S]. 北京:中国电力出版社,2000.

[19] 徐泽平. 混凝土面板堆石坝应力变形特性研究[M]. 郑州:黄河水利出版社,2005: 70-106.

[20] 胡耘,张嘎,程嵩,等. 面板堆石坝面板竖缝特性对面板应力变形影响分析[J]. 岩土力学,2009(4):1089-1094.

[21] 孔宪京,周扬,邹德高,等. 高面板堆石坝面板应力分析及抗挤压破坏措施[J]. 水力发电学报,2011(6): 153-158.

大坝加高:实现水利水电可持续
发展的重要途径

周厚贵

中国能源建设集团有限公司

摘要:大坝加高是指在坝工建筑物建成并投入运行的基础上,为满足某种或多种新的需求所实施的接续或再次施工建设。随着水电开发事业的飞速发展,优质坝址资源日益枯竭,对现有水利水电枢纽建筑物进行续建、增建、改建、扩建、复建、重建等类型的大坝加高建设将成为必然选择。本文针对大坝加高的起源与发展、加高施工关键技术的突破、大坝加高与水电可持续发展以及大坝加高的推进措施等方面进行了综合分析和阐述,以为水资源安全高效利用和水电开发可持续发展展示一条重要途径。

一、大坝加高的起源与发展

大坝加高是指在坝工建筑物建成并投入运行的基础上,为满足某种或多种新的需求所实施的接续或再次施工建设。由于这项接续或再次施工建设的最重要的标志就是增加原坝工建筑物的高度,因此,坝工界约定俗成将所有相关的坝工建筑物接续或再次施工的项目和内容统称为"大坝加高"。

显而易见,大坝加高的范围涵盖了针对已建成坝工建筑物进行续建、增建、改建、扩建、复建、重建等所实施的一切加高、培厚、加长、加固、置换等单一或综合项目建设。更进一步地,由于人们对大坝的功能需求是在不断增长的,故而,在同一座大坝上进行的两次或多次加高的情形也涵盖其内。大坝加高的主要特征项目部分或全部地包括大坝基础加强处理、拆旧及转移、新老结合面处理、新坝体施工、设施拆除与安装、与已建大坝的生态融合建筑等。其范围非常广泛、内容极其丰富、特征相当明显、技术十分复杂。

大坝加高是坝工界一门古老的技艺,具有十分悠久的历史,其最早的雏形可以追溯到两千多年以前。但加高工程的相关记录可以追溯到几百年前,世界上的第一个大坝加高工程大约可以认定为 17 世纪初的波斯帝国(今伊朗)的 Kebar 拱坝。随后的数百年间,诸多的大坝进行了坝体加高、水库增容、工程扩建等施工建设,如西班牙的 Almansa 坝、意大利的 Pontalto 坝、澳大利亚的 Parramata 坝、瑞士的 Grand Dixence 坝、委内瑞拉的 Guri 坝、苏丹的 Roseires 坝、美国的 Roosevelt 坝、Olivenhain 坝,以及在建的 San Vicente 大坝等。从建坝材料的角度看,最早实施大坝加高的是土石坝,而混凝土及混凝土坝的加高则是随着水泥诞生后不久才开始的。但在当前的大坝加高工程建设中,混凝土及混凝土坝的加高是大坝加高的重要组成部分,也是大坝加高施工技术的难点所在。

我国也有不少各类大坝加高工程实例,此前完工的英那河水库大坝加高和宝泉抽水蓄能电站下库大坝加高均为浆砌石重力坝。已完工的南水北调中线丹江口大坝加高工程开创了国内混凝土坝加高工程建设规模、技术难度、施工复杂程度等的新纪录。红水河龙滩大坝的续建加高工程正在规划设计中。

随着我国经济的飞速发展、科学技术的迅猛提高,大坝加高的坝型、加高的工程规模,尤其是加高高度、加高方式、加高技术水平都已取得了长足的进步。并且由于大坝加高工程的施工条件与技术要求等与新建工程差别显著,正逐步形成与新建大坝工程相区别的大坝加高技术体系,成为坝工建设的一个重要分支和组成部分,得到了坝工界的广泛关注和高度重视。

针对大坝加高这一新的课题,如何运用现代筑坝理念和手段,建立和完善系统的大坝加高工程技术体系,以适应现代坝工续建、增建、改建、扩建、复建、重建等加高建设的需要,是一项十分迫切、需要深入研究的重要课题。所以说"大坝加高"既是一项古老的技艺,同时也是坝工界面临的一个全新技术领域。

二、大坝加高关键技术的突破

在大坝加高工程建设的研究与实践中,国内外许多相关学者、工程设计人员和工程技术人员针对大坝加高工程施工中的各项技术问题,从理论角度和工程实践角度开展了大量的研究。尤其是我国南水北调丹江口大坝加高工程的科研、设计与施工实践,攻克和突破了大坝基础分析、老混凝土体无损伤高精度拆除、新老混凝土结合、新浇混凝土性能控制、加高施工管理与决策、生态与环境保护等一系列关键技术,在此基础上建立了大坝加高工程施工的理论体系和技术体系。主要创新点如下。

1. 老混凝土体拆除

在大坝加高工程施工过程中,由于老坝体混凝土的老化或者坝体结构改进的需要,需要拆除现有坝体上的一部分混凝土。该拆除作业在施工安全、保留部分混凝土性能控制、拆除体尺寸控制等方面比常规的混凝土拆除施工要严格很多,是大坝加高工程施工中的重点、难点技术问题之一。

　　在广泛借鉴相关领域工程经验的基础上,通过开展大量的拆除技术试验和研究,建立了老混凝土体拆除施工技术体系构架。该体系主要包括控制爆破拆除方法、机械拆除方法、静裂拆除方法,以及多种拆除方法的组合等拆除方法。

　　在此基础上,研究建立了系统的无损伤、高精度老混凝土控制拆除技术。研发钻孔导向器等保障高精度的施工机具,为控制拆除提供手段;改进和优化盘锯、链锯切割技术,无声爆破技术等,实现了对母体混凝土的零损伤拆除,具有工效高、成本低、成型质量好等优点。

　　2. 新老混凝土结合

　　新老混凝土结合是大坝加高混凝土工程施工的核心环节,是决定加高后大坝性能优劣的关键因素,也是大坝加高施工的重点与难点。国内外针对新老混凝土结合开展的研究最为广泛、最为众多。相关的研究工作主要从老混凝土面处理、新老混凝土结合面增强黏结等方面进行突破。

　　在老混凝土面的处理方面,采取对老混凝土面加糙处理等措施,改善混凝土结合面之间的受力状态,促进新老混凝土之间的联合受力,以利新老坝体的协调运行。这些加糙措施主要有物理方法和化学方法两大类。物理方法又包括喷射处理和机械处理两种,化学方法主要为酸浸蚀法。通过筛选比对试验,研发出了针对老混凝土表面加糙成型的"静裂锯割法"施工技术,有效增强了老混凝土表面的加糙效果。

　　在新老混凝土结合面黏结方面,基于系统研究新老混凝土结合机理,深化研究提高结合面效能的措施。在结构措施上,研发新增人工键槽和结合面锚筋(锚杆)等,以促进新老混凝土加强结合,提升新老界面咬合力,实现新老混凝土联合受力;在材料措施上,研发新老混凝土结合界面密合剂等,解决了新老混凝土界面粘结难题,保障粘结牢固。

　　3. 新混凝土浇筑

　　与新建大坝不同,在混凝土大坝加高工程中,老混凝土已经达到一定龄期,其弹性模量等物理力学参数与新浇混凝土之间存在很大差别,为保证新老混凝土之间的有效结合,需要研究性能相适配的新浇混凝土。

　　研究工作主要从配合比参数优化、温控与防裂、施工时段选择等方面展开。通过优化新浇混凝土配合比,提出混凝土过渡区的设计理念并研制过渡区混凝土。并将界面范围新混凝土设计成超缓凝、后期强度增长迅速的界面混凝土,实现从老混凝土到新混凝土的性能过渡,解决了由于新老混凝土性能差异导致变形不协调而开裂的问题。

　　新老混凝土结合受老混凝土约束较大,新浇混凝土产生的温度应力易在结合区产生突变和集中,因此对新浇混凝土采取强化温控措施是必要的。通过研究,提出了拌和运输过程保温、仓面降温、个性化通水冷却、智能化温控等综合温控技术,实现了对新浇混凝土温度应力的有效控制。

新浇混凝土的施工时段选择,一方面需要考虑正在运行的水位对新浇混凝土的影响,另一方面还要考虑外界气温对新浇混凝土的影响,综合这两个方面的因素,优化选择新浇混凝土的浇筑施工时段。

4.加高施工管理与决策

通常大坝加高施工期间,现有水电枢纽及其相关设施仍在运行,继续发挥其全部功能或主要功能;而加高施工质量、安全和进度等目标又必须确保,显然,加高施工与现有枢纽运行之间在空间、时间、资源等方面存在一定的冲突和矛盾,两者之间需要进行协调,以做到"两兼顾、两不误"。

根据加高施工的特点,对各项条件及工程目标进行了系统分析,建立了混凝土坝加高工程施工的模拟模型。与一般新建混凝土坝的模拟模型相比,考虑因素更加详细,约束限制条件更多,更加符合现场实际。

研发基于虚拟现实的混凝土大坝加高施工组织管理平台,对新混凝土智能化温度控制、施工进度、施工资源配置等实施全过程的高效有序控制。

根据加高工程施工管理与决策可视化、虚拟化平台建设的需要,研发了施工管理与决策的虚拟现实平台的实现技术。系统将坝体在不同时刻、不同的施工方案或施工布置情况下的施工场景、施工过程以近乎真实的方式展现给用户。系统具有逼真性、沉浸性、交互性,提高了决策效率和决策科学化水平,实现了施工决策因素的全面集成。

三、大坝加高与水电可持续发展

大坝是国民经济发展、工农业生产和人民生活的重要基础设施,据统计,我国约有各类水利水电工程大坝8.7万余座,数量居世界首位。在国际大坝委员会登记的大坝(坝高大于15 m)多达3万多座。随着水利水电事业的飞速发展,坝址资源被快速地占用,最终导致可选用的坝址将越来越少,坝址质量也越来越差,这将直接影响到水利水电的可持续发展。因此,必须加速寻找可持续发展的新路径。

1.大坝加高为水利水电发展开创了新路

为了解决在不久将来的坝址资源短缺乃至枯竭问题,需要从以下多个方面开辟新路。一方面需要进一步寻找新坝址利用的可能,展开大量的勘探、研究和论证工作;另一方面需要重新复核或论证目前正在使用坝址的运行状况,实施对既有坝址的深化研究,以期最大限度发挥既有坝址自身的效能;第三方面是挖掘或扩大既有坝址的潜能,在既有大坝的基础上实施大坝加高建设,使加高大坝发挥出新的更大的综合效益。

2．大坝加高为水利水电发展发挥了潜能

1）更好地满足国民经济和社会发展的各项功能需求，如加高工程建成后，库容和发电出力将大幅增加，可有效缓解日趋紧张的供水和供电压力，提供更多的水源和电力供应。

2）最大限度地利用既有坝址的潜在的效用，大大减少新建大坝重新选址、重新勘探、重新论证的工作量，同时规避新坝选址的风险。

3）通过已建大坝效用的提高，实现建坝数量一定程度的降低，减少因重建新坝需要重新征地、移民等所带来的生态环境影响，对生态环境保护起到促进作用。

3．大坝加高为水利水电建设延续了薪火

随着时代的发展和科学技术水平的迅速提高，大坝加高建设将呈现周期性或持续性推进，它将有力地促进坝工建设的可持续发展，从而更进一步地推动水资源的高效、充分利用，实现坝工建设的绿色低碳循环发展。

综上所述，大坝加高已成为实现水利水电可持续发展的重要途径。

四、大坝加高的推进措施

为推进大坝加高有序、持续、稳定地进行，需要从加高工程开发政策、系统规划、工程技术体系构建等方面深化研究并加强措施。

1．大坝加高工程开发政策

从国家和行业层面制定一系列有关大坝加高工程开发建设的支持政策，包括投资融资政策、建设审批政策、征地移民政策、优先开发政策，从政策角度对大坝加高工程开发建设进行全面的支持。

2．大坝加高系统规划

对全国范围的水电枢纽工程进行系统地梳理和排查，在深入论证的基础上，制定系统的大坝加高建设规划，包括系统的加高工程建设批次，分地区、分坝型、分流域的大坝加高建设规划。

3．大坝加高工程技术体系构建

进一步建立健全大坝加高施工技术体系，包括老坝体基础及拆除施工、新老混凝土结合施工、新混凝土浇筑施工、施工数字化智能化管理等，为大坝加高工程建设提供完备的技术保障。

五、结语

水利水电工程大坝由于库区严重淤积、坝体老化、自然灾害发生、长间歇分期建设、抬高水库水位、扩机增容以及新增其他功能等被动或主动的需要，历史上的很多大坝都进行了加高施工。

大坝加高工程施工由于受时间和空间等条件的限制,具有场地狭窄、干扰因素多、技术难度大、工艺复杂、制约因素多等突出特点,存在着新老混凝土结合、新浇混凝土的设计施工、老混凝土及其设施的拆除转移、施工管理与决策等诸多技术难题需要解决。目前,这些难题均已得到了相应突破,并已形成一套加高施工的技术体系。

在当前优质坝址资源日益枯竭的情况下,大坝加高为水利水电发展开创了新路、发挥了潜能、延续了薪火,必将成为充分利用既有坝址资源、实现水利水电可持续发展和水资源安全高效利用的重要途径。

参考文献

[1] Goblot H. 1965. Kébar en Iran sans doute le plus ancien des barrages-voûtes: l'an 1300 environ[J]. Arts et Manufactures, 154: 43 – 49.

[2] Toran J. 1958. Heightening of existing dams including methods of constructing new dams in successive stages[C]//6th International Commission of Large Dams, Nova York: 303 – 365.

[3] 周厚贵. 2005. 水电站扩建工程的施工问题与对策[J]. 湖北水力发电, (2): 1 – 3.

[4] 朱伯芳, 张国新, 吴龙坤, 等. 2007. 重力坝加高中减少结合面开裂措施的研究[J]. 水利学报, 38(6): 639 – 645.

[5] Reed III G E, Steele K A, Stift M T. et al. 2003. RCC for the heightening of San Vicente dam [J]. International Journal on Hydropower and Dams, 10(5): 130 – 137.

[6] 赵志方, 周厚贵, 袁群, 等. 2003. 新老混凝土粘结机理研究与工程应用[M]. 北京: 中国水利水电出版社.

[7] 周厚贵. 2006. 丹江口大坝加高新老混凝土结合面人工键槽施工技术研究[J]. 南水北调与水利科技, 4(4): 8 – 10.

[8] 程润喜, 周厚贵. 2007. 新老混凝土结合面新型界面剂的研制[J]. 南水北调与水利科技, 5(6): 94 – 96, 101.

[9] 周厚贵. 2009. 混凝土控制拆除施工技术及其在丹江口大坝加高工程中的综合应用[J]. 中国工程科学, 11(2): 17 – 21.

[10] 曹生荣. 2008. 复杂条件下混凝土坝施工模拟、优化与工程应用[R].

滇中引水工程关键技术综述

钮新强

长江水利委员会，长江勘测规划设计研究院

摘要：滇中引水工程是一项准公益性特大型调水工程，也是缓解滇中高原水资源短缺、支撑云南经济社会可持续发展的战略工程。工程地形起伏大，地质条件复杂，地震烈度较高，建设条件复杂，技术难度大。本文基于多年前期工作研究，就深埋长隧洞设计、施工，高架建筑物抗震等方面存在的关键技术问题及主要解决思路进行探讨。

一、工程概况

（一）工程规划

滇中指云南中部，由丽江、大理、楚雄、昆明、曲靖、玉溪、红河所辖的 50 个县（市、区）组成，国土面积 9.63 万 km^2。滇中地区水资源相对短缺，且地形地质条件复杂，水资源进一步开发利用难度大、成本高，资源性、工程性和水质性缺水问题并存，制约了经济社会的发展，缺水还导致滇中地区生态环境恶化。随着国家"桥头堡"战略的推进，滇中地区缺水问题将更加突出，亟须从外流域调水。

多年研究表明，金沙江虎跳峡及以上河段是滇中引水最佳水源地。工程任务是"以向城镇生活、工业供水为主，兼顾农业与生态用水"。水资源配置的基本思路是外调水量供城市生活、工业用水为主，兼顾农业，并利用总干渠空闲容量，向滇池等湖泊生态补水，当地水则优先用于农业灌溉与生态环境。

工程多年平均引水量 34.2 亿 m^3，其中城镇生活及工业用水量 23.6 亿 m^3，灌溉供水 5.8 亿 m^3，生态环境补水量 4.8 亿 m^3。

（二）工程布局

滇中引水工程由金沙江奔子栏水源工程和输水总干渠组成。

1. 水源工程

水源工程枢纽坝址位于云南迪庆州德钦县与四川甘孜州得荣县界河段阿洛

贡,坝址下距奔子栏镇约 11 km,其开发任务是壅高水位,保证水源。水源枢纽主要由挡水、泄洪、取水、引水发电等建筑物组成,水库库容 3.01 亿 m³。水库大坝采用混凝土重力坝,坝顶高程 2096 m,最大坝高 135 m。电站装机 4 台,总容量 950 MW。

2. 输水工程

输水干线穿越滇中大部分地区,沿线经过迪庆、丽江、大理、楚雄、昆明、玉溪,终点为红河蒙自。综合考虑地势地貌、受水区分布及长期运行成本,推荐工程总干渠全线自流输水。渠首水位 2085 m,渠首设计流量 145 m³/s。总干渠末端位于蒙自的新坡背,水位高程为 1400 m,渠末设计流量 13 m³/s。

输水线路总长 848.18 km,共有 195 座主要建筑物。明渠 6 段,长 2.14 km;渡槽 30 座,长 16.25 km;隧洞 97 座,长 766.01 km;暗涵 33 段,总长 27.51 km;倒虹吸 25 座,总长 34.69 km;消能建筑物 3 段,长 1.48 km。明渠、渡槽、隧洞、暗涵和倒虹吸五种建筑物占干线长度比例分别为:0.25%、1.92%、90.31%、4.09% 和 3.91%。

二、工程特点

滇中引水工程地处横断山脉及云贵高原,地形起伏较大,区域构造背景复杂,地震烈度较高。输水工程以隧洞为主,隧洞长度达到线路总长的 90.31%,存在深埋长隧洞,最大埋深达 1234 m,最长隧洞约 60 km。输水线路跨越较多深切支流,存在高架渡槽和高水头倒虹吸,渡槽最大墩高达 68 m,倒虹吸最大水头达 250 m。此外,输水线路穿越可溶岩地层长度较大,占输水线路长度的 22%,局部岩溶发育。总体看,滇中引水工程建设条件较复杂,工程技术难点较多,施工难度较大。

三、工程关键技术问题及解决思路

(一)深埋长隧洞设计关键技术问题

1. 岩溶地层问题

隧洞经过的白云岩、白云质灰岩、石灰岩地段比例较高,岩溶较发育,香炉山隧洞、芹河隧洞、海源寺隧洞等均在上述岩溶发育的地层中穿越,可能遭遇大的岩溶管道,工程施工还可能存在疏干地下水而导致重大环境问题。

拟建立典型隧洞段三维岩溶及水文地质数值模型,分析评价各水文地质单元的地下水条件,判断隧洞可能产生高外水压力、岩溶突水、突泥的洞段,研究计算外水压力与可能涌水规模及其相关性规律,结合地下水环境影响评价,对地下水疏干可能造成的环境影响进行预测与评价,并采取合适的措施降低或减缓对环境的影响。

2. 隧洞突(涌)水、突泥问题

对深埋隧洞,当洞室通过富水的岩溶发育地带、松散断层破碎带及松软岩带等特殊地带时,易发生突(涌)水、突泥的环境地质灾害,严重威胁洞室稳定和工程施工安全。

拟对围岩外水压力、岩体的渗透特性及抗渗透破坏能力进行研究,同时对突(涌)水、突泥的基本规律和发生机理进行研究,对可能发生突(涌)水、突泥的洞段进行分析及预测预报,对其规模、危害程度等进行分析,确定其风险等级,并在施工过程中进行必要的动态调整。

3. 活动断裂问题

本工程输水隧洞穿越龙蟠—乔后、丽江—剑川、鹤庆—洱源等多条活动断裂,年位移速率 0.9~6 mm/年不等,难以通过工程选线、选址来回避断裂带。断层的活动性是影响和制约深埋长隧洞设计、施工及运营的主要因素之一。

为适应活动断裂带围岩的应力状态和持续变形,拟以活动断裂的地质学研究为基础,重点研究活动断裂对地应力场的影响、活动断裂带的振动对隧洞位移场的影响(即隧洞抗震问题)、活动断裂的错动对隧洞位移场的影响(即隧洞抗断问题)。并对隧洞柔性复合衬砌方案进行研究,如混凝土复合衬砌结构、钢管与波纹补偿节复合衬砌、扩大隧洞 + 内部输水管槽复合结构等。

此外,需研究运行过程中的长期监测技术,便于及时采取措施,保证隧洞的安全运行。

4. 软岩大变形问题

本工程沿线软岩地层分布广泛,隧洞约有 36% 穿越砂页岩、煤系地层、千枚岩等软岩,在高地应力的环境下可能存在大变形问题,规模较大的断层破碎带也是发生大变形的可能地段。为了把握深埋隧洞围岩的大变形破坏特征及规律,有效控制深埋长隧洞围岩可能出现的时效挤压大变形、渐进破裂、支护结构开裂或压曲等变形破坏现象,拟在地质条件和地应力场分析的基础上,开展软岩力学试验研究工作,并结合理论分析、数值模拟及工程类比等多种手段方法,通过对深埋长隧洞施工期和运行期的围岩大变形施工方法(钻爆法和 TBM 法)、围岩稳定性与支护安全性进行深入研究,提出合适的软岩大变形的控制标准以及处理技术。

5. 高地应力问题

本工程埋深大于 600 m 的隧洞有 18 条,占隧洞数量比例 18.56%,其中埋深大于 1000 m 的隧洞有 8 条,最大埋深达 1234 m,部分洞段岩体应力水平较高,存在高地应力及岩爆问题。拟在国内、外岩爆实例调查与分析的基础上,结合本工程地质条件,采用试验与测试以及数值模拟等手段,查明不同岩性的岩爆特征、孕育机理、形成机制及过程,论证深埋长隧洞岩爆发生的条件,研究深埋长隧洞岩爆预测方法,对不同埋深洞段隧洞的岩爆位置、等级和规模进行预测和风险评估,并提出相应的预防及处理措施。

6. 高外水压力问题

对深埋隧洞,不可避免地存在高外水压力问题。从结构受力角度考虑,应设置可靠的排水措施,以保证隧洞衬砌结构的安全。同时,从环保和生态方面考虑及隧洞流量控制考虑,应避免隧洞内有较多渗漏。

拟对地下水采用既封堵又疏导的方式,封堵地下水后要求不产生大量渗漏,地下水可能形成的承压作用在隧洞围岩安全距离以外;疏导即是通过设置衬砌周边排水孔有效减小隧洞衬砌结构周边的水压力。

同时根据地下水情况在隧洞围岩内设置渗压监测设施,监测地下水压力和工程运用期安全状况,便于及时采取措施。

(二)复杂地质条件下深埋长隧洞施工

滇中引水工程调水线路总长 848.18 km,其中隧洞总长 766.01 km,占90.31%。隧洞施工为本工程施工重点,其中又以香炉山隧洞施工难度最大。该隧洞全长约 60 km,穿越金沙江、澜沧江分水岭,为地质条件复杂的长距离深埋输水隧洞。经对钻爆法施工方案和 TBM 法与钻爆法组合施工方案比选,推荐采用 TBM 法与钻爆法组合施工方案。对活动断层、软岩等不良地质段采用钻爆法施工,地质条件较好的玄武岩、灰岩、基性岩脉段采用 TBM 施工。由于埋深大、穿越地层复杂,有以下施工关键技术问题。

1. TBM 性能要求

TBM 段埋深大部分在 600 m 以上,最大埋深达 1214 m,岩性复杂,要求 TBM及后配套设备能适应可能存在的高地应力、地温、岩爆、软岩变形、岩溶及涌水、高外水压力、断层破碎带等不良地质条件。另外,TBM 开挖断面大,开挖直径达11.30 m,最长独头掘进长度 23.50 km。因此对 TBM 的类型,推进系统推力、刀盘驱动转矩、刀盘驱动功率等主要技术参数,及刀盘、主轴承、护盾、管片安装机等部件要求高。

2. TBM 长距离通风

TBM 掘进段开挖断面大,所需风量大,最长通风长度达 15.08 km。此距离为 TBM 施工实践中的一个较长通风长度,需合理解决。

3．TBM 长距离出渣进料运输

受施工支洞布置条件的限制，TBM 掘进长度达 23.50 km，出渣量大，材料调运频繁。如何充分利用中间施工支洞优选出渣进料运输方案，确保安全、有效地进行运输组织，满足施工要求，需要重点研究。

4．长距离高扬程施工排水

香炉山隧洞施工排水具有水量大、距离长、扬程高等特点。各施工支洞（斜井）本身的排水扬程即达到约 68～535 m，最长抽排水距离达 20.20 km，最长自排水距离 34.50 km。研究合理的施工排水方案，是保障工程施工安全的重点和难点。

5．不良地质问题的处理

隧洞工程中断层破碎带、高地应力下岩爆、软岩变形、岩溶及涌水、高外水压力、高地温、有害气体等不良地质问题的处理历来都是隧洞施工的重点和难点。香炉山隧洞 TBM 段不良地质问题处理由于不如钻爆段灵活，存在潜在的工期风险，更是需重点研究。

（三）高架建筑物抗震

滇中引水工程高架建筑物主要为渡槽，约 30 座，多位于 8 度地震区，工程区地震烈度高，同时工程位于高山峡谷之中，大型渡槽需跨越山谷，下部槽墩高（最高达到 68 m），且槽墩高度变化大，主要存在以下核心技术问题：

1．动静力协同渡槽结构总体布置形式

滇中引水工程中渡槽具有槽身截面大、水体大、位于强震山区的特点。结构形式的选择需要结合场地地震动特点、自然和施工条件、现有大型渡槽预应力技术等几方面综合考虑。

2．刚度与质量分布平衡性

刚度和质量平衡是渡槽抗震理念中重要的一条。山区渡槽由于山谷两侧山体坡度较大，墩的高度往往相差悬殊、跨距不均匀，对于因相邻槽墩高度不同而导致刚度相差较大的情况，水平地震力在各墩间的分配一般不理想，刚度大的墩将承受较大的水平地震力，影响结构的整体抗震能力。如果刚度扭转中心和质量中心偏离，上部结构还将伴随产生水平转动，增加了落梁和碰撞等破坏的机率。因此需重点研究相邻墩的组合抗推刚度比、相邻两联跨度的基本振动周期比等，对有关设计参数进行相应的控制。

3．大型渡槽连接限位装置及止水带

由现有的震害可以发现，山区桥梁中，梁体的移位、碰撞导致的结构局部损坏、挡块断裂等均大量出现，在两联间设计纵、横向的限位装置往往十分必要。

由于渡槽上部槽体和水体的质量巨大，这些限位装置均会大大超出常规桥梁中的使用范围。因此，对限位装置用于渡槽系统的可行性、有效性及其优化需进一步研究。

渡槽槽段间一般由止水带连接，由于输水流量大，用于连接相邻槽段的止水带一旦发生破裂，不但会严重影响日常供水，还可能会对渡槽附近地区造成较严重的破坏。因此，在限位装置的研究中，需考虑止水带技术指标，对止水带提出新的更高的要求。

4. 支撑连接系统减震技术

渡槽结构在纵横向体系有很大差异。而槽内水体，使这种差异变得更大。需对横向减隔震耗能技术、纵向耗能控制位移或限位器和防撞装置及墩梁连接处的支撑连接系统进行重点研究，使其同时满足纵、横向的抗震性能要求，并提供震后自恢复功能。

四、结语

滇中引水工程建设条件复杂，工程技术难度大，工程关键性控制点多，施工难度大。在深埋长隧洞设计、施工，高架建筑物抗震等方面的关键技术问题尤为突出。目前，工程设计进入可研阶段，为解决工程技术难题，须持续开展相应的科技攻关和技术创新，以优选工程建设方案，保障工程顺利实施。

省水船闸建设技术和进展

吴 澎 等

中交水运规划设计院有限公司

摘要：省水船闸具有降低工作水头，降低船闸耗水量的特点，可简化船闸水力系统设计并节约水资源。本文分析了省水船闸的形式，总结了国内外省水船闸建设经验和关键技术，可为我国省水船闸设计提供借鉴。

一、引言

尽可能减少船闸耗水量是船闸设计的重要优化目标之一，特别是在水资源相对匮乏的地区。同时，我们还必须考虑到在船闸的使用寿命期内，气候变化对水资源供应过程的可能影响。

在水资源日益匮乏的今天，水资源牵动着地方经济的发展和人民的生活。而枢纽工程通常在发电、航运及农业用水等方面经常产生用水矛盾，因此对于耗水量较大的船闸采用省水型式能在保障通航的条件下节约用水，可产生显著的经济和社会效益。

船闸可采用从下游抽水补水、在闸室中设立中间闸门、双线船闸相互灌泄水、建设多梯级船闸和建设带省水池船闸等形式来实现省水的目的。其中后两种形式还可以降低船闸的工作水头，能避免很多复杂的水力学问题，使高水头的船闸设计大为简化。

（一）国外省水船闸建设

国外在省水船闸建设上有着多年的经验，其中，德国是建造省水船闸数量最多的国家，在莱茵河—多瑙河运河上，从莱茵河的班贝格到多瑙河的凯尔海姆全长 171 km，水位差高达 243 m，共建造了 16 座船闸，其中 13 座为省水船闸[1]。

巴拿马 1 号和 2 号船闸为相互灌泄水的双线船闸，可以省水 50%，当需要双向同时有船舶过闸才可实现相互灌泄水，影响了船舶过闸时间，实际营运中采用这种省水运行模式的情况较少。在建的 3 号船闸采用了 3 个连续梯级，每个梯级采用 3 个省水池，省水率可达 87%[2]。

欧洲经济共同体 1997 年的指令要求，必须从环境的角度研究对环境最友好的解决方案，甚至不考虑经济问题。因此，对大型高水头船闸，即使建设没有省水池的普通船闸在技术上是可行的且经济上也是合理的，也必须研究其他解决方案，例如，建设多梯级船闸或省水船闸，尽管这些方案将增加建设投资和营运成本。

（二）我国省水船闸建设

省水船闸在我国应用极少，但是多年以前就开展过相关的研究工作。我国长江三峡工程多级船闸的前期研究中，为减少船闸分级，曾提出采用调节水池降低阀门工作水头的设想，提出了带调节水池的连续三级船闸方案。该方案在上下两级闸室之间布置一个调节水池，将调节水池水位相对固定在上游闸室高水位与下闸室低水位之间。在灌水初期，上闸室向调节水池输水，同时调节水池向下闸室输水。设计中使两段廊道阻力系数和流量相等，可使调节水池水位基本保持不变。试验成果表明，连续三级船闸方案虽然少两个梯级，但使用调节水池均分水头后，每级船闸输水阀门的工作水头仅 37.67 m，低于连续五级船闸方案的最大水头（45.2 m）。而最终采用连续五级船闸方案也实现了省水的目的[3]。

2002 年建成的桂林市春天湖小型游览船闸采用了双线相互灌泄水形式[4]，在建的西江长洲水利枢纽 3 号和 4 号船闸也采用这种形式，其闸室平面尺度达到了 340 m×34 m×5.8 m（闸室长×宽×门槛水深）[5]。

我国乌江银盘船闸，单级水头 36.5 m。设计采用 2 个面积与闸室相同的省水池，每个水池体积约占总水体的 1/4，使得船闸实际工作水头降低一半，考虑到补溢水因素后，过一次闸节省水量约 48.6%。由于水头降低，可简化输水系统及阀门设计，主廊道及阀门段高程可提高至少 4~5 m，这样可避免乌江峡谷型河床的深基开挖，并降低部分水下混凝土结构工程造价。减小该部分造价后与增加的两级省水池的投资相比，总投资增加有限[6]。

二、相互灌泄水的双线船闸

西江长洲水利枢纽 3 号和 4 号船闸设计有效尺度为 340 m×34 m×5.8 m（闸室长×宽×门槛水深），船闸运行设计水头为 18.2 m（上游正常蓄水位 20.6 m，下游最低通航水位 2.4 m），正常运行水头为 11 m（上游正常蓄水位 20.6 m，下游多年平均水位 9.6 m），设计输水时间为 10~12 min。远期最大可能运行水头为 19.2 m。

由于本工程水头较高，耗水量较大，为减少船闸用水，同时有利于保证在灌泄水时引航道水流条件满足规范要求,本项目采用两线船闸互灌互泄的省水模式[5]。根据总体布置和《船闸输水系统设计规范》(JTJ306—2001)[7]的有关规定,以及两船闸需要相互灌、泄水的使用要求,可行的输水系统形式有闸底长廊道侧支孔输水系统和单侧闸墙长廊道闸底横支廊道输水系统。

根据水力计算分析和物理模型试验结果,两类输水系统方案都能满足设计要求。从水力指标看,两方案均能满足设计要求,在泊稳条件相同的前提下,闸底长廊道侧支孔方案输水时间略小于单侧闸墙长廊道闸底横支廊道方案。两种输水系统布置方案主体工程量基本相当;开挖工程量,闸底长廊道侧支孔方案开挖深度略大于单侧闸墙长廊道闸底横支廊道方案,但后者开挖宽度及占地面积均大于前者(表1)。根据表1比较结果,设计推荐输水系统布置采用闸底长廊道侧支孔输水系统方案(图1)。

表 1　两种输水系统对比表

序号	比较内容	闸底长廊道侧支孔方案	单侧闸墙长廊道闸底横支廊道方案
1	最大流量	单独灌泄水 $t_v = 3$ min, $Q = 578$ m³/s	单独灌泄水 $t_v = 3$ min, $Q = 666$ m³/s
		互灌互泄 $t_{v1} = t_{v2} = 3$ min, $Q = (526 + 420)$ m³/s	互灌互泄 $t_{v1} = t_{v2} = 3$ min, $Q = (507 + 504)$ m³/s
2	水力特性	满足规范要求	满足规范要求
3	充、泄水时间	满足设计要求	比闸底长廊道侧支孔方案多 1 ~ 2 min
4	闸室船舶停泊条件	各种工况均满足规范要求	各种工况均满足规范要求
5	输水系统压力特性	最大负压(泄水) −7.8 m	最大负压(充水) −0.96 m
		最大正压(泄水) 28.11 m	最大正压(泄水) 24.58 m
6	阀门尺度比较	双边廊道输水,阀门尺度相对较小	单边廊道输水,阀门面积太大
7	投资比较	输水系统布置可使两闸中心距更近,减少工程量	单边输水横支廊道的布置使两闸中心距加大,工程量增加

两线船闸输水布置方式相同;进水口设在上闸首前导航墙下部,采用垂直多支孔布置形式;阀门段廊道布置在上闸首边墩,廊道底高程从 +6.0 m 跌落到 −11.4 m,每条廊道布置一道工作阀门,两道检修阀门;在闸室前段,两条廊道水

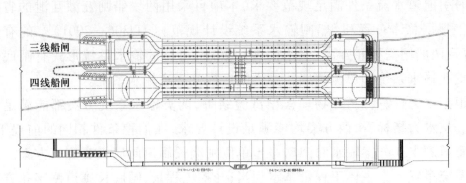

图1　长洲水利枢纽3号、4号船闸输水系统

平汇至闸室底板中心线上,形成闸底主廊道;闸室内出水口,分为两段(出水支孔尺度不同)布置在闸底主廊道两侧,水流通过两道明沟消能进入闸室;在闸室中部,设置两条横向廊道,以联通三、四线船闸,作为省水模式运行时互灌互泄横支廊道,每条横支廊道上设置互为一备一用的两道工作阀门;船闸出水口布置在下闸首,采用底槛消能,顶部、侧向格栅出水形式。由于采用省水模式输水时,需要两线船闸运行同步,两个方向过闸船舶会出现相互等待的情况,船闸的通过能力将受到一定的影响。在船闸实际运行中,将根据具体情况确定省水模式运行或普通模式运行。

三、带省水池的船闸

(一) 工作原理

带省水池的船闸一般在船闸边上设几级蓄水池,当船闸泄水时,不是直接泄向下游,而是先泄向蓄水池。泄水的顺序是,先泄向高处的蓄水池,再依次泄向低处的蓄水池,但总有一部分水无法泄入蓄水池,只能泄向下游。船闸充水时,先从蓄水池向闸室充水。充水的顺序恰好同泄水顺序相反,首先从低处的蓄水池向闸室充水,然后再依次到高处的蓄水池。同样,蓄水池的水也不能充满闸室,不足部分由上游补充[8]。

无论充水还是泄水,都相当于把工作水头分成几级进行,从而降低了船闸工作水头,解决了一系列与工作水头相关的难题。同时,分级灌泄水后,势必增加灌泄水时间,延长船舶过闸时间。

(二) 省水率计算

根据省水船闸闸室和省水池的尺度,省水船闸的省水率可由下式计算[8,9]:

$$E = \frac{nm}{1 + m(1 + n)} \qquad (1)$$

式中，E 为省水船闸的省水率；n 为省水池的数量；m 为省水池表面面积与闸室表面面积之比（假定省水池为矩形）。若 $m = 1$，即省水池表面面积与闸室表面面积相等，则船闸的省水率 $E = n/(2 + n)$；若 m 趋于无穷，即省水池表面面积远大于闸室表面面积，则船闸的省水率 $E = n/(1 + n)$。但实际上不可能把蓄水池建成无穷大，假设蓄水池在船闸一侧平行顺序排列，由式（1）可以计算不同情况下的省水率，见图 2。

由图 2 可知，在蓄水池级数相同的条件下，蓄水池占地面积越大，省水率越高。同样，在相同占地面积的条件下，蓄水池级数越多，则省水率越高。显然，增加蓄水池级数的省水效果比增加蓄水池面积明显得多。但超过 3 级以后，省水效果明显下降。省水池表面面积与闸室表面面积之比大于 1 后，省水效果也明显下降。这可能是德国的省水船闸一般是蓄水池面积等于闸室面积，只设 3 级蓄水池的原因之一。

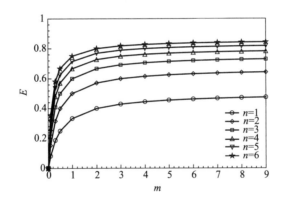

图 2　省水率计算比较

（三）省水池布置形式

省水池有两种布置形式（图 3），一种为在船闸一侧或两侧布置水平分层的蓄水池，可称为省水池集中布置；另一种为在船闸的一侧错落布置，可称为省水池分散布置，目前建成的带省水池的船闸多采用此种形式[2,8]。

省水池集中布置又可分为对称布置和不对称布置 2 种形式。对称式即在船闸两侧对称布置蓄水池，每一级蓄水池相当于分成 2 部分，充泄水时两侧同时开关阀门。而不对称式可把蓄水池布置于船闸一侧，或两侧布置，但两侧的蓄水池错开布置，充泄水也是错开的。对称式结构受力条件好，但蓄水池间没有重合，只能在特定上、下游水位时省水效果较好，其他水位情况下不能充分发挥节水效益;而不对称式受力条件相对较差,但是水级划分相对更灵活,省水效果相对更好。

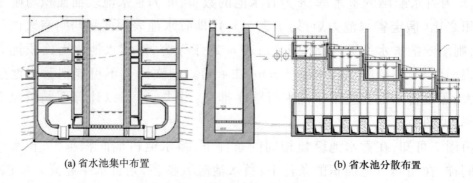

(a) 省水池集中布置　　　　　　　　　　(b) 省水池分散布置

图3　省水池布置形式

省水池分散布置又可分为平行闸室布置蓄水池和垂直闸室布置蓄水池2种形式。在德国,除了在比较古老已经停止使用的船闸有垂直形式外,其他船闸一般都采用平行式。显而易见平行式布置更加优越,充泄水更加方便。

省水池集中布置和分散布置各有优缺点。分散布置结构简单,蓄水池之间可以部分重合,水级划分相对灵活;但占地面积大,布置比较困难。集中布置占地面积少,但结构复杂,结构止水困难,可采用整体式结构,但施工难度相对较大,此外蓄水池的水级划分相对也困难。

德国的 Uelzen 1 号船闸建于 1976 年,采用 3 个分散省水池布置形式,为提高输水效率每个省水池分成两个区段向闸室供水。随着过闸船舶的增加,紧邻1 号船闸又建设了 2 号船闸,2 号船闸采用集中省水池布置形式,如图 4 所示。

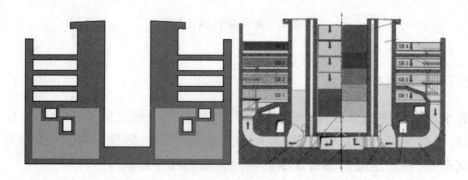

图4　Uelzen 2 号船闸省水池集中布置示意图

巴拿马将在运河的两端各修建一个三级提升的船闸和配套设施。新建船闸的宽度为 55 m,长度为 427 m,可以让超巴拿马级船只通过。船闸采用了 3 个连续梯级,每个梯级采用 3 个省水池,省水率可达 87%(图 5),采用闸墙廊道侧支孔输水系统,每个省水池分成两个区段灌泄水,输水系统使用阀门总数达 152 个。运河扩建后,每年将有 1.7 万艘船只从这里通过,运河的货物年通过量也将从现在的 3 亿 t 增加到 6 亿 t。2007 年 9 月 3 日,巴拿马运河扩建工程正式开工。根据计划,整个扩建工程将于 2014 年巴拿马运河建成 100 周年时竣工。

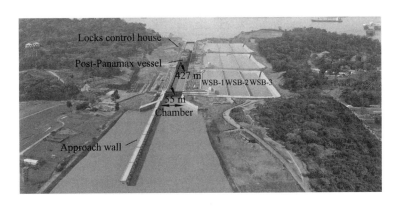

图 5　巴拿马 3 号船闸示意图

四、结语

　　省水船闸可降低工作水头,可达到简化输水系统设计的目的、减少空蚀空化对建筑物的破坏、降低最大输水流量、减缓闸室水位剧烈变化以及解决水流紊动使船舶停泊条件恶化等问题。同时,省水船闸能减少船闸耗水节约水资源,在我国山区河流和运河的船闸建设中有较大的发展前景。

参考文献

[1]　唐铁明.省水船闸在山区河流渠化中的应用[J].广西水利水电,2010(3):61-64.

[2]　PIANC. Inovations in navigation lock design[R]. 2009.

[3]　刘晓平,陶桂兰,蔡长志.渠化工程[M].北京:人民交通出版社,2009.

[4]　范惠生.春天湖船闸的特点及设计创新[J].水利规划与设计,2007(3):53-56.

[5]　广西电力工业勘察设计研究院,广西壮族自治区交通规划勘察设计研究院,中交水运规划设计院有限公司.长洲水利枢纽三线四线船闸工程初步设计[R]. 2010.

[6]　陈明栋,杨斌,杨忠超,等.省水船闸在高坝通航中的应用[J].水运工程,2008(12):114-118.

[7]　中华人民共和国交通部.JTJ306—2001 船闸输水系统设计规范[S].北京:人民交通出版社,2001.

[8]　周玉华,刘锋.省水船闸初探[J].水运工程,2006(10):156-159.

[9]　PIANC. Final report of the international commission for the study of locks[R]. 1986.

促进水库大坝更好发展的几点思考

贾金生　等

中国水利水电科学研究院

一、投资水库大坝就是投资绿色经济

　　世界人口的不断增长、社会经济的快速发展以及人们生活水平的不断提高,必然导致对水、粮食和能源需求的增加。据估计,到 2050 年,全球粮食和能源需求将翻倍[1,2]。同时,由于全球气候变化影响,水资源时空分布将变得越来越不均匀,洪涝和干旱等自然灾害将会加剧。面对这一严峻形势,国际社会已经重新审视并强调了水库大坝的重要性。在最近的国际权威性会议或论坛上,都不断强调水库大坝对保障水、粮食和能源安全的重要性以及提倡水库大坝的可持续发展。投资水库大坝就是投资绿色经济这一观点是世界新的主流共识,世界银行明确表示世界水坝委员会(World Commission on Dams,WCD)的时代已经成为过去,WCD 报告的使命已结束,需要用可持续发展导则指导实践。世界银行等国际金融机构经过反思后积极支持水库大坝和水电开发,可从其近年来投资图中反映出来(图 1)。

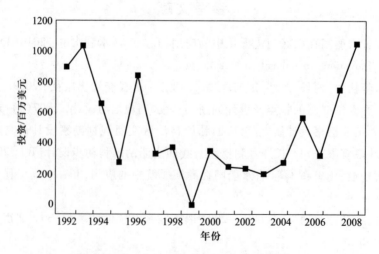

图 1　世界银行有关水电开发的投资图(按批准年划分)

水库大坝的建设已经进入了新时代,不少国家都把大坝建设和水电开发作为优先的发展目标,制定了宏伟的发展规划并加强了相关投资。世界上有165个国家已明确将继续发展水电,其中110个国家规划建设规模达3.38亿kW。发达国家已基本完成水电开发任务,目前重点是水电站的更新改造、增加水库泄洪设施、加强生态保护和修复等,如北美、欧洲等;发展中国家多数制定了2025年左右基本完成水电开发的规划,如亚洲、南美地区的发展中国家等;欠发达国家和地区,虽然多数有丰富的水电资源,但限于资金、技术等制约因素,大力开发水电仍然有很多困难,如非洲的不少国家等;还有一些政局不稳的国家,虽然急需发展水电,但限于国力等条件,推进非常缓慢。总的形势看,加快水与水能资源利用是新的、大的发展趋势,在发展中国家尤其如此。

二、水电是回报率最高、碳排放量极低的能源

在各种类型的能源中,水电的能源回报率(Energy Payback Ratio,EPR)最高。能源回报率的概念出现在石油危机发生的20世纪70年代早期。石油危机之后,能源议题开始发生重大变化,导致出现了诸如能源独立、空气质量和后期的气候变化等议题[4]。许多国家开始寻找石油的替代品。很显然,选择有效的替代能源满足不断增长的需求是关键问题之一。为选择适当的解决方案,能源回报率这一概念被用来评估全生命过程中的能源使用情况。以一个火力发电厂为例,能源回报率是指在运行期内发出的电力与它在建设期、运行期为维持其建设和运行所消耗的所有电力的比值。

各种能源开发方式的能源回报率见图2[5]:水电回报率在170以上,风能为14~34,核电为14~16,生物能为3~5,太阳能为3~6,传统火电为2.5~5.1,而碳回收技术火电为1.6~3.3。水电除了具有最高的能源回报率,二氧化碳的排放量也极低。根据世界能源委员会计算[6],各种类型的能源每生产百万度电排放的二氧化碳情况见图3:传统火电排放941~1022 t,碳回收技术火电排放220~300 t,太阳能发电排放38~121 t,生物能排放51~90 t,水库式水电排放10~33 t,风能排放9~20 t,核电排放6~16 t,径流式水电站排放3~4 t。

总而言之,水电是回报率最高、碳排放量极低的能源。仅此而言,优先发展水电较之发展其他能源对积极应对气候变化、建设资源节约型、环境友好型社会具有无可比拟的优势。发达国家凭借资金、技术和市场机制等方面的优势,比发展中国家早30多年优先完成了水电的开发任务,也从侧面说明了发展水电的战略重要性。

三、大坝及水电发展与经济社会发展的协调性

大坝及水电发展与经济社会发展紧密相关。为了更好地说明大坝及水电发

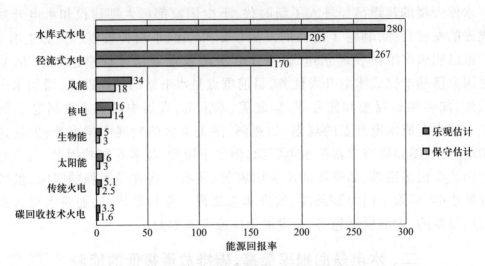

图 2 各种能源开发方式的回报率

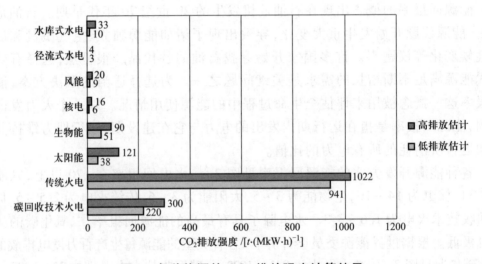

图 3 各种能源的 CO_2 排放强度计算结果

展与经济社会发展的协调性,这里提出了人均库容以及水电开发度与联合国人类发展指数相关性的概念,为此整理了全球约 100 个国家的人均库容、水电开发度与人类发展指数的数据。人类发展指数(Human Development Index,HDI)是一个反映 GDP、人均寿命、教育水平的介于 0 ~ 1 之间的数,数值越接近于 1,表示人类发展水平越高。HDI 大于 0.8 的国家多为发达国家,如挪威(0.943)、美国(0.910);HDI 介于 0.7 ~ 0.8 的国家多为较发达的发展中国家,如俄罗斯(0.755)、巴西(0.718);HDI 介于 0.5 ~ 0.7 的国家多为亚洲、非洲、拉丁美洲的发展中国家,如中国(0.687)、埃及(0.644);HDI 小于 0.5 的国家多为欠发达国家,如尼日利亚(0.459)等。

　　西班牙 Berga[9] 提出了水库大坝的发展与经济社会发展紧密相关的概念。图 4 比较了不同类别国家的人均库容与人类发展指数的相关关系。结果表明：在保障水安全以及应对各种变化的储水设施建设方面，发达国家已有良好的基础，而发展中国家由于受到资金、技术和人才的限制发展任务依然艰巨。总体上来说，一个国家的水库大坝发展水平与人类发展水平是一致的。这与联合国 2006 年人类发展报告中所指出的"全球水基础设施的分布与全球水风险的分布呈反比关系"是一致的。需要指出的是，也存在不少例外情况，如莫桑比克人类发展指数很低（HDI = 0.322）而人均库容达到了 2727 m^3，以色列（HDI = 0.888）和瑞士（HDI = 0.903）的人类发展指数较高而人均库容分别为 27 m^3 和 440 m^3。究其原因，莫桑比克人口稀少，相对水资源开发量较大；以色列是一个干旱且降雨量少的国家，其水资源非常有限；而瑞士则有大量的自然湖泊。

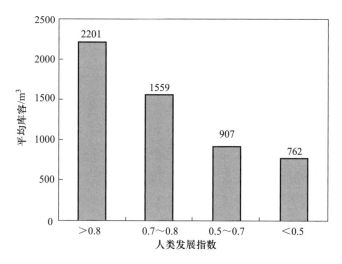

图 4　不同类别国家的人均库容与人类发展指数

　　除了水库大坝，水电的开发度与人类发展指数也紧密相关。图 5 比较了不同类别国家的水电开发度与人类发展指数的相关关系。结果表明，发达国家水电开发程度高，而发展中国家、欠发达国家依然任务艰巨。例如，美国人类发展指数为 0.910，水电开发度大于 70%，稍高于发达国家的平均指标；中国人类发展指数为 0.687，水电经济开发度为 41%，稍低于发展中国家的平均指标。换句话说，美国和中国的水电发展水平与国家经济社会发展的水平大体是协调的。但也存在不少例外情况，如布基纳法索（HDI = 0.331）水电经济开发度达 54%、澳大利亚（HDI = 0.929）水电经济开发度仅 38%、挪威（HDI = 0.943）水电经济开发度为 57%。原因是布基纳法索总量较低，易于开发；澳大利亚由于煤炭资源丰富开发迫切性不高；而挪威水电已占了全国电力供应的 95%，已满足需求。

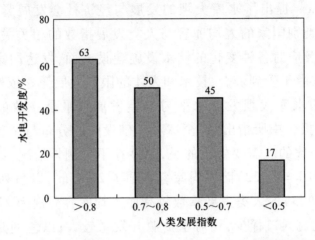

图 5   不同类别国家的水电开发度与人类发展指数的关系

四、水库大坝未来发展的几个问题

历史资料表明,世界上今天存在的每 1000 座水库大坝,对应失事的水库大坝有 10 座之多[11],水库大坝的失事概率,尤其是早期的水库大坝,是很惊人的。早期各国虽然建设了不少水库大坝,但存续下来的大坝数量极其有限。据不完全统计,1900 年以前,各国修建的水库达数万座,而由于技术的限制,坝高超过 15 m 的大坝总数不到两百座,多数都因建设和管理缺陷而溃决,只有少数几座依靠不断维修加固而存在。进入 20 世纪后,随着科学技术的迅猛发展,大坝建设迎来了快速发展时期,首先是在欧洲和北美地区,然后逐步转移到南美和亚洲地区。到 2010 年,世界已建在建大坝超过 5 万座,其中包括 60 多座 200 m 以上高坝。由此可见,在过去的百年中,科学技术的发展不仅显著推动了世界范围内的大坝建设,而且极大提高了大坝的可靠性和安全性。

现代大坝建设虽然依靠科学技术的不断进步取得了前所未有的成就,但仍然面临很多挑战性的问题,不仅需要提高现有水库大坝的维护和运行,而且需要实现新建大坝的可持续发展。未来需要关注以下几个问题。

1. 300 m 级高坝建设

300 m 高坝建设已经超出了现有的经验和工程实践,因此技术的不确定性可能带来工程的安全隐患。这些高坝工程往往规模巨大,而且其中一些工程的地形和地质条件非常复杂。因此,这些高坝的建设和运行面临着以当前知识和经验难以解决的世界级技术难题与挑战,亟须加大研究。例如,目前难以确定混凝土坝尤其是特高混凝土坝的坝踵是否会因裂缝而发生高压水劈裂。裂缝在高压水的作用下有可能进一步扩展。300 m 级特高混凝土坝的建设应该考虑水力劈裂的影响。图6比较了不同设计准则设计的重力坝的抗水力劈裂能力。

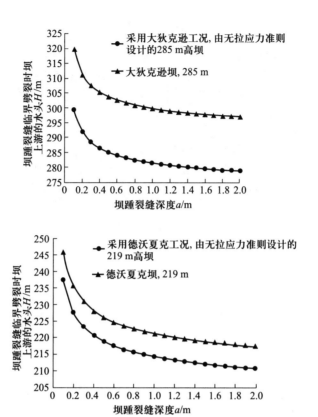

图6 不同设计准则设计的重力坝的抗水力劈裂能力比较

2. 极端自然灾害下的大坝安全

在2008年中国汶川地震和2011年日本地震及海啸这样极端自然灾害中，大坝经受住了严峻的考验，表现出了良好的抗震安全性。但这并不意味着可以确保大坝在极端地震和洪水等自然灾害下是安全的。这一问题需要考虑以下两方面：首先，极端的自然灾害具有很大的不确定性；其次，超高坝在极端自然灾害下要有充分的安全余度。图7展示了台湾地区石岗坝在地震中剪切破坏情况，地震断裂带横穿坝基。

3. 梯级水库调度

气候变化导致河流水文情势发生改变从而加大水库调度的难度。梯级水库如果发生连续溃坝，将会导致无法接收的巨大损失。另一方面，需要在兼顾上下游、干支流、左右岸地区对水资源的需求前提下，优化水库调度尽可能提高水库蓄水能力，从而充分利用雨洪资源。因此，有必要研究梯级水库的联合调度，以达到工程安全和水资源充分利用之间的平衡。

图7 石岗坝剪切破坏

4．胶结颗粒料坝

近年来，胶凝砂砾石坝（Cemented Sand and Gravel Dams，CSG 坝）已在法国、土耳其、日本、希腊和中国等国家相继得到应用。堆石混凝土坝（Rockfilled Concrete Dams，RFC 坝）已在中国应用于新坝建设和老坝修补加固等工程。堆石混凝土坝是在浆砌石坝基础上利用现代大坝建设技术形成的一种新筑坝技术。浆砌石坝、堆石混凝土坝、胶凝砂砾石坝是混凝土坝和土石坝之间的过渡坝型，统称为胶结颗粒料坝（Cemented Material Dams，CMD）。胶结颗粒料坝是一种新坝型的统称，强调宜材适构和经济环保的筑坝理念，强调大坝抗漫顶破坏、抗渗透破坏的安全能力。胶结颗粒坝在土耳其、日本和中国等国家都有成功的工程实例，具有安全、经济、环保的特性，代表了未来大坝技术的一种发展趋势，需要积极推进。

5．绿色水库大坝与水电

为减少水库大坝建设和水电开发对生态环境的影响，实现生态环境恢复，一些国家或国际组织已经建立了相关的技术标准和认证体系，其中具有代表性的有瑞士的绿色水电认证、美国的低影响水电认证，以及国际水电协会的可持续性水电认证。这些对于实现生态环境保护和水资源利用之间的平衡都具有重要的借鉴价值。在未来应重点研究绿色水库大坝与水电的技术标准和认证系统，推进水库大坝在规划、设计、建设、运行全寿命过程中的环境友好考虑与实施，以技术的不断进步，适应新的发展需求。

五、水库大坝发展需要探索新的理念

近年来，特别是进入 21 世纪，水库大坝涉及的社会、生态问题越来越受关注。大坝的建设和运行需要新的理念和解决方案来填补当前技术水平和社会严格要求之间的鸿沟。建设一座大坝和水电站已经不仅仅是一个单纯的技术和学术问题,其活动的全过程涉及面更宽、更受关注,需要更加公开和透明,需要更加安全和可靠,需要采用更加和谐、平衡和可持续的方式推进。已有的成功及成熟的经验表明,水与水能以其可靠、廉价、经济可行、社会和谐与环境友好的方式开发是可行的,为此必须以可持续方式加速水库大坝建设,尽可能将因开发所造成的不利影响降到最低。理念的转变包括以下四个方面。

1)在认识上,需要从强调改造、利用自然转变为既强调改造、利用自然,又强调保护和适应自然。不仅需要对已有经验进行认真的反思和总结,更需要立足于创新,以适应当前及今后一个时期发展的要求。

2)在决策上,需要从重视技术上可行、经济上合理转变为既重视技术上可行、经济上合理,又重视社会可接受、环境友好的发展要求。通过发展规划的制定和目标调整,真正谋求科学决策、科学发展。

3)在运行管理上,需要从重视工程安全、实现传统功能转变为既重视工程安全、传统功能实现,又重视生态安全和生态补偿。

4)在效益共享上,需要从重视国家利益、集体利益转变为既重视国家利益、集体利益,又重视受影响人利益和生态补偿的发展要求,真正做到统筹兼顾,实现社会和谐和可持续发展。

六、结语

水库大坝的可持续发展是近年来广受关注的课题。联合国2004年签发了《关于水电与可持续发展的北京宣言》,国际大坝委员会2008年、2012年分别签发了《开发水电、建设大坝,促进非洲可持续发展》世界宣言、《储水设施与可持续发展》世界宣言。这些宣言在广泛征求意见的基础上,阐述了水库大坝与水电发展的战略重要性,指出了可持续发展的途径与办法,发挥了重要的指导与引领作用。

展望未来,需要各方联合,积极推广最佳案例的实践经验,鼓励更多的创新和合作,鼓励政府、金融机构和私营部门加大投资力度,加快水利基础设施建设,加快国际共享河流的开发,促进经济社会更好的发展,共创世界美好的未来。

参考文献

[1] Tilman D, Balzer C, Hill J, et al. Global food demand and the sustainable intensification of agriculture[C]// Proceedings of the National Academy of Sciences of the USA. 2011, 108(50), 20260-20264.

[2] World Energy Council. Deciding the future：energy policy scenarios to 2050[R]. 2007.

[3] World Bank Group. Directions in hydropower[R]. 2009.

[4] Gagnon L. Civilization and energy payback[J]. Energy Policy, 2008, 36(9)：3317 – 3322.

[5] Gagnon L. Energy payback ratio[R]. Hydro – Quebec, Montreal, 2005.

[6] World Energy Council. Comparison of energy systems using life cycle assessment[R]. A Special Report for World Energy Council, London, UK, 2004.

[7] United Nation. Human development report 2011[R]. New York, USA, 2011.

[8] Word Atlas & Industry Guide. The international journal on hydropower and dams[R]. London, UK, 2011.

[9] Berga L. Dams for sustainable development[C]//Proceedings of High-level Forum on Water Resources and Hydropower, Beijing, China, 2008.

[10] United Nation. Human development report 2006[R]. New York, USA. 2006.

[11] Jansen R B. Dams and public safety[M]. Washington DC：United States Government Printing Office, 1980.

社会转型期水电可持续发展制约因素与对策研究

王应政

贵州省水利水电工程移民局

摘要：由于社会转型期利益格局的深刻变化，水电开发与移民安置体制性、机制性、政策性矛盾凸显，移民搬迁安置越来越难，水电开发成本越来越高，严重制约水电事业的可持续发展。本文深刻分析了水电工程建设的制约因素、形成原因，从宏观层面提出了顶层设计的对策建议。

一、引言

目前，随着我国水电开发向金沙江、大渡河、澜沧江、怒江、雅砻江流域推进，云南、四川等西南山区成为水电工程建设的主战场，大规模的移民搬迁与社会转型期社会矛盾相互重叠，移民的原生贫困与民族、宗教问题相互叠加，移民的搬迁安置与社会稳定越来越难，不仅影响工程建设进度，也影响到工程项目的投资效益，考量水电开发环境保护、移民安置协调发展。移民问题已成为水电可持续发展的最大制约因素。

二、问题与挑战

（一）全面建成小康社会的现实考量

党的十八大提出 2020 年全面建成小康社会，实现国内生产总值和城乡居民人均收入比 2010 年翻一番，人民幸福安康，社会和谐稳定。据社会中介机构监测评估成果显示，2012 年全国水库移民人均收入 4498 元，仅为全国农村人均水平的 76%，而且生产资料短缺、基础设施配套水平低，可持续发展条件差，如果没有强有力的扶持措施推动超常规发展，移民将会成为全国全面小康的短板。全面建成小康社会的战略目标和政治要求，意味着水库移民面临双重压力和挑战：一方面要千方百计推动已迁移民加快发展，与全国同步实现全面小康；另一方面要按照全面小康标准安置新建项目的移民，使移民能够和安置区居民的小康同步。这就要求我们在规划新建水电工程移民安置时，必须打破过去先搬迁、后扶持、再发展的传统思维定式，提高移民安置补偿标准，一步到位满足移民同步小康的物质基础和发展条件。

（二）移民搬迁难、安置难、维稳难的严峻挑战

由于社会转型期社会矛盾的影响，移民社会心态变化较大，利益诉求多元化、期望值不断攀升，矛盾纠纷增多、调解难度赠大，移民工作进入到前所未有的艰难时期。

一是移民动员搬迁难度越来越大。过去乌江流域9大梯级电站移民搬迁均提前完成，保证电站提前或按期下闸蓄水；"十二五"期间开工建设的水电工程，往往因移民搬迁进度影响和制约工程按期投产。如清水江流域的某电站因移民问题延长3年投产，大渡河流域的某电站因移民问题推迟2年投产，工程建设周期延长带来的财务成本和投产收益"一增一减"，造成了项目业主的双重压力。

二是移民安置越来越难。西南地区本来人地矛盾就比较突出，安置空间和环境容量趋紧，导致移民安置用地调剂困难、地价攀升、移民耕园地等生产资料配置不足，严重影响到移民后续发展甚至生活水平下降。传统农业的土安置方式难以为继；二、三产业和城镇化安置又因移民文化素质低谋生技能差，就业和长远生计保障面临诸多挑战。

三是移民矛盾易发多发，社会维稳压力大。自2011年向家坝电站绥江县移民群体事件以来，移民上访出现反弹和上升，移民阻工堵路等不同程度的移民纠纷时有发生，不仅影响到工程建设，也给地方政府维稳工作带来较大压力。

（三）水库投资持续攀升的客观压力

由于土地补偿标准、土地税费、环保设施以及物价上涨并相互作用，水库投资占工程投资的比重持续上升，项目投资成本加大。据对西南三省3个不同时期的水电站建设投资分析，枢纽工程投资上升幅度在25%以上，水库投资上升幅度在50%以上。如乌江流域的构皮滩、思林水电站，分别于2003年、2007年开工建设，相距仅4年时间，移民人均水库淹没和安置补偿投资由14万元增加到19万元，上升幅度为42.9%；单位千瓦投资由6168元/kW增加到9037元/kW，上升幅度为46.5%；单位电量投资由1.91元/(kW·h)增加到2.3元/(kW·h)，上升幅度为20.4%。中南勘测设计院承担的红水河龙滩水电站二期工程的水库淹没处理和移民安置规划，按照400 m方案，2004年初步测算总投资

为 50 多亿元,2012 年复核为 220 亿元,上升了 4.4 倍,上网电价测算将达到 0.8 元/(kW·h)。大渡河瀑布沟水电站 2004 年开工建设以来,两次调整移民投资概算,与原国家审定的初次投资相比上升了 2.6 倍,移民投资占工程总投资的比例为 61.23%,单位千瓦投资 12 117 元/kW,单位电量投资 2.95 元/(kW·h)。下一步,随着土地管理法的修订、移民安置标准提高、大江大河航运规划的实施和环保投入,水库淹没处理和移民安置投资还将继续攀升,水电工程项目投资效益下降,有的电站可能一投产便面临亏损的局面,严重影响到水电可持续发展。

三、原因分析

水电具有清洁可再生能源和运行成本低的特点,长期以来国家积极推动,企业"圈河抢滩",地方政府为上项目争先恐后,金融部门争相贷款,成为各方看好的热门投资项目。现在由于形势和条件的变化,项目业主抱怨投资成本过高,移民群体抱怨补偿标准过低,地方政府抱怨移民工作难做,水电开发涉及的利益各方各有苦衷,开发热情下降。究其原因,主要在于社会转型期利益格局的深刻变化和影响,以及由此引发的机制性、政策性矛盾。

(一)利益分配结构失衡

从工程项目投资结构分析,一方面水库淹没处理及移民安置投资占工程总投资的比重上升,另一方面移民个人安置补偿占水库淹没总投资的比重下降。

造成工程建设投资上升的原因,一是土地补偿补助费标准提高。以贵州为例,2010 年统一年产值标准和区片综合地价政策实施后,每亩土地的补偿补助费平均增长了 80%,但受益的主要是安置地流转和划拨土地的农村集体经济组织(含农户)。

二是耕地占用税、土地开垦费以及森林植被恢复费缴纳标准提高。贵州的耕地占用税由过去的 2.8 元/m² 提高到现在的 18 元/m²,而且计税范围扩大到林地、草地等所有农用地;耕地开垦费由过去的 1500~2500 元/亩,提高到目前的 8000~16 000 元/亩;森林植被恢复费由过去的 500 元/亩左右提高到目前的 6600 元/亩。以上 3 项已远远超过土地补偿补助费的标准,收益的对象是地方政府和部门。

三是专项复建工程投资上升。由于物价上涨,加上一些"擦边"项目挤进水库淹没处理规划,专业复建项目呈直线上升趋势,有的电站甚至超过移民安置补偿投资规模。如大渡河瀑布沟水电站专业项目复建补偿费占水库移民总投资的26.2%,高过农村移民补偿费所占比例(24.8%)1.4 个百分点。

四是通航过船设施、环保设施等非移民项目投资增加,如乌江流域思林电站通航设施建设费 9.8 亿元,构皮滩电站通航设施建设费 35 亿元,超过了建设征地和移民安置投资。而作为移民直接受益的建房补助费、搬迁费等,虽然也有所提高,但受到"三原"原则的制约增加不多,以砖混结构私房为例,2012 年四川、云南、贵州三省每平方米补偿标准在 820～860 元,导致部分移民建房困难。这也是目前移民投资增加移民却不满意的原因,业主没少拿钱,移民却没有得到较大实惠。

(二) 政策的科学性和约束性双向失衡

政策是调节各方利益关系,处理工程建设和移民问题的标准和行为准则。2006 年修订的《大中型水利水电工程建设征地补偿和移民安置条例》(国务院令第 471 号)颁布以来发挥了积极的重大作用,但随着形势的发展变化和移民实践的深入,已难以满足新形势下移民安置的需要,政策性矛盾日渐突出。有的移民反映,移民安置条例只约束移民不约束政府。由于利益关系的变化,水电项目的税收因分税制大头在中央,就业因自动化等科技进步大幅下降,地方政府在水电开发中得到的实际利益减少,承担的移民风险增大,对水电的积极性不像过去那样高,因此把利益的关注点转向专业复建项目,只要与水库沾边的项目都尽可能挤进电站投资盘子,以移民搬迁进度为"砝码"打"擦边球"。而项目业主为了电站早日建成投产,往往有所让步,在国家审定的投资概算外增加项目投资。条例失去了应有的约束力,这既有地方政府争取利益最大化的倾向,也有政策本身的科学性问题。

(三) 电价核准机制与市场规律失衡

目前我国水电上网电价,沿袭了计划经济的一些做法,人为因素影响较大。在电价核准中,一是未能充分考虑电力产品的市场价值,导致水电与火电同网同质不同价,贵州水电上网电价每度平均 0.28 元,火电标杆电价已达到 0.36 元;二是未能充分考虑水库投资上涨因素,征地移民、政府税费、环保设施、通航设施等投资攀升,不能够完全进入疏导电价;三是未能充分考虑水电的价值取向,目前国家对火电脱硫给予 0.2216 元/(kW·h)的节能减排补助,水电不仅没享受到鼓励政策,而且税费高于火电。我国电力体制改革已进行多年,发电企业竞价上网的竞争机制至今没有形成,不仅不同企业的电力产品价格不同,而且同一发电企业生产的电力产品价格也不尽相同,以致一些经营好、应盈利的企业反而亏损,经营差、应亏损的企业反而盈利,电力产品市场价值与价格分离。

四、结论与对策

上述情况表明,水电开发已进入一个关键时期,受到多种因素综合作用的影响和制约,利益关系错综复杂,"头痛医头、脚痛医脚"的任何单项措施都难以从根本上解决问题,需要根据形势变化与时俱进,按照科学发展观的要求推动顶层设计,从体制、机制和政策上统筹研究、综合施策,重点解决好三大问题:移民安置要到位,该给移民的一分不能少,移民搬不出什么工程也建不成;工程建设投资结构要优先,厘清政府与企业事权边界,不该拿一分不能拿;项目建设超概投资要有出口,科学评估投入产出效益,合理核定水电上网电价。

(一)坚持以人为本的移民理念,确保移民稳妥安置

移民安置牵涉移民生产生活的可持续发展,关系水电工程建设的最终成败。要牢固树立以人为本的移民理念。理念是行动的先导。过去移民之所以成为一个影响工程建设和社会稳定的政治问题、民生问题,从根源上讲与指导思想、水工程开发理念密切相关,不管是项目业主还是地方政府,都普遍存在"重工程轻移民"的思想倾向,把移民安置摆在工程建设的从属地位。从以人为本的理念出发,彻底改变"重工程、轻移民"的倾向,努力克服"富国家、穷移民"的缺憾。要把水电开发作为移民摆脱贫困的一种途径,把移民脱贫致富作为水电开发的一项当然任务,把能否实现移民脱贫致富目标作为判断水电开发建设是否成功的重要标准之一,切实妥善解决好移民问题,让移民通过水电开发富裕起来,同步迈入小康。

改革完善移民安置政策,建立和完善水利水电开发中的利益分配机制,让移民共享工程建设成果,实现公平正义。一是调整征地补偿政策,实现与土地管理法、农村集体土地征收条例的相互衔接,提高移民在土地增值收益中的分配比例。二是打破"三原"原则,以满足移民生存与发展需求为原则,按照全面小康的标准安置移民,确保移民劳动就业有出路,增收致富有门路,长远生计有保障,真正做到搬得出、稳得住、可发展、能致富。三是创新移民安置方式,根据形势变化改变以农为主的安置模式,拓宽移民安置方式,有条件的地方应推行城镇化安置与移民长期补偿相结合的安置方式。四是建立和完善移民社会保障体制,实现移民基本养老保险全覆盖,提高移民保障水平,真正实现移民学有所教、劳有所得、病有所医、老有所养、住有所居,实现工程建设与移民开发协调发展。

(二)调整利益机制,营造良好的水电开发环境

从产业结构与水电开发的战略需要出发,完善相关配套政策,创建水电建设

良好的外部环境与开发机制。

一是实现水电行业与其他行业同等国民待遇。水电行业税率高于煤电、风电、火电;从鼓励清洁能源的角度看,水电比煤电税率高是不合适的,风电和水电项目类似,在开发过程中固定资产投入非常高,国家给予高额抵扣的政策使其税率也比较低。为公平税负,这类优惠政策也不应该将同是清洁能源的水电排除在外。

二是完善水电站社会功能成本分摊机制。水电枢纽工程所承担的防洪、防凌、减淤、改善航道等职能,应属于政府的事权范畴,其投资、管理理应由政府来组织实施。但在目前,这部分功能全部由水电企业承担,在水电企业生产经营中,必须优先满足防洪、防凌、减淤、改善航道的需要,后满足发电的需要,从而每年都要支付大量的运行维护成本,变相扩大了水电企业负担。考虑到水电企业承担的政府公共管理职能作用,应对其进行合理的补偿。

三是构建合理的利益分配机制。构建合理的水电资源开发利用的利益分配机制,是推进水电资源有序开发、进一步完善库区移民补偿和生态补偿、提高水电产品竞争力的基础。因此,应进一步探索生态环境补偿和水库移民补偿的长效机制。

(三)改革电价体制,提高水电产品的市场竞争力

控制水电项目生产建设的成本,增强项目投产后水电电价的市场竞争力,适应"厂网分开、竞价上网"的政策要求,需要在定价、财税等国家政策上给予同等的市场条件。

一是在发电环节引入适当的竞争,对电网公司实行激励性管制,提高发电企业获利水平。发电环节引入竞争可以使上网电价更能反映市场供求关系。

二是可以采取部分竞争的两部制电价作为现阶段的上网电价政策,一方面考虑发电企业的固定成本,另一方面又考虑到发电企业的可变资本。两部制电价分为容量电价和电量电价,容量电价反映固定成本,电量电价反映可变资本,电量电价由市场竞争形成。这种电价政策可以作为现阶段我国电力市场体系还不发达下的电价政策,有利于考虑到水电企业前期固定投入较大的现实,给予适当的补贴,改变发电企业的亏损局面,提高水电开发的积极性。

三是充分发挥市场价格机制、竞争机制、供求机制的作用,最终实现"同网同质同价"的目标。因此,要真正实现公平竞争,必须放开改革电力产品价格核定机制,激励发电企业创新技术,降低成本,才能有利于水电等清洁能源可持续发展。

工程结构两层面承载能力设计与优化

杨绿峰 等

广西大学土木建筑工程学院，
广西壮族自治区住房和城乡建设厅

摘要：针对现行结构承载能力设计与优化中存在的不足，提出了工程结构两层面承载能力设计与优化方法。该方法首先基于弹性模量缩减法（EMRM）分析结构的失效演化和极限承载力，并依据 EMRM 迭代分析的首步和末步结果分别计算构件和整体安全系数，从而建立结构整体与构件安全系数之间的定量关系；然后根据弹性模量缩减法的线弹性迭代分析过程，模拟构件损伤和结构失效演化过程，并建立高承载和低承载构件的识别准则，通过有策略地调整高承载构件的截面强度保证结构在构件和整体两个层面上都具有合理的承载能力和安全性；进而建立目标构件的识别原则和优化调整策略，通过有策略地调整高承载和低承载构件的截面强度，获得承载性能和材料消耗均较优的结构设计优化方案。

一、引言

承载安全性是工程结构设计的核心内容之一。然而，水利、建筑和交通等领域工程事故时有发生，造成巨大的人员伤亡和财产损失，带来极其负面的社会影响。这些工程事故中相当一部分表现为结构发生整体倒塌、违背设计原则的失效或局部破坏等与承载能力相关的安全问题。由此可见，现行工程结构承载能力设计中仍然存在不足，亟待研究与改进。

工程事故分析表明，传统承载能力设计方法存在两大主要问题：一是由于构件承载能力与整体承载能力之间缺乏定量关系，导致难以根据构件承载能力来定量设计结构整体承载能力；二是由于未充分考虑结构内力重分布和失效演化，难以保证结构失效模式符合规范要求。因此，现行承载安全性设计理论和方法尚存在以下关键技术问题有待进一步研究：建立高效的结构整体承载能力分析方法；提出通过构件承载能力定量设计结构构件和整体两层面承载能力的设计方法；提出与设计过程相融合的结构优化方法。

二、结构整体承载能力分析方法

整体安全性是工程结构的基本性能要求,而整体承载能力分析是保证工程结构整体安全性的关键。分析表明,现行工程结构承载能力设计在保证整体安全上存在不足,其根本原因在于缺少构件承载能力与整体承载能力之间的定量关系。鉴于此,课题组提出了工程结构整体承载能力分析的弹性模量缩减法(EMRM)[1-5],并从工程角度提出了可应用于恒荷载效应显著结构[6]、多种截面类型结构[7]、抗震结构[8]、受随机因素影响结构[9,10]和含缺陷结构的弹性模量缩减法[11],并已应用于水电站压力钢管等结构的承载能力分析[11-16],进而提出了基于两层面承载安全性的工程结构设计方法[17, 18],解决了结构承载能力设计中存在的不足,并在实际工程中得到成功应用。

(一)整体承载能力分析的弹性模量缩减法

1. 整体承载能力分析方法现状

当前结构整体承载能力分析方法主要有三类:弹塑性增量加载法、增量变刚度法和塑性极限分析法。其中,塑性极限分析法可跳过加载过程分析,并利用极限分析界限定理直接计算结构整体承载能力,简便高效,具有较高的计算精度,得到学术界和工程界的重视。该类方法主要包括数学规划法和弹性模量调整法。弹性模量调整法通过有策略地调整单元的弹性模量来确定结构的整体承载能力,计算理论简便,既能克服数学规划法存在的维数障碍问题,而且比弹塑性增量加载法具有更好的计算精度、效率和稳定性,最近20年在国际学术界和工程界受到广泛重视,已经引入美国、欧盟等国家和地区的锅炉、压力容器和管道等工程结构的设计规范中。然而,尽管国际上已经发展了多种弹性模量调整方法,包括减低弹性模量法、弹性补偿法、修正弹性补偿法、m_β 乘子法等,但这些方法通常以单元等效应力作为控制参数,导致有限元模型中离散网格过分细密,离散自由度多,计算量大;另一方面,弹性模量调整法主要根据工程经验选取调整因子,造成迭代收敛慢、计算精度难以保证等问题。因而,现有弹性模量调整法难以有效应用于体型庞大、通常由多种材料和不同类型构件组成的水利、土木、交通等工程结构的整体承载能力分析。

针对水利、土木、交通等领域工程结构的特点,课题组建立了复杂工程结构失效演化和整体承载力分析的弹性模量缩减法。该方法通过线弹性迭代分析方法,有策略地缩减高承载单元的弹性模量,使结构发生内力重分布,可以清晰模拟结构在外荷载作用下发生的变形、损伤和失效演化过程,进而得到结构的整体承载能力。

2. 弹性模量缩减法的基本原理

EMRM 首次提出利用齐次化广义屈服函数建立单元承载比,并根据承载比均匀度定义单元弹性模量缩减的动态阈值——基准承载比,进而利用变形能守恒原则建立弹性模量缩减的自适应动态策略,因此能够利用稀疏网格建立结构离散模型,利用动态的模量调整准则来判定并准确模拟结构损伤位置和损伤程度,克服了传统弹性模量调整法存在的缺陷,具有较好的计算精度、收敛性和迭代稳定性,为结构整体承载能力分析提供了简捷、高效的新途径。

1) 广义屈服函数和单元承载比

为了综合考虑材料屈服强度和单元在复杂受力状态下的屈服程度,根据广义屈服函数定义了结构的单元承载比,并以此作为弹性模量缩减法的控制参数:

$$r^e = \sqrt[M]{f} \tag{1}$$

如图 1 所示的板壳单元,根据 Ilyushin 提出的薄壳单元广义屈服函数的线性近似公式,可以将薄壳结构的单元承载比定义为[2]:

$$r^e = \sqrt{f} = \sqrt{r_N + r_M + \frac{1}{\sqrt{3}}|r_{NM}|} \tag{2}$$

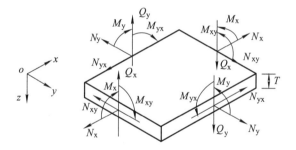

图 1 板壳单元内力示意图

式中,r_N 为薄膜内力复合作用的单元承载比;r_M 为内力一次矩复合作用的单元承载比;r_{NM} 为薄膜内力及其一次矩复合作用的单元承载比。r_N、r_M 和 r_{NM} 可以分别定义为:

$$r_N = n_x^2 + n_y^2 - n_x n_y + 3n_{xy}^2 + 3q_x^2 + 3q_y^2 \tag{3}$$

$$r_M = m_x^2 + m_y^2 - m_x m_y + 3m_{xy}^2 \tag{4}$$

$$r_{NM} = n_x m_x - \frac{1}{2}n_x m_y - \frac{1}{2}n_y m_x + n_y m_y + 3n_{xy}m_{xy} \tag{5}$$

如图 2 所示的空间梁单元,Gendy 等[17]建立了空间梁单元在组合内力作用下的广义屈服函数 $f \in [f_2, f_1]$,其中 f_1、f_2 分别表示广义屈服函数的上界和下界,且:

$$f_1 = n_x^2 + n_{xy}^2 + n_{xz}^2 + \frac{1}{\lambda_y}m_y^2 + \frac{1}{\lambda_z}m_z^2 + m_w^2 + t_x^2 \qquad (6)$$

$$f_2 = n_x + n_{xy} + n_{xz} + \frac{1}{\eta_y}m_y + \frac{1}{\eta_z}m_z + m_w + t_x \qquad (7)$$

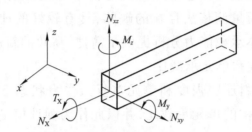

图 2   空间梁单元内力示意图

式中, λ_y、λ_z、η_y、η_z 均为无量纲参数,与截面几何形状及轴向承载状态相关; n_x、n_{xy}、n_{xz}、m_y、m_z、m_w 和 t_x 表示无量纲内力,定义为:

$$n_x = \frac{N_x}{N_{px}}, \quad n_{xy} = \frac{N_{xy}}{N_{pxy}}, \quad n_{xz} = \frac{N_{xz}}{N_{pxz}}, \quad m_y = \frac{M_y}{M_{py}},$$

$$m_z = \frac{M_z}{M_{pz}}, \quad m_w = \frac{M_w}{M_{pw}}, \quad t_x = \frac{T_x}{T_{px}} \qquad (8)$$

式中, N_x 表示梁单元截面上沿 x 方向的轴力; N_{xy} 和 N_{xz} 分别表示梁单元截面上沿 y 和 z 方向的剪力; M_w、M_y 和 M_z 分别表示杆单元截面上的翘曲弯矩和绕 y 和 z 轴的弯矩; T_x 表示截面上绕 x 轴的扭矩; N_{px}、N_{pxy}、N_{pxz}、M_{py}、M_{pz}、M_{pw} 和 T_{px} 分别与内力 N_x、N_{xy}、N_{xz}、M_y、M_z、M_w 和 T_x 相对应,表示单元横截面在单一内力作用下发生全截面塑性屈服时的内力值,通常称为全截面塑性内力,或称为截面强度(如 N_{px}、M_{py} 分别称为截面抗拉强度和抗弯强度),与截面几何参数和材料强度等相关。

以矩形截面为例,无量纲参数和截面强度分别为:

$$\lambda_y = \lambda_z = 1 - n_x^2; \quad \eta_y = \eta_z = 1 + n_x \qquad (9)$$

$$N_{px} = \sigma_s bh, \quad N_{pxy} = \frac{1}{\sqrt{3}}\sigma_s bh, \quad N_{pxz} = \frac{1}{\sqrt{3}}\sigma_s bh \qquad (10)$$

$$M_{py} = \frac{1}{4}\sigma_s bh^2, \quad M_{pz} = \frac{1}{4}\sigma_s b^2 h, \quad T_{px} = \frac{1}{2\sqrt{3}}\sigma_s b\left(h - \frac{b}{3}\right) \qquad (11)$$

式中, σ_s 表示材料屈服强度; b 和 h 分别表示截面宽度和高度。

(2)承载比均匀度和基准承载比

EMRM 的核心思想是通过有策略地缩减高承载单元的弹性模量来实现结构

的塑性内力重分布,进而通过线弹性有限元迭代分析模拟结构的局部非弹性行为,最终确定结构的失效模式和极限承载能力。为了准确识别高承载单元,需要根据结构中单元承载比的分布状态定义基准承载比,作为判别高承载单元的基准和动态阈值。结构中单元承载比分布状态的特征参数包括单元承载比的最大值、最小值和平均值等,进而可定义承载比均匀度 d_k 来综合表征结构中单元承载比分布的均匀程度[1, 2]。

$$d_k = \frac{\bar{r}_k + r_k^{\min}}{\bar{r}_k + r_k^{\max}} \tag{12}$$

$$r_k^{\max} = \max(r_k^1, r_k^2, \cdots, r_k^N), \quad r_k^{\min} = \min(r_k^1, r_k^2, \cdots, r_k^N), \quad \bar{r}_k = \frac{1}{N}\sum_{e=1}^{N} r_k^e \tag{13}$$

式中,下标 k 表示迭代步;N 表示结构离散单元数;$r_k^{\max}$、$r_k^{\min}$ 和 $\bar{r}_k$ 分别表示结构中单元承载比的最大值、最小值和平均值。

根据单元承载比分布状态特征参数可定义基准承载比 r_k^0 为:

$$r_k^0 = r_k^{\max} - (r_k^{\max} - r_k^{\min}) \cdot d_k \tag{14}$$

式中,基准承载比 r_k^0 是识别高承载单元的阈值参数。当单元承载比大于基准承载比时,表明该单元属于高承载单元,需要通过缩减弹性模量来模拟其刚度损伤和塑性变形。反之,当单元承载比小于基准承载比时,表明该单元属于低承载单元,处于弹性状态,不会发生塑性损伤,所以其弹性模量不需要缩减。

（3）自适应弹性模量缩减策略

为了有效地缩减高承载单元的弹性模量,引入变形能守恒原则建立弹性模量缩减策略,即高承载单元在弹性模量缩减前的形变能等于模量缩减后的弹性形变能与塑性耗散能之和,其基本原理见图3。

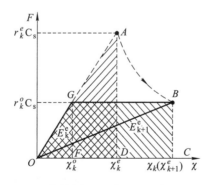

图3　弹性模量调整前后的变形能

根据变形能守恒原则,并考虑极限分析收敛要求,可以建立自适应的弹性模量缩减策略[2]。

$$E_{k+1}^e = \begin{cases} E_k^e \dfrac{2(r_k^0)^2}{(r_k^e)^2 + (r_k^0)^2} & r_k^e > r_k^0 \\ E_k^e & r_k^e \leqslant r_k^0 \end{cases} \tag{15}$$

（4）极限承载力求解

结构上作用的荷载可采用向量表示为：

$$\{P\} = P_0[P_1, P_2, \cdots, P_n]^T \tag{16}$$

式中，$P_1, P_2, \cdots, P_n$ 为结构承受的 n 个外荷载；P_0 表示荷载乘子。

第 k 迭代步中的极限荷载 P_k 为：

$$P_k = P_0 / r_k^{\max} \tag{17}$$

如果第 M 次迭代步的计算结果 P_M 满足收敛条件：

$$\left| \frac{P_M - P_{M-1}}{P_{M-1}} \right| \leqslant \varepsilon \tag{18}$$

则结构极限承载力 $P_L = P_M$。上式中，ε 表示预设的容许误差，建议取 0.01 ~ 0.001。

（二）恒荷载效应显著结构极限承载力分析的弹性模量缩减法

高层建筑、重型工业厂房、大跨桥梁以及大体积混凝土等工程结构极限承载力分析时必须计入恒荷载作用效应，而 EMRM 建立于塑性极限分析理论基础上，要求结构加载过程满足比例加载条件，然而实际工程结构的恒荷载和活荷载之间难以按照比例施加，因而需要开展恒荷载效应显著结构极限承载力分析的 EMRM 研究，将其扩展应用于恒荷载和活荷载联合作用工况中。鉴于此，课题组建立了强度融入法，可以有效处理恒荷载效应，得到恒荷载效应显著结构的极限承载力：考虑到恒荷载长期作用于工程结构上，可以将恒荷载视为结构固有的组成部分，其荷载效应不仅可以改变工程结构的强度分布，而且也改变了结构对活荷载的承载能力。鉴于此，将恒荷载效应融入构件截面强度，从而修正结构中强度的分布，形成新的结构计算模型，此时尽管结构的几何外形不变，但其强度分布发生了改变，且仅承受活荷载作用。

以图 2 所示的空间梁单元为例，杆端内力向量有 6 个分量，即沿单元轴向的拉（压）力 N_x、剪力 Q_y 和 Q_z、弯矩 M_y 和 M_z、扭矩 T_x。恒荷载作为结构中长期不变的组成部分，在结构各构件中产生的内力是不变量，所以可以将恒荷载效应融入构件截面强度中，融入恒荷载效应后的构件截面强度为：

$$
\begin{cases}
N_{px}^c = N_{px} - N_{cx} \cdot \mathrm{sign}(N_{lx} \cdot N_{cx}) \\
Q_{py}^c = Q_{py} - Q_{cy} \cdot \mathrm{sign}(Q_{ly} \cdot Q_{cy}) \\
Q_{pz}^c = Q_{pz} - Q_{cz} \cdot \mathrm{sign}(Q_{lz} \cdot Q_{cz}) \\
T_{px}^c = T_{px} - T_{cx} \cdot \mathrm{sign}(T_{lx} \cdot T_{cx}) \\
M_{py}^c = M_{py} - M_{cy} \cdot \mathrm{sign}(M_{ly} \cdot M_{cy}) \\
M_{pz}^c = M_{pz} - M_{cz} \cdot \mathrm{sign}(M_{lz} \cdot M_{cz})
\end{cases}
\tag{19}
$$

式中,N_{lx}、Q_{ly}、Q_{lz}、M_{ly}、M_{lz} 和 T_{lx} 表示由活荷载引起的内力;N_{cx}、Q_{cy}、Q_{cz}、M_{cy}、M_{cz} 和 T_{cx} 表示由恒荷载引起的内力;N_{px}^c、Q_{py}^c、Q_{pz}^c、M_{py}^c、M_{pz}^c 和 T_{px}^c 表示融入恒荷载效应后的构件截面强度;$\mathrm{sign}(x)$ 为符号函数,当 $x \geqslant 0$ 时,$\mathrm{sign}(x) = 1$;当 $x < 0$ 时,$\mathrm{sign}(x) = -1$。N_{px}、Q_{py}、Q_{pz}、M_{py}、M_{pz} 和 T_{px} 为截面塑性抗力。

恒荷载效应融入构件强度后,结构强度分布发生了改变,而且在随后的计算分析中仅需考虑活荷载效应。然后根据 EMRM 的标准步骤可容易地求得活荷载极值。

(三) 基于齐次广义屈服函数的弹性模量缩减法

由工字型、圆管和角钢等薄壁构件组成的薄壁结构具有良好的承载性能,在工程实践中得到广泛应用。在组合内力作用下,薄壁结构的整体承载能力分析对于其安全性评定至关重要。然而,现有薄壁构件失效判别的广义屈服准则往往为非齐次多项式,因此采用常规的弹性模量调整法计算结构整体承载能力时,常常出现外荷载与广义内力之间不满足比例关系,造成计算结果不稳定、收敛慢、计算精度受损等问题,并成为薄壁结构整体承载能力分析中必须解决的焦点问题。

鉴于此,课题组建立了工字型、圆管和角钢等薄壁构件的齐次广义屈服函数[7]:

$$
\begin{aligned}
f(n_x, m_y, m_z) &\approx \overline{f}(n_x, m_y, m_z) = \sum_{q=1}^{N} a_q n_x^i m_y^j m_z^{M-i-j}; \\
i &= 0, \cdots, M; \quad j = 0, \cdots, M-i
\end{aligned}
\tag{20}
$$

式中,N、M 和 a_q 分别为齐次多项式的项数、阶次和待定系数,且多项式中各项都具有相同阶次 M。

齐次广义屈服函数能够满足极限分析的比例条件,在此基础上定义了薄壁构件的单元承载比和基准承载比,建立了基于弹性模量缩减法的薄壁结构整体承载能力分析方法。该方法由于能准确考虑各项内力对薄壁结构整体承载能力的综合影响,因而具有良好的计算精度和计算效率,为薄壁结构的安全性分析提供了快捷、高精度的计算手段。

同时,结合结构极限承载力分析的工程实际,课题组也在 EMRM 基本方法基础上,由静力极限承载力分析扩展至抗震结构的极限承载力分析[8],由确定性极限承载力分析扩展至考虑随机因素影响的体系可靠度分析[9, 10],由完整结构极限承载力分析扩展至含缺陷结构的极限承载力分析[11]。

三、结构两层面承载能力设计与优化方法

结构两层面承载能力设计与优化方法的核心思想是:首先依据 EMRM 迭代分析的首步和末步结果分别计算构件和结构整体安全系数,从而建立结构整体与构件安全系数之间的定量关系;然后根据弹性模量缩减法的线弹性迭代分析过程,以模拟构件损伤和结构失效演化过程,提出了高承载和低承载构件的识别准则,通过有策略地调整高承载构件的截面强度保证结构在构件和整体两个层面上都具有合理的承载能力和安全性;进而建立了目标构件的识别原则和优化调整策略,据此优化结构设计方案,提出了工程结构两层面承载能力设计与优化方法,如图 4 所示。

(一)两层面承载安全性定量设计方法

根据 EMRM 中单元承载比的迭代过程,可识别出高承载和低承载构件:在迭代末步单元承载比高于基准承载比的构件为高承载构件,在迭代过程中始终低于基准承载比的构件为低承载构件。同时,定义构件承比为构件上全部单元承载比的最大值。进而可进行基于构件和结构两层面承载能力定量设计,其具体步骤如下[17]。

1)根据结构初始或调整方案,建立结构计算的线弹性有限元模型,并采用 EMRM 进行迭代分析。

2)根据式(1)计算单元承载比和构件单元承载比:如果构件中仅含有一个单元,则构件承载比等于单元承载比;如果构件含有多个单元,将其中的最大单元承载比称为构件承载比。

3)确定高承载构件:对于构件承载比大于基准承载比的构件,称为高承载构件。

4)计算构件安全系数 K_1^e 及整体安全系数 K_M^T:

$$K_1^e = 1/r_1^e; \quad K_M^T = 1/r_M^{max} \tag{21}$$

式中,r_1^e 表示构件 e 在首步迭代时的构件承载比;r_M^{max} 表示迭代末步时结构中单元承载比的最大值。

5)若构件安全系数大于1,表明各构件满足承载安全性要求,直接进入步骤

6；否则，如果某些构件的安全系数不满足限值，则需要按照下式调整这部分构件的截面强度：

$$A_R^e = R_e \cdot A^e \qquad (22)$$

式中，A^e 和 A_R^e 分别表示构件被调整前后的面积；R_e 为截面调整系数：

$$R_e = \frac{K_0^e}{\min(K_1^e)} \qquad (23)$$

式中，K_0^e 表示构件安全系数限值。

　　调整后返回步骤 1 重新计算，直至所有构件安全系数均满足限值要求。

　　6）若整体安全系数大于整体安全系数限值 K_0^T，表明结构整体满足承载安全性，直接转到步骤 7；否则，如果整体安全系数不满足限值要求，对 $K_M^e < K_0^T$ 的构件，则需要按照式 $A_R^e = R_T \cdot A^e$ 调整这部分高承载构件的截面强度，调整系数 R_T 为：

$$R_T = \frac{K_0^T}{K_M^e} \qquad (24)$$

调整后返回步骤 1 重新计算。

　　7）对结构构件进行刚度和稳定性校核，并进行相应的截面强度调整，直至满足要求，得到结构初步设计方案。

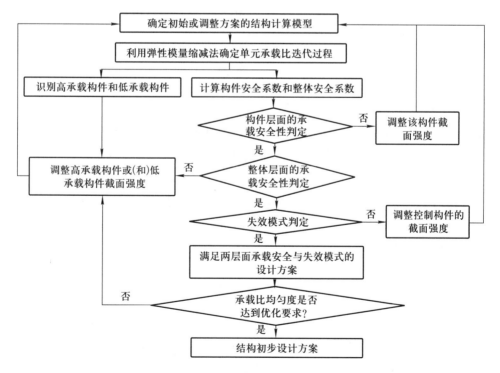

图 4　工程结构两层面承载能力设计与优化方法流程

（二）两层面承载安全性优化设计方法

从式(21)可以看出,根据 EMRM 末步迭代中单元承载比 r_M^{max} 最大的构件,可求得结构整体安全系数 K_M^T,据此判断结构整体安全性,即结构与构件承载力密切相关,根据二者之间的关联,可以基于造价和安全两方面的考虑,得到优化的结构设计方案,其步骤如下:

1)引入 EMRM,对满足两层面承载能力安全的设计方案进行结构分析;

2)将低承载构件确定为优化目标构件。将迭代过程中构件承载比始终低于基准承载比的构件定义为低承载构件;

3)结构优化调整策略为将优化目标构件的截面强度调整为原截面强度的 R_P 倍,同时考虑制作和施工的可行性,取与模数相吻合的构件截面尺寸,将同组构件一并进行调整。这里的 R_P 为截面调整系数,定义为:

$$R_P = r_M^e / r_M^0 \tag{25}$$

式中,R_P 和 r_M^e 分别表示构件 e 在迭代末步(第 M 步)的调整系数和构件承载比,r_M^0 表示结构在迭代末步的基准承载比。

4)基于 EMRM 不断进行迭代分析,调整优化目标构件的截面强度,直至前后两次优化调整后结构的承载比均匀度满足收敛准则,最终获得承载性能和经济性能均优的结构方案。

四、结语

基于结构失效演化与极限承载力分析的弹性模量缩减法,提出了工程结构两层面承载安全性设计与优化方法。该方法通过对构件承载能力开展定量分析和设计,不仅能够使工程结构在多遇荷载或设计荷载下处于弹性状态,从而可以长期安全运行,而且能够保证结构具有预定的整体承载能力,在罕遇荷载甚至接近极限荷载时保持足够的安全性,使结构在极限荷载下的失效模式与规范要求相一致。同时通过有策略地调整高承载和低承载构件的截面强度,获得承载性能和材料消耗均较优的结构设计优化方案。

参考文献

[1]　Yang L F, Yu B, Qiao Y P. Elastic modulus reduction method for limit load evaluation of frame structures [J]. Acta Mechanica Solida Sinica, 2009, 22(2): 109 –115.

[2]　Yu B, Yang L F. Elastic modulus reduction method for limit analysis of thin plate and shell structures [J]. Thin Walled Structures, 2010, 48(4 –5): 291 –298.

[3]　杨绿峰,余波,张伟. 弹性模量缩减法分析杆系和板壳结构的极限承载力[J]. 工程

力学, 2009, 26(12): 64 – 70.

[4] Gendy A S, Saleeb A F. Generalized yield surface representations in the elasto-plastic three-dimensional analysis of frames [J]. Computers and Structures, 1993, 49(2): 351 – 362.

[5] 张伟, 杨绿峰, 卢文胜. 工程结构极限承载力上限分析的弹性模量缩减法[J]. 工程力学, 2011, 28(9): 30 – 38.

[6] Yu B, Yang L F. Elastic modulus reduction method for limit analysis considering initial constant and proportional loadings [J]. Finite Elements in Analysis and Design, 2010, 46 (12): 1086 – 1092.

[7] 杨绿峰, 李琦, 张伟, 等. 齐次化广义屈服函数与角钢输电塔架极限承载力分析[J], 工程力学, 2013, 30(5): 317 – 323.

[8] Yang L F, Zhang W, Xu H. Ultimate bearing capacity analysis of frame structures under strong seismic action using elastic modulus reduction method [C]//The 4th International Symposium on Environmental Vibration, Prediction, Monitoring and Evaluation, Beijing, China, 2009: 873 – 878.

[9] Yang L F, Yu B, Ju J W. System reliability analysis of spatial variance frames based on random field and stochastic elastic modulus reduction method [J]. Acta Mechanica, 2012, 223(1): 109 – 124.

[10] 余波, 杨显峰, 杨绿峰. 基于随机响应面法和弹性模量缩减法的结构可靠度分析[J]. 华南理工大学学报, 2012, 40(4): 125 – 130.

[11] 张伟, 刘利文, 杨绿峰, 等. 含缺陷结构上限极限分析的弹性模量缩减法[J]. 西南交通大学学报, 2012, 47(5): 748 – 753.

[12] Yang L F, Zhang W, Yu B, et al. Safety evaluation of branch pipe in hydropower station using elastic modulus reduction method [J]. Journal of Pressure Vessel Technology, 2012, 134(6): 1 – 7.

[13] 张伟, 杨绿峰, 韩晓凤. 基于弹性补偿有限元法的无梁岔管安全评价[J]. 水利学报, 2009, 40(10): 1175 – 1183

[14] 杨绿峰, 张伟, 韩晓凤. 水电站压力钢管整体安全评估方法研究[J]. 水力发电学报, 2011, 30(5): 149 – 156, 169.

[15] 张伟, 杨绿峰, 韩晓凤. 基于弹性模量缩减法的钢岔管安全评价[J]. 水力发电学报, 2010, 29(1): 171 – 179.

[16] 张伟, 付传雄, 杨绿峰, 等. 钢衬钢筋混凝土压力钢管极限承载力分析的弹性迭代法 [J]. 水力发电, 2012, 38(4): 17 – 20.

[17] 杨绿峰, 余波, 张伟, 等. 一种基于两层面承载安全性的工程结构设计与优化方法: 中国, 201310092076 [P]. 2013 – 06 – 12.

第五部分
青年论坛纪要

青年论坛纪要

2013 年 8 月 25 日下午,在大连高级经理学院 B106 会议室召开了"2013 水安全与水利水电可持续发展青年讨论会"。张勇传院士出席会议并进行了重要讲话。中国水利水电科学研究院副院长贾金生教授、四川大学校长助理许唯临教授、雅砻江水电开发公司总经理吴世勇先生、国家自然科学基金委工程与材料学部水利学科主任李万红教授作为特邀专家出席会议并讲话。大连理工大学建设工程学部孔宪京教授、学部党委书记马震岳教授出席了会议。会议由大连理工大学水利学院工程抗震研究所所长李昕教授主持。

首先,张勇传院士回忆了他的奋斗经历,给大家讲述了他在 40 岁年龄时科研、著书的情形,并以自己当了 18 年讲师的经历激励大家。张院士建议青年科研工作者:"首先要完成单位、团队的科研任务,同时要抽时间坚持研究自己感兴趣的问题。""科研工作再忙再累,都应该坚持做一些自己的事业。"张院士旁征博引,给大家讲了几个青年人取得突出科研成果的例子,鼓励年轻人要"研究思路宽一点,学科交叉多一点","多一点信心、勇气,再多一点耐住寂寞","应注重原始创新,找到一两个问题,值得一辈子投入"。最后,张院士同大家一起鉴赏了毛泽东诗词《浪淘沙·北戴河》,并以"百岁人生何为是,留善人间"作为结语。

国际大坝协会主席、中国水利水电科学研究院副院长贾金生教授做了题为《利用交流平台　立足学术园地　推进青年科技创新》的讲话。贾教授介绍了为鼓励水利行业青年人科研而设立的"汪闻韶院士青年优秀论文奖"、"中国水利学会青年科技论坛"以及"国际大坝委员会青年论坛",并为大家介绍了胶结材料坝的前景和发展现状。

四川大学校长助理许唯临教授介绍了他所带领的团队在微观水力学方面的研究思路。许教授指出,水利水电专业目前的科研水平落后于工程实践,鼓励大家注重解决"为什么"的科学问题,告诫大家,"水利水电科学研究介于科学和工程之间,稍不留神,就可能成为既不科学,又不能服务于工程实践的自娱自乐"。

雅砻江水电开发公司总经理吴世勇先生回顾了我国水电工程多年来取得的巨大成就,并提出了当前工程领域面临的一些困难,比如涉及多个电站的流域积极调度以及软件的更新和跟踪等。吴总经理对"高校和研究单位进行有效智力整合,为工程单位提供最佳方案"有很大期待。

国家自然科学基金委工程与材料学部水利学科主任李万红教授为大家介绍

了今年基金委水利学科项目申报和审批情况,强调"支持基础研究"是基金委的根本定位,为大家写好申请书、做好基础研究工作提了具体建议,鼓励大家积极申报优青、杰青等人才类计划。

会议下半场,与会青年专家针对水文和水资源领域,水利工程设计、施工和科研领域等方向,以自由发言、分组讨论的形式,将各自的科研成果和工程经验进行了充分交流,并探讨了下一步的热点问题和发展方向。讨论会由大连理工大学水资源与防洪研究所张弛副教授主持。出席会议并参加讨论的青年专家有中国三峡集团中国水利电力对外公司总工程师陈先明先生、长江科学院副总工朱勇辉教授、中国水电顾问集团成都设计院副总工金伟先生、雅砻江水电开发公司张一女士、河海大学苏怀智教授、清华大学王进廷教授、丛振涛副教授和赵建世副教授、天津大学刘东海教授、武汉大学刘攀教授、南京大学王栋教授、南京水利水电科学研究院王小军博士以及大连理工大学建设工程学部的李昕教授、于龙副教授、范书立博士、周晨光博士和周扬博士。西北农林科技大学王正中副院长列席会议并参加了讨论。

附录

参会人员名单

序号	姓名	工作单位	职称/职务
1	王玉普	中国工程院	中国工程院院士/党组副书记
2	邱大洪	大连理工大学	中国科学院院士
3	张勇传	华中科技大学	中国工程院院士/名誉院长
4	郑守仁	长江水利委员会	中国工程院院士
5	林皋	大连理工大学	中国科学院院士
6	马洪琪	华能澜沧江水电开发有限公司	中国工程院院士/总工
7	张超然	中国长江三峡集团公司	中国工程院院士
8	王浩	中国水利水电科学研究院	中国工程院院士
9	陈祖煜	中国水利水电科学研究院	中国科学院院士
10	张建云	南京水利水电科学研究院	中国工程院院士/院长
11	钟登华	天津大学	中国工程院院士/副校长
12	程耿东	大连理工大学	中国科学院院士
13	王超	河海大学	中国工程院院士/副校长
14	郭东明	大连理工大学	中国工程院院士/副校长
15	阮宝君	中国工程院	副局长
16	唐海英	中国工程院	处长
17	孙勇	中国工程院	学术与出版办公室
18	王中子	中国工程院	学部办公室
19	胡四一	水利部	副部长
20	汝南	水利部	部长秘书
21	吴宏伟	水利部	副司长
22	吴义航	水力发电学会	教高/常务副秘书长
23	李赞堂	水利学会	秘书长
24	郭鹏远	中国工程院院刊《中国工程科学》	高级编辑
25	张思聪	《水力发电学报》编辑部	教授
26	胡春宏	中国水利水电科学研究院	教授/副院长

续表

序号	姓名	工作单位	职称/职务
27	阮本清	中国水利水电科学研究院	教授/处长
28	贾金生	中国水利水电科学研究院	副院长
29	程晓陶	中国水利水电科学研究院	副总工
30	刘　毅	中国水利水电科学研究院	教高/结构材料研究所副所长
31	牛存稳	中国水利水电科学研究院	王院士秘书
32	陈生水	南京水利水电科学研究院	教高/副院长
33	关铁生	南京水利水电科学研究院	高工/副处长
34	王小军	南京水利水电科学研究院	高工
35	陈永灿	清华大学	教授/院长
36	王进廷	清华大学	教授
37	丛振涛	清华大学	副教授
38	赵建世	清华大学	副教授
39	唐洪武	淮河水利委员会、河海大学	教授/副主任、副校长
40	刘汉龙	河海大学	教授/院长
41	顾冲时	河海大学	教授/院长
42	彭世彰	河海大学	教授/重点实验室主任
43	苏怀智	河海大学	教授
44	谈广鸣	武汉大学	副校长
45	刘　攀	武汉大学	教授
46	黄介生	武汉大学	教授/院长
47	练继建	天津大学	教授/院长
48	刘东海	天津大学	教授
49	许唯临	四川大学	教授/校长助理
50	李　嘉	四川大学	教授/院长
51	马孝义	西北农林科技大学	院长
52	王正中	西北农林科技大学	副院长
53	徐宗学	北京师范大学	教授/副院长

序号	姓名	工作单位	职称/职务
54	罗兴锜	西安理工大学	副校长
55	张 昕	中国农业大学	教授
56	王乐华	三峡大学	副处长
57	刘 杰	三峡大学	
58	吴泽宁	郑州大学	院长
59	王复明	郑州大学	教授
60	李华军	中国海洋大学	副校长
61	田军仓	宁夏大学	土木水利学院院长
62	陈晓宏	中山大学	教授/副院长
63	张 强	中山大学	教授/系主任
64	唐新军	新疆农业大学	教授/院长
65	李晓庆	新疆农业大学	副教授
66	陈大春	新疆农业大学	副教授
67	穆振侠	新疆农业大学	副教授
68	何俊仕	沈阳农业大学	教授/院长
69	董克宝	沈阳农业大学	教师
70	张 静	沈阳农业大学	教师
71	付玉娟	沈阳农业大学	教师
72	王 栋	南京大学	教授
73	李术才	山东大学	教授/土建与水利学院院长
74	任玉珊	长春工程学院	副院长
75	高金花	长春工程学院	
76	杨绿峰	广西大学、广西住房和城乡建设厅	教授/副厅长
77	金 伟	中国水电顾问集团成都设计院	副总工
78	黄自立	中国水电顾问集团华东设计院	教高/海洋经济工程院院长
79	岳青华	中国水电顾问集团华东设计院	
80	宁华晚	中国水电顾问集团贵阳设计院	副总工

序号	姓名	工作单位	职称/职务
81	夏　豪	中国水电顾问集团贵阳设计院	
82	张　平	中国水电顾问集团昆明设计院	院长助理
83	钮新强	长江水利委员会长江勘测规划设计研究院	院长
84	周述达	长江水利委员会长江勘测规划设计研究院	副处长
85	许继军	长江科学院	教授级高工/副所长
86	朱勇辉	长江科学院	教授级高工/副总工
87	吴　澎	中交水运规划设计院有限公司	副院长
88	石小强	上海勘测设计研究院	教高/院长
89	陆忠民	上海勘测设计研究院	教高/副院长兼总工
90	王先华	上海勘测设计研究院	高工/办公室主任
91	王康柱	中国水电顾问集团西北勘测设计研究院	副总工
92	齐玉亮	水利部松辽水利委员会	副主任
93	于文海	水利部松辽水利委员会	
94	薛松贵	水利部黄河水利委员会	副主任、总工程师
95	闫朝晖	水利部黄河水利委员会	主任科员
96	王殿武	辽宁省水利厅	副厅长
97	朱志闯	辽宁省水利水电科学研究院	教高/院长
98	韩义超	辽宁省水利水电勘测设计研究院	教高/总工程师
99	李守权	辽宁省水利厅科技外事处	教授/处长
100	韩若冰	辽宁省水利厅科技外事处	副处长
101	李光波	辽宁省大伙房输水工程建设管理局	
102	满　瀛	辽宁省辽河保护区管理局	
103	李万红	国家自然科学基金委员会	工程与材料学部水利学科主任
104	曹广晶	中国长江三峡总公司	董事长
105	孙志禹	中国长江三峡总公司	科技部主任
106	李晶华	中国长江三峡总公司	处长
107	陈先明	中国长江三峡总公司	教授级高工/中水对外公司总工

续表

序号	姓名	工作单位	职称/职务
108	龚和平	中国水电工程顾问集团公司	副总工程师
109	吴世勇	雅砻江水电开发公司	副总经理
110	张　一	雅砻江水电开发公司	工程师
111	兰春杰	中国能源建设集团有限公司	副总经理
112	关云航	中国能源建设集团有限公司	市场部主任
113	陈东平	中国华能集团公司	教高
114	迟福东	华能澜沧江水电开发有限公司	博士
115	肖　楠	华能澜沧江水电开发有限公司	马院士秘书
116	刘志明	水利部水利水电规划设计总院	副院长/教高
117	江恩慧	黄河水利科学研究院	副院长
118	曹永涛	黄河水利科学研究院	教高
119	张　清	黄河水利科学研究院	高工
120	田治宗	黄河水利科学研究院	教高/所长
121	万　强	黄河水利科学研究院	高工
122	刘　燕	黄河水利科学研究院	高工
123	张　杨	黄河水利科学研究院	助工
124	张原锋	黄河水利科学研究院	副所长/高工
125	武彩萍	黄河水利科学研究院	教高
126	蒋思奇	黄河水利科学研究院	工程师
127	吴国英	黄河水利科学研究院	工程师
128	李世海	中国科学院力学研究所	研究员
129	郎连和	大连市水务局	局长
130	李　岩	大连市水务局	院长
131	孙连福	大连市水务局	院长
132	冯夏庭	中国科学院武汉岩土力学研究所	研究员
133	陈求稳	中国科学院生态环境研究中心	研究员
134	乔　晔	水利部中国科学院水工程生态研究所	研究员/研究室主任

续表

序号	姓名	工作单位	职称/职务
135	马　军	哈尔滨工业大学	副院长
136	李俊杰	大连理工大学	教授/副校长
137	孔宪京	大连理工大学	教授
138	周　晶	大连理工大学	教授
139	李宏男	大连理工大学	教授/学部部长
140	唐春安	大连理工大学	教授
141	董国海	大连理工大学	教授/院长
142	程春田	大连理工大学	教授
143	马震岳	大连理工大学	教授/学部书记
144	吴智敏	大连理工大学	教授/学部副部长
145	陈健云	大连理工大学	教授/副院长

后　记

　　科学技术是第一生产力。纵观历史,人类文明的每一次进步都是由重大科学发现和技术革命所引领和支撑的。进入 21 世纪,科学技术日益成为经济社会发展的主要驱动力。我们国家的发展必须以科学发展为主题,以加快转变经济发展方式为主线。而实现科学发展、加快转变经济发展方式,最根本的是要依靠科技的力量,最关键的是要大幅提高自主创新能力。党的十八大报告特别强调,科技创新是提高社会生产力和综合国力的重要支撑,必须摆在国家发展全局的核心位置,提出了实施"创新驱动发展战略"。

　　面对未来发展之重任,中国工程院将进一步加强国家工程科技思想库的建设,充分发挥院士和优秀专家的集体智慧,以前瞻性、战略性、宏观性思维开展学术交流与研讨,为国家战略决策提供科学思想和系统方案,以科学咨询支持科学决策,以科学决策引领科学发展。

　　工程院历来重视对前沿热点问题的研究及其与工程实践应用的结合。自 2000 年元月,中国工程院创办了中国工程科技论坛,旨在搭建学术性交流平台,组织院士专家就工程科技领域的热点、难点、重点问题聚而论道。十年来,中国工程科技论坛以灵活多样的组织形式、和谐宽松的学术氛围,打造了一个百花齐放、百家争鸣的学术交流平台,在活跃学术思想、引领学科发展、服务科学决策等方面发挥着积极作用。

　　至 2011 年,中国工程科技论坛经过百余场的淬炼,已成为中国工程院乃至中国工程科技界的品牌学术活动。中国工程院学术与出版委员会今后将论坛有关报告汇编成书陆续出版,愿以此为实现美丽中国的永续发展贡献出自己的力量。

中国工程院